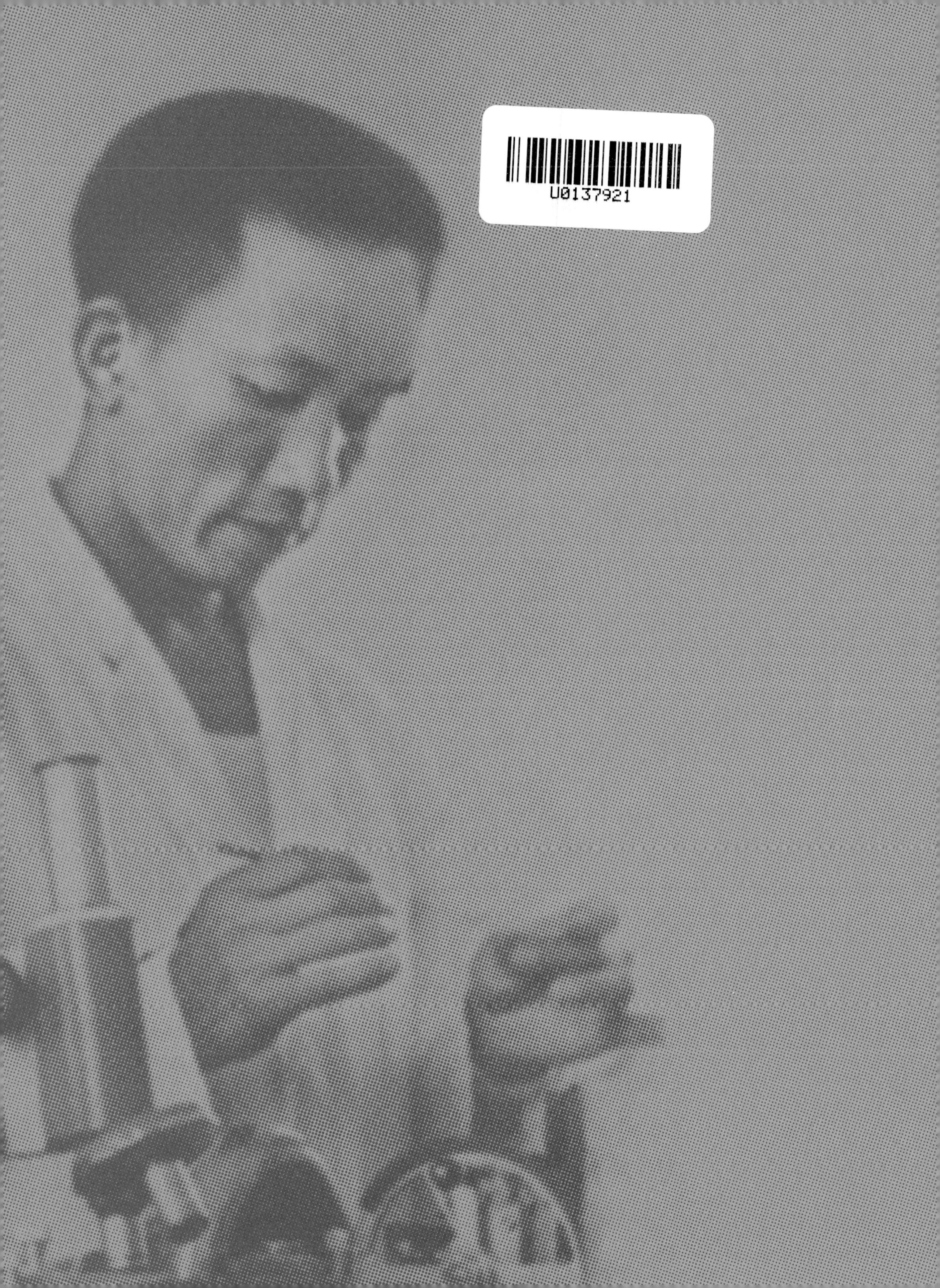
U0137921

前环衬图片：袁隆平与助手尹华奇（右）在实验室做花粉镜检

Volume

5

Yuan Longping Collection

中国杂交水稻发展简史

袁隆平全集

第五卷

学术著作

Volume 5
Academic Monograph

A Brief History of Hybrid Rice Development in China

主　编——柏连阳

执行主编——袁定阳
辛业芸

『十四五』国家重点图书出版规划

CTS
K

湖南科学技术出版社·长沙

《中国杂交水稻发展简史》编委会

出版说明

袁隆平先生是我国研究与发展杂交水稻的开创者，也是世界上第一个成功利用水稻杂种优势的科学家，被誉为“杂交水稻之父”。他一生致力于杂交水稻技术的研究、应用与推广，发明“三系法”籼型杂交水稻，成功研究出“两系法”杂交水稻，创建了超级杂交稻技术体系，为我国粮食安全、农业科学发展和世界粮食供给做出杰出贡献。2019年，袁隆平荣获“共和国勋章”荣誉称号。中共中央总书记、国家主席、中央军委主席习近平高度肯定袁隆平同志为我国粮食安全、农业科技创新、世界粮食发展做出的重大贡献，并要求广大党员、干部和科技工作者向袁隆平同志学习。

为了弘扬袁隆平先生的科学思想、崇高品德和高尚情操，为了传播袁隆平的科学家精神、积累我国现代科学史的珍贵史料，我社策划、组织出版《袁隆平全集》（以下简称《全集》）。《全集》是袁隆平先生留给我们的巨大科学成果和宝贵精神财富，是他为祖国和世界人民的粮食安全不懈奋斗的历史见证。《全集》出版，有助于读者学习、传承一代科学家胸怀人民、献身科学的精神，具有重要的科学价值和史料价值。

《全集》收录了20世纪60年代初期至2021年5月逝世前袁隆平院士出版或发表的学术著作、学术论文，以及许多首次公开整理出版的教案、书信、科研日记等，共分12卷。第一卷至第六卷为学术著作，第七卷、第八卷为学术论文，第九卷、第十卷为教案手稿，第十一卷为书信手稿，第十二卷为科研日记手稿（附大事年表）。学术著作按出版时间的先后为序分卷，学术论文在分类编入各卷之后均按发表时间先后编排；教案手稿按照内容分育种讲稿和作物栽培学讲稿两卷，书信手稿和科研日记手稿分别按写信日期和记录日期先后编排（日记手稿中没有注明记录日期的统一排在末尾）。教案手稿、书信手稿、科研日记手稿三部分，实行原件扫描与电脑录入图文对照并列排版，逐一对应，方便阅读。因时间紧迫、任务繁重，《全集》收入的资料可能不完全，如有遗漏，我们将在机会成熟之时出版续集。

《全集》时间跨度大，各时期的文章在写作形式、编辑出版规范、行政事业机构名称、社会流行语言、学术名词术语以及外文译法等方面都存在差异和变迁，这些都真实反映了不同时代的文化背景和变化轨迹，具有重要史料价值。我们编辑时以保持文稿原貌为基本原则，对作者文章中的观点、表达方式一般都不做改动，只在必要时加注说明。

《全集》第九卷至第十二卷为袁隆平先生珍贵手稿，其中绝大部分是首次与读者见面。第七卷至第八卷为袁隆平先生发表于各期刊的学术论文。第一卷至第六卷收录的学术著作在编入前均已公开出版，第一卷收入的《杂交水稻简明教程（中英对照）》《杂交水稻育种栽培学》由湖南科学技术出版社分别于1985年、1988年出版，第二卷收入的《杂交水稻学》由中国农业出版社于2002年出版，第三卷收入的《耐盐碱水稻育种技术》《盐碱地稻作改良》、第四卷收入的《第三代杂交水稻育种技术》《稻米食味品质研究》由山东科学技术出版社于2019年出版，第五卷收入的《中国杂交水稻发展简史》由天津科学技术出版社于2020年出版，第六卷收入的《超级杂交水稻育种栽培学》由湖南科学技术出版社于2020年出版。谨对兄弟单位在《全集》编写、出版过程中给予的大力支持表示衷心的感谢。湖南杂交水稻研究中心和袁隆平先生的家属，出版前辈熊穆葛、彭少富等对《全集》的编写给予了指导和帮助，在此一并向他们表示诚挚的谢意。

湖南科学技术出版社

总　序

02

一粒种子，改变世界

一粒种子让“世无饥馑、岁晏余粮”。这是世人对杂交水稻最朴素也是最崇高的褒奖，袁隆平先生领衔培育的杂交水稻不仅填补了中国水稻产量的巨大缺口，也为世界各国提供了重要的粮食支持，使数以亿计的人摆脱了饥饿的威胁，由此，袁隆平被授予“共和国勋章”，他在国际上还被誉为“杂交水稻之父”。

从杂交水稻三系配套成功，到两系法杂交水稻，再到第三代杂交水稻、耐盐碱水稻，袁隆平先生及其团队不断改良“这粒种子”，直至改变世界。走过 91 年光辉岁月的袁隆平先生虽然已经离开了我们，但他留下的学术著作、学术论文、科研日记和教案、书信都是宝贵的财富。1988 年 4 月，袁隆平先生第一本学术著作《杂交水稻育种栽培学》由湖南科学技术出版社出版，近几十年来，先生在湖南科学技术出版社陆续出版了多部学术专著。这次该社将袁隆平先生的毕生累累硕果分门别类，结集出版十二卷本《袁隆平全集》，完整归纳与总结袁隆平先生的科研成果，为我们展现出一位院士立体的、丰富的科研人生，同时，这套书也能为杂交水稻科研道路上的后来者们提供不竭动力源泉，激励青年一代奋发有为，为实现中华民族伟大复兴的中国梦不懈奋斗。

袁隆平先生的人生故事见证时代沧桑巨变。先生出生于20世纪30年代。青少年时期，历经战乱，颠沛流离。在很长一段时期，饥饿像乌云一样笼罩在这片土地上，他胸怀“国之大者”，毅然投身农业，立志与饥饿做斗争，通过农业科技创新，提高粮食产量，让人们吃饱饭。

在改革开放刚刚开始的1978年，我国粮食总产量为3.04亿吨，到1990年就达4.46亿吨，增长率高达46.7%。如此惊人的增长率，杂交水稻功莫大焉。袁隆平先生曾说:“我是搞育种的，我觉得人就像一粒种子。要做一粒好的种子，身体、精神、情感都要健康。种子健康了，事业才能够根深叶茂，枝粗果硕。”每一粒种子的成长，都承载着时代的力量，也见证着时代的变迁。袁隆平先生凭借卓越的智慧和毅力，带领团队成功培育出世界上第一代杂交水稻，并将杂交水稻科研水平推向一个又一个不可逾越的高度。1950年我国水稻平均亩产只有141千克，2000年我国超级杂交稻攻关第一期亩产达到700千克，2018年突破1 100千克，大幅增长的数据是我们国家年复一年粮食丰收的产量，让中国人的“饭碗”牢牢端在自己手中，“神农”袁隆平也在人们心中矗立成新时代的中国脊梁。

袁隆平先生的科研精神激励我们勇攀高峰。马克思有句名言:“在科学的道路上没有平坦的大道，只有不畏劳苦沿着陡峭山路攀登的人，才有希望达到光辉的顶点。”袁隆平先生的杂交水稻研究同样历经波折、千难万难。我国种植水稻的历史已经持续了六千多年，水稻的育种和种植都已经相对成熟和固化，想要突破谈何容易。在经历了无数的失败与挫折、争议与不解、彷徨与等待之后，终于一步一步育种成功，一次一次突破新的记录，面对排山倒海的赞誉和掌声，他却把成功看得云淡风轻。“有人问我，你成功的秘诀是什么？我想我没有什么秘诀，我的体会是在禾田道路上，我有八个字:知识、汗水、灵感、机遇。”

“书本上种不出水稻，电脑上面也种不出水稻”，实践出真知，将论文写在大地上，袁隆平先生的杰出成就不仅仅是科技领域的突破，更是一种精神的象征。他的坚持和毅力，以及对科学事业的无私奉献，都激励着我们每个人追求卓越、追求梦想。他的精神也激励我们每个人继续努力奋斗，为实现中国梦、实现中华民族伟大复兴贡献自己的力量。

袁隆平先生的伟大贡献解决世界粮食危机。世界粮食基金会曾于2004年授予袁隆平先生年度“世界粮食奖”，这是他所获得的众多国际荣誉中的一项。2021年5月

22日，先生去世的消息牵动着全世界无数人的心，许多国际机构和外国媒体纷纷赞颂袁隆平先生对世界粮食安全的卓越贡献，赞扬他的壮举“成功养活了世界近五分之一人口”。这也是他生前两大梦想“禾下乘凉梦”“杂交水稻覆盖全球梦”其中的一个。

一粒种子，改变世界。袁隆平先生和他的科研团队自1979年起，在亚洲、非洲、美洲、大洋洲近70个国家研究和推广杂交水稻技术，种子出口50多个国家和地区，累计为80多个发展中国家培训1.4万多名专业人才，帮助贫困国家提高粮食产量，改善当地人民的生活条件。目前，杂交水稻已在印度、越南、菲律宾、孟加拉国、巴基斯坦、美国、印度尼西亚、缅甸、巴西、马达加斯加等国家大面积推广，种植超800万公顷，年增产粮食1 600万吨，可以多养活4 000万至5 000万人，杂交水稻为世界农业科学发展、为全球粮食供给、为人类解决粮食安全问题做出了杰出贡献，袁隆平先生的壮举，让世界各国看到了中国人的智慧与担当。

喜看稻菽千重浪，遍地英雄下夕烟。2023年是中国攻克杂交水稻难关五十周年。五十年来，以袁隆平先生为代表的中国科学家群体用他们的集体智慧、个人才华为中国也为世界科技发展做出了卓越贡献。在这一年，我们出版《袁隆平全集》，这套书呈现了中国杂交水稻的求索与发展之路，记录了中国杂交水稻的成长与进步之途，是中国科学家探索创新的一座丰碑，也是中国科研成果的巨大收获，更是中国科学家精神的伟大结晶，总结了中国经验，回顾了中国道路，彰显了中国力量。我们相信，这套书必将给中国读者带来心灵震撼和精神洗礼，也能够给世界读者带去中国文化和情感共鸣。

预祝《袁隆平全集》在全球一纸风行。

刘旭，著名作物种质资源学家，主要从事作物种质资源研究。2009年当选中国工程院院士，十三届全国政协常务委员，曾任中国工程院党组成员、副院长，中国农业科学院党组成员、副院长。

凡　例

1.《袁隆平全集》收录袁隆平20世纪60年代初到2021年5月出版或发表的学术著作、学术论文，以及首次公开整理出版的教案、书信、科研日记等，共分12卷。本书具有文献价值，文字内容尽量照原样录入。

2.学术著作按出版时间先后顺序分卷；学术论文按发表时间先后编排；书信按落款时间先后编排；科研日记按记录日期先后编排，不能确定记录日期的4篇日记排在末尾。

3.第七卷、第八卷收录的论文，发表时间跨度大，发表的期刊不同，当时编辑处理体例也不统一，编入本《全集》时体例、层次、图表及参考文献等均遵照论文发表的原刊排录，不作改动。

4.第十一卷目录，由编者按照“×年×月×日写给××的信”的格式编写；第十二卷目录，由编者根据日记内容概括其要点编写。

5.文稿中原有注释均照旧排印。编者对文稿某处作说明，一般采用页下注形式。作者原有页下注以“※”形式标注，编者所加页下注以带圈数字形式标注。

7.第七卷、第八卷收录的学术论文，作者名上标有“#”者表示该作者对该论文有同等贡献，标有“*”者表示该作者为该论文的通讯作者。对于已经废止的非法定计量单位如亩、平方寸、寸、厘、斤等，在每卷第一次出现时以页下注的形式标注。

8.第一卷至第八卷中的数字用法一般按中华人民共和国国家标准《出版物上数字

用法的规定》执行，第九卷至第十二卷为手稿，数字用法按手稿原样照录。第九卷至第十二卷手稿中个别标题序号的错误，按手稿原样照录，不做修改。日期统一修改为“××××年××月××日”格式，如“85—88年”改为“1985—1988年”“12.26”改为“12月26日”。

9.第九卷至第十二卷的教案、书信、科研日记均有手稿，编者将手稿扫描处理为图片排入，并对应录入文字，对手稿中一些不规范的文字和符号，酌情修改或保留。如“弗”在表示费用时直接修改为“费”；如“∴”表示“所以”，予以保留。

10.原稿错别字用〔 〕在相应文字后标出正解，如“付信件”改为“付〔附〕信件”；同一错别字多次出现，第一次之后直接修改，不一一注明，避免影响阅读。

11.有的教案或日记有残缺，编者加注说明。有缺字漏字，在相应位置使用〔 〕补充，如“无融生殖”修改为“无融〔合〕生殖”；无法识别的文字以“□”代替。

12.某些病句，某些不规范的文字使用，只要不影响阅读，均照原稿排录。如“其它”“机率”“2百90”“三～四年内”“过P酸Ca”及“做”“作”的使用，等等。

13.第十一卷中，英文书信翻译成中文，以便阅读。部分书信手稿为袁隆平所拟初稿，并非最终寄出的书信。

14.第十二卷中，手稿上有许多下划线。标题下划线在录入时删除，其余下划线均照录，有利于版式悦目。

前言

中国的杂交水稻研究与发展转眼已经一甲子。这一发展历史的前三十多年我国发展了“三系法”和“两系法”杂交水稻。通过利用水稻杂种优势和形态改良相结合的技术路线，从20世纪90年代开始，我国选育出了一系列“超级稻”品种并不断刷新世界水稻高产纪录，先后实现了百亩*片平均产量每亩700 kg、800 kg、900 kg和1 000 kg的目标，目前正在向更加高产、优质、多抗的超级稻品种选育目标冲刺。

近四十年中，随着中国农村社会的快速发展，杂交水稻种子生产技术也相应得到改进。本书也在第四章最后一节描述了杂交水稻种子生产技术的进展。同时，我们也在不断探索杂交水稻研究的新领域和新应用，包括第三代杂交水稻选育、耐盐碱杂交水稻以及“一系法”无融合生殖研究等。

中国杂交水稻的成功是众多水稻科技工作者集体努力的结晶。本书着重从技术发展角度描述了中国杂交水稻的发展历史。我有两个梦，第一个是“禾下乘凉的高产梦”，第二个是“杂交水稻覆盖全球梦”。因此，本书在下篇也系统介绍了国外杂交水稻生产技术发展状况。我希望在世界人口日益增长、粮食相对短缺的状况下，其他水稻生产国能够充分利用在中国业已证明成功的这一技术，大力发展杂交水稻，保证粮食安全。我坚信，随着现代生物技术日新月异的发展，中国杂交水稻技术必将不断创

---

* 1亩约为666.7平方米。

新，更好地为我国粮食安全服务，杂交水稻也必将会更加大步地走向世界，为全球粮食安全贡献一份“中国力量”。

由于中国杂交水稻研究跨时长、涉及面广、成果丰硕、情况繁复，故在本书编写过程中难免出现遗漏和疏误，敬请读者指正和谅解。

2020 年 6 月 30 日

目录

上篇　国内杂交水稻发展

下篇 国外杂交水稻发展

上篇

国内杂交水稻发展

从20世纪60年代起，中国杂交水稻研究经历了近60年的发展，至今方兴未艾。1966年《科学通报》发表《水稻雄性的不孕性》，1973年“三系法”杂交水稻配套成功，1995年我国“两系法”杂交水稻研究成功并开始推广应用。而后，通过杂种优势利用与形态改良相结合的技术路线，我国又选育出了一系列“超级杂交水稻”，先后实现了前四期超级稻的攻关目标。

杂交水稻技术正在不断发展和扩大应用领域，近年来在第三代杂交水稻以及无融合生殖的研究上进展很快，新的杂交水稻系统有望不久面世。由于耐逆性等杂种优势，杂交水稻也将成为耐盐碱水稻育种技术的主要途径。

第一章

三系法杂交水稻的发展

第一节　中国杂交水稻研究的开端

自古以来，吃饭是人类生存的最基本方式，也是天大的事，所以民以食为天。中国是一个人口大国，人多地少是现实国情，供需矛盾一直比较突出，迫切需要利用有限的土地资源，生产出更多的粮食，以供养更多的人口。

水稻一直是我国乃至全球的主要粮食作物。据考古发现，在1万年前长江中下游地区的人们已经开始耕种水稻，开启了水稻驯化的进程。至今，水稻在一定程度上依然影响着农业的发展。

中国杂交水稻的起源要追溯到1960年前后，当时袁隆平在湖南省安江农业学校任教（图1-1）。有一次，他在学校水稻试验田的选种圃中偶然发现一个优异单株，它的籽粒既多又饱满，于是他非常喜悦地采收了这株水稻的种子。但第二年试种的结果让他大失所望，这株水稻种子种下后长出来的水稻是一群熟期和株高不齐、籽粒干瘪的残次品。这种现象引发了袁隆平对于经典遗传学理论（图1-2、图1-3）的批判性思考：杂种优势不仅存在于异花授粉作物中，而且也同样存在于自花授粉作物中。

自袁隆平有了“水稻也有杂种优势”的想法以后，他设想可以通过培育水稻的雄性不育系，并用保持系使这种不育性不断繁殖，再育成恢复系，使不育性得到恢复并产生杂种优势，以达到应用于生产的目的。经过不懈的努力，找到了不育株，但是一直未找到恢复系，为此袁隆平不得不重新调整育种策略。他从文献上得知，在国外有人发

图 1-1　袁隆平在田间（1967 年 6 月）（曾春晖　提供）

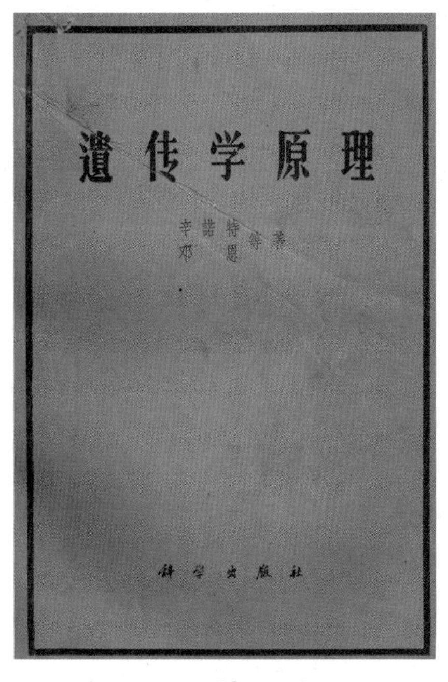

图 1-2 《遗传学原理》* 封面（李继明　提供）

332　　遺传学原理

因群。每个群可以預料包含着某些使大小增加的显性对性和使生长減退的隐性对性。杂种将具有每对的显性，但是所有这些显性对性的重組合集中在一个配偶子內是極少見的，因为这些基因不是独立分配的（好像它們各自处在一个染色体上时一样）。它們的遺传行为，必然由于它們的連鎖关系而显得复杂，要在同一个配偶子內获得全部显性基因，必須發生一系列很少見的很密切的交換。

不同生物体的杂种优势　已經知道自交对有些生物体（玉蜀黍）是經常有害的，其他則偶而有害（果蝇），亦有完全無害的（小麦）。这种差别是受不同物种的生殖生物学所約束的。如果像小麦，自花受精是正常生殖方法，隐性有害突变在其發生之后立即同質化，因而几乎像有害显性突变一样迅速而有效地消灭了。小麦大多数基因的同質化是这种物种在进化發展过程中所适应的正常状态。所以，小麦自交不会使旺势消灭，异交一般不表現杂种优势。

异体受精的物种，有害显性突变型立即消灭，而有害隐性突变型則容許在异質体状态中累积起来。因此，果蝇屬自然群体的大多数个体是体染色体上有害隐性的异質体，在 X 染色体上即使發現有害基因，由于隐性突变基因可以在雄蝇的表現型上显現，有害突变得以消灭。由此可知，近亲繁殖可使大多数异体交配品系發生退化現象。但是，如果自交系亲本偶而不带有潛伏有害隐性，則近亲交配以后不会观察到旺势的消失。家畜方面也可以看到同样状态，人类群体也有可能看到。

如果一个物种每个个体中的每个染色体带有着几个有害隐性基因，近亲交配必然会引起退化，而异交会引起强烈的杂种优势。这可能就是玉蜀黍所表現的状态。另一种可能性是二个对性的异質个体也能产生杂种优势，如 A^1A^2，而每个对性同質状态时可以是有害的（A^1A^1 和 A^2A^2 旺势較差）。这种状态特别在异体受精物

图 1-3 《遗传学原理》第 332 页（李继明　提供）

---

*《遗传学原理》：科学出版社 1958 年出版，根据 E. W. Sinnott，L. C. Dunn，et al.，*Principles of Genetics*（1950）翻译。

现了高粱雄性不育株，由于没能三系配套，所以未能直接利用，最后通过南非高粱和北非高粱杂交，才成功地实现了三系配套。袁隆平由此受到启发，将育种策略应用于野生稻上，即通过远缘杂交和核置换的方法培育细胞质雄性不育系，由此杂交水稻三系配套的研究拉开了序幕。

第二节 三系配套的基本原理

杂种优势是杂合体在一种或多种性状上优于两个亲本的现象。例如，不同品系、不同品种，甚至不同种属间进行杂交所得到的杂种一代，往往比它的双亲表现出更强大的生长速率和代谢功能，从而导致器官发达、体形增大、产量提高，或者体现在抗病、抗虫、抗逆、成活力、生殖力、生存力等方面有所提高。杂种优势利用是重要的生物育种手段之一，即利用两个遗传组成不同的生物体杂交的杂种一代在生长势、生活力、抗逆性、产量和品质等方面优于亲本的表现，达到生产要求。它与以培育纯系品种为目的的杂交育种的不同之处在于，选用亲本、配置组合时，特别强调杂种一代的优势表现。杂种优势强弱是针对所观察的性状而言，通常以杂种一代某一性状超越双亲相应性状平均值的百分率（即平均优势），或超过较好亲本值的百分率（即超亲优势），或超过对照品种值的百分率（即超标优势）来表示。水稻杂种优势利用就是把水稻雄性不育系和恢复系，按一定的比例种植在一起，通过自然杂交获得第一代种子，再种植到大田，生产高产优质水稻。通过选育水稻雄性不育系（简称“不育系”）、雄性不育保持系（简称“保持系”）、雄性不育恢复系（简称“恢复系”）的三系法途径，实现水稻杂种优势利用（图 1-4）。

一、水稻自然雄性不育株的发现

水稻是典型的自花授粉作物，雌雄同花。所谓雄性不育系，是指雄性器官退化，不能形成有功能的花粉，甚至不产生花粉，因此，不能自交结实。但是，雄性不育系植株的雌性器官正常，一旦授粉，即可正常结实。1917 年，日本的奇尾首先发现了水稻雄性不育现象，并提出了水稻雄性不育性状是隐性遗传，杂种第二代的育性分离比是 1：2：1。

1964—1965 年，袁隆平共检查了 140 000 多个稻穗，最后在洞庭晚籼、胜利籼、矮脚南特号和早粳 4 水稻品种中发现了 6 个雄性不育株，根据这些雄性不育株的花粉败育情况，把这些不育株分为了下列三种类型。

（1）无花粉型（2 株，在胜利籼中找出）。花药较小且瘦瘪，白色，全部不开裂，不含花粉或仅有少量极细颗粒，为完全雄性不育，简称“籼无”。

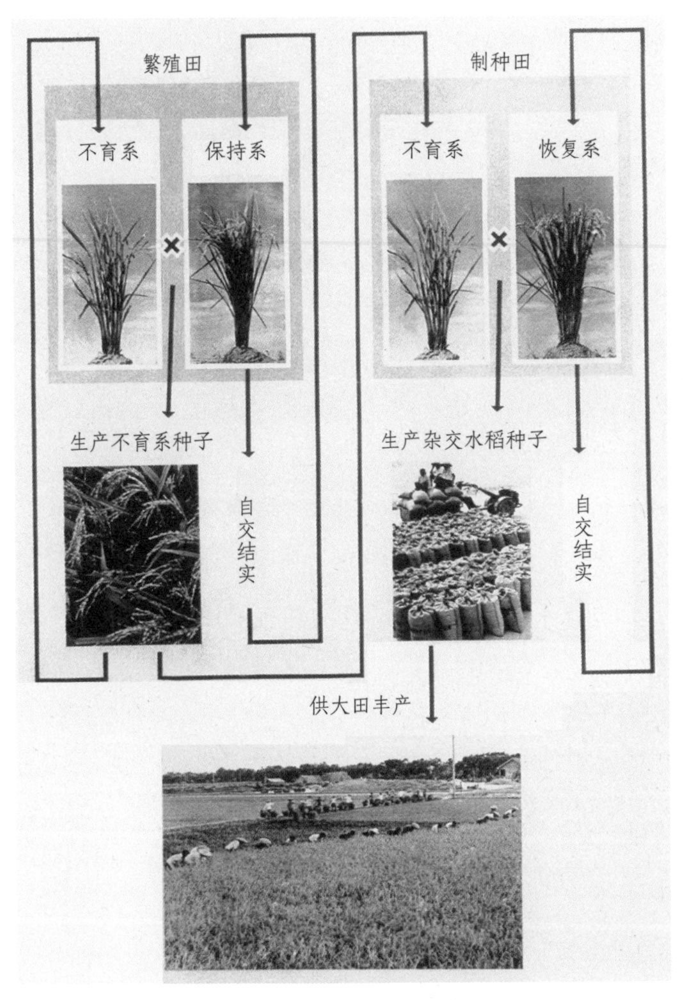

图 1-4　三系配套关系图

（2）花粉败育型（2 株，在矮脚南特号中选出）。花药细小，黄白色，全部不开裂；花粉数量少且发育不完全，大多数形状不规则，皱缩，显著小于正常花粉，遇到碘化钾溶液无蓝黑色反应，为完全雄性不育型。

（3）花药退化型。花药高度退化，大小仅为正常的 1/5～1/4，内无花粉或很少数典败花粉。

1964—1966 年，袁隆平证明了无花粉型、花粉败育型、花药退化型均属于可遗传的雄性不育材料。

袁隆平 1964—1965 年发现自然可遗传的雄性不育株之后（图 1-5、图 1-6），进而设想通过培育水稻雄性不育系、保持系、恢复系的三系法途径，实现水稻杂种优势利用。但后来研究表明，这些雄性不育性均受隐性核基因的控制。通过大量测交筛选及其他育种方法，始终未能获得理想的保持系。为此，自 1970 年开始，袁隆平着手进行质核互作型不育系选育，重点加强远缘杂交，特别是利用野生稻与栽培稻杂交，以期获得雄性不育系，实现三系配套。

图 1-5 《科学通报》1966 年 2 月封面
（杨耀松　提供）

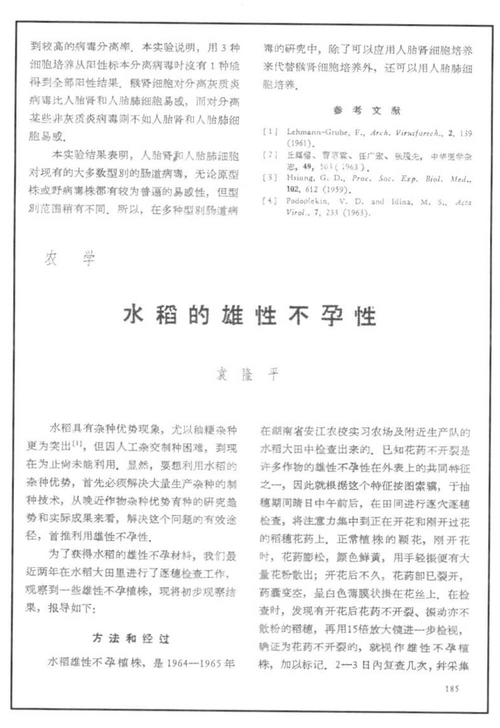

到较高的病毒分离率．本实验说明，用 3 种细胞培养从阳性标本分离病毒时沒有 1 种能得到全部阳性结果．猴肾细胞对分离灰质炎病毒比人胎肾和人胎肺细胞易感，而对分离某些非灰质炎病毒则不如人胎肾和人胎肺细胞易感．

本实验结果表明，人胎肾和人胎肺细胞对现有的大多数型别的肠道病毒，无论原型株或野病毒株都有较为普遍的易感性，但型别范围稍有不同．所以，在多种型别肠道病毒的研究中，除了可以应用人胎肾细胞培养来代替猴肾细胞培养外，还可以用人胎肺细胞培养．

参考文献

[1] Lehmann-Grube, F., *Arch. Virusforsch.*, 2, 139 (1961).
[2] 丘[illegible]、[illegible]、任广宏、张[illegible]，中华医学杂志，**49**，503（1963）.
[3] Hsiung, G. D., *Proc. Soc. Exp. Biol. Med.*, **102**, 612 (1959).
[4] Podoplekin, V. D. and Idina, M. S., *Acta Virol.*, 7, 233 (1963).

农　学

水稻的雄性不孕性

袁隆平

水稻具有杂种优势现象，尤以籼粳杂种更为突出[1]，但因人工杂交制种困难，到现在为止尚未能利用．显然，要想利用水稻的杂种优势，首先必须解决大量生产杂种的制种技术，从晚近作物杂种优势育种的研究趋势和实际成果来看，解决这个问题的有效途径，首推利用雄性不孕性．

为了获得水稻的雄性不孕材料，我们最近两年在水稻大田里进行了逐穗检查工作，观察到一些雄性不孕植株，现将初步观察结果，报导如下：

方法和经过

水稻雄性不孕植株，是 1964—1965 年在湖南省安江农校实习农场及附近生产队的水稻大田中检查出来的．已知花药不开裂是许多作物的雄性不孕性在外表上的共同特征之一，因此就根据这个特征按图索骥，于抽穗期间晴日中午前后，在田间进行逐穴逐穗检查，将注意力集中到正在开花和刚开过花的稻穗花药上．正常植株的颖花，刚开花时，花药膨松，颜色鲜黄，用手轻振便有大量花粉散出；开花后不久，花药即已裂开，药囊变空，呈白色薄膜状挂在花丝上．在检查时，发现有开花后花药不开裂、振动亦不散粉的稻穗，再用15倍放大镜进一步检视，确证为花药不开裂的，就视作雄性不孕植株，加以标记．2—3 日内复查几次，并采集

185

图 1-6 《科学通报》1966 年 2 月文章首页
（杨耀松　提供）

1970 年 11 月，湖南省安江农业学校的李必湖和海南的冯克珊，在海南崖县南红农场铁路桥的水沟边发现了一株花粉败育的野生稻（简称“野败”），为雄性不育系的选育打开了突破口（图 1-7）。这株野生稻株型匍匐，分蘖力极强，叶片窄，茎秆细，谷粒小，有长芒，易落粒，叶鞘和稃尖紫色，柱头发达外露，除雄性不育性外，其性状与海南的普通野生稻没有差别，属于普通野生稻种。野败原始株的花药瘦小、黄色、不开裂，内含典型的败育花粉，但不育性不够稳定，在海南春季条件下，当每日最高气温超过 30 ℃时，数天之后就有少部分花药形成少量花粉，并开裂散出。

1971 年 9 月，湖南科研人员将与野败配制的杂种，在海南崖县播种，12 月陆续抽穗，观察了 10 个杂交组合的表现，发现大多数组合的子一代出现育性分离，完全不育率达 41%。这些不育株与原始野败不同，表现为花药变大，空秕瘦长，呈箭头形，水渍状、乳白色或油渍

图 1-7　野败不育株发现地——南红农场铁路桥水沟边

状乳黄色，囊中花粉全部败育，不育性优于原始株，且在海南 4—5 月高温强日照条件下，未见到育性恢复，说明野败的不育性是能够通过杂交遗传给后代的。1972 年春，从这 10 个组合中选择了 4 个表现较好的组合进行回交，同时又用 44 个品种进行测交，籼稻或粳稻都出现了具有完全保持和完全恢复的品种，这预示着通过野败育成水稻三系，具有较大的可能性。

二、水稻雄性不育保持系的选育

1967—1971 年，湖南省水稻雄性不育研究协作组用近 1 000 个水稻品种，与无花粉型、花粉败育型、花药退化型 3 种不育型材料进行测交，结果并没有发现一个完全保持的品种，具有部分保持力（保持率为 20%～80%）的品种只占 5% 左右。将它们与不育材料回交，结果随着回交世代的增加，保持力逐渐下降，最后全部恢复正常。

1968 年，湖南省安江农业学校科研人员鉴于在现有品种中找不到保持系，于是借鉴洋葱公式人工创造保持系的经验，用 4 年的时间配制了 23 个杂交组合，但都出现了保持力不能遗传的现象。

1970 年以后，全国各科研单位普遍开展了水稻雄性不育系选育的研究。有的单位利用湖南的“C 系统”，有的单位继续从大田中寻找，有的单位采用辐射诱变方法，但同样没有找到保持系。

三、水稻恢复系的选育

水稻恢复系不但要求被选择对象具有良好的经济性状，而且必须具有强配合力（优势）和恢复力（结实率）。配合力和恢复力的强弱表现，凭植株的表现型无法确定，只能通过人工测恢的方法进行确定。恢复系选育方法主要有以下几种。

（一）广泛测交筛选法选育恢复系

采用广泛测交筛选法是一种最简便且收效最快的水稻恢复系选育途径。它是利用现有品种（系）对不育系进行测交，从中筛选出具有强恢复力的品种（系）。其具体做法是：先用现有强恢复力的优良品种（系）对不育系进行授粉，对杂种第一代进行结实率、经济性状、抗性等主要性状的初评；对初评入选的品种再次进行杂交，验证初测入选品种的结果；根据复测的结果，淘汰不符合育种目标的品种，而入选的即是该不育系的恢复系，可作为大田生产鉴定或者新品种比较试验使用。

（二）杂交法选育恢复系

杂交法选育恢复系分为一次性杂交法和多次杂交法。一次性杂交法就是把恢复系的恢复因子导入新的品种（系）中，再采取系谱法选育其后代的杂交方法。多次杂交法是把多个品种的优良基因导入这个新品系中，从而可能选育出新的恢复系，它是将 3 个及 3 个以上亲本的优良性状与恢复基因综合在一起，成为一个强优、多抗的恢复系。籼粳杂交是强优恢复系选育的重要途径，可以选择偏籼型或偏粳型，以培育成籼型或粳型强优恢复系。

（三）诱变法选育恢复系

一般是利用辐射诱变方法，对改良已有恢复系中某个重要性状很有成效。如 IR36 辐、华联 2 号、华联 5 号、华联 8 号等早籼型水稻恢复系，都是采用辐射诱变法育成的。

四、水稻三系及其相互关系

所谓水稻三系，就是指水稻的雄性不育系、雄性不育保持系、雄性不育恢复系。水稻三系之间关系密切，其中不育系除了雄性器官发育不正常，花粉败育不能自交结实，抽穗不彻底外，其他性状与保持系基本相同。保持系和不育系杂交，所产生的种子仍为不育系，用作下次制种和繁殖之用；不育系和恢复系杂交，所产生的种子用作下季大田生产用种；保持系、恢复系都是能够自交结实的正常水稻品种，它们自交所产生的种子仍分别为保持系和恢复系。

第三节　籼稻三系不育系的选育

一、野败型雄性不育系的选育

1971 年，杂交水稻课题被列为全国协作项目，野败材料也被分发到众多国内水稻科研单位，并组织开展了大量杂交和回交，用于培育野败型不育系和保持系。江西萍乡市农业科学研究所的颜龙安，在海南利用野败原始株分别与 7 个籼、粳稻品种杂交。1971 年春，杂交种在萍乡播种，9 月中旬陆续抽穗，表现为对野败都有不同的保持能力，证明在不育系选育中，野败是一个宝贵材料。经过连续的选择回交，到 1972 年冬，全国各省水稻育种学者又一次汇集海南进行育种试验时，他们用早籼品种二九矮 4 号回交的群体已达 4 代，4 543 株，农艺性状整齐一致，不育株率为 100%，不育度为 99.5%。在此期间，很多省份也获得了不育株率和不育度达 100% 的群体。1973 年，袁隆平育成了二九南 1 号 A，颜龙安育成了二九矮 4 号 A 和珍汕 97A，周坤炉育成了 V20A，福建省农业科学院育成了 V41A。珍汕 97A 和 V20A 具有不育性稳定、可恢复性好、配合力强、繁殖制种产量较高等突出优点。至此，我国第一批野败细胞质不育系育成。

二、其他野生稻不育材料的发现与利用

我国华南地区自然繁衍的野生稻，大都属于普通野生稻种，其形态特征与籼稻极为相似，杂交也易成功。在长期自然选择下，野生稻也形成了极为丰富的不同类型。

1971 年，在利用野败与栽培稻杂交选育三系的同时，普通野生稻资源也得到开发利用。广西壮族自治区农业科学院选用海南崖县的红芒野生稻和野败，同时与广西推广良种广选 3 号杂交，前者杂种一代表现分离，出现了不育植株，后者杂种一代表现为全不育。科研人员选择两个组合的不育株继续与广选 3 号回交，最后都育成了稳定的不育系，而且其败育方式、恢保关系等各方面都完全相同。湖北省农业科学院采用海南的藤桥野生稻与早籼品种二九青杂交，育成了藤青不育系。广东肇庆市农业学校采用海南羊栏野生稻作为细胞质，育成科六二不育系，经过测定与野败具有相同的遗传特性。1972 年，武汉大学朱英国等人用红芒野生稻做母本与莲塘早杂交，在后代中发现雄性不育植株，再用莲塘早连续回交，于 1974 年育成红

莲型细胞质雄性不育系及其保持系，并筛选出恢复系，实现三系配套，育成红莲型杂交水稻。红莲型雄性不育系花粉败育始于二核期，以圆败为主，为配子体不育类型，其花粉败育特点及恢保关系与野败型不同。在开展红莲型新不育系创制和优良组合育种研究方面，先后育成米质优良品种，如异交率高的不育系粤泰 A，早熟、优质不育系络红 3A，抗飞虱不育系络红 4A 等。测交筛选出扬稻 6 号、特青等红莲型强恢复系，先后育成的红莲优 6 号、络优 8 号等 20 多个品种通过省级或国家审定，红莲型杂交水稻在国内外累计种植面积达 700 万 hm^2 以上。

对分布在广西或其他地方的野生稻进行研究，也同样存在上述表现。用柳州红芒野生稻和白芒野生稻作为细胞质，用合浦野生稻细胞质育成的不育系，其特性和野败相同。江西萍乡市农业科学研究所用华南普通野生稻、印度野生稻分别同珍汕 97 杂交，育成华野珍汕不育系、印野珍汕不育系，其遗传表现也与野败相同。而广西农业学校用隆安野生稻细胞质育成的 IR661 不育系，湖南省农业科学院用田东野生稻与 IR28 杂交并回交育成的不育系，其遗传特点既不同于野败，也不同于红莲型。经鉴定，花粉形态和野败相同，都是在单核期走向败育，恢保关系却与野败存在明显的差异，表现为保持系品种很多，而恢复系品种则非常贫乏。

三、滇型不育系的选育

1965 年，昆明农林学院在云南省保山县（现为保山市）栽培的台北 8 号田中发现了一些半不育、低不育的天然亚种间杂交水稻，经过种植其中一些天然杂交单株种子，发现一株不育株，并用红帽缨做父本与它杂交，第二年种植的几株杂种表现不育，用红帽缨回交 3 代后，各株间的性状基本趋于一致，植株外形与红帽缨相同，不育株率为 100%，不育度达 99% 以上。1969 年育成了台北 8 号细胞质的红帽缨不育系，从此定名为“滇一型不育系”。红帽缨是昆明当时广泛种植的农家品种，各代回交不育率都能保持在 95% 以上。由于红帽缨品种有弱的育性恢复基因和花药开裂基因，所以滇一型不育系的花药有许多能正常裂开散粉，有百分之几的自交结实率。用云南高海拔粳稻节芒等品种做保持系，它的不育系也有百分之几的自交结实率。

自 1970 年起，云南省杂交水稻优势利用研究协作组开始用台中 31、科情 3 号不育系与各代回交，回交的花药都开裂，自交结实率偏高，个别单株可达 20%；用台中 31 转育不育系，最初回交的一、二代自交结实率都有一些波动，回交三代以后，花药不开裂了，不育率稳定在 99% 以上。1974 年早季套袋 60 穗检查，自交结实率平均为 0.013%。后用我国东北的一些品种及日本的一些品种转育不育系，经一、二代回交后，花药不开裂，不育率保持在 98% 以上，这些品种细胞核中没有弱恢复基因，是理想的保持系。

四、其他粳型不育系的选育

1974年，中国农业科学院作物育种栽培研究所以云南籼糯品种毫干达歪为母本，粳稻品种黄金做父本进行杂交，F_1代结实率较低，剪颖去雄后再次用黄金回交，回交一代自交不结实，后继续用黄金进行成对回交，最后在1979年育成了黄金不育系。

福建诏安县良种场用本省的籼糯品种与引进的粳稻品种进行了20多个正反交杂交组合。在杂种F_1代中，以籼糯品种井泉糯和从井泉糯系统选育的井泉杂1号为母本，南台粳为父本得到的杂交组合不育株率最高，达85%以上。从中选择不育株用南台粳连续回交，使不育性逐步稳定下来，育成了南台粳不育系。同时，福建还用籼稻品种神奇与粳稻品种农垦8号杂交，育成了农垦8号不育系。

辽宁省农业科学院稻作科学研究所用籼稻IR24与印尼粳杂交，从杂种后代中选出不育株与早丰杂交，然后从中选出不育株与粳稻秋岭杂交和连续回交，育成了秋岭不育系。

此外，中国农业科学院作物育种栽培研究所和上海市农业科学院作物育种栽培研究所都采用野栽交的方法，以我国红芒野生稻与栽培稻杂交，进行粳型不育系的选育，先后育成了京育1号、京引59号、农垦6号等不育系。

五、其他新质源不育系的选育

我国水稻育种家采用野生稻与栽培稻、地理远缘杂交等途径，创制出不同细胞质来源的质核互作雄性不育系。这些不育系及其衍生系的生产应用，解决了因野败不育胞质单一可能造成的潜在风险。这里仅介绍在生产上大面积应用的几种新质源不育系。

（一）冈型、D型不育系的选育与应用

四川农业大学周开达等从1972年起用西非水稻品种冈比亚卡与朝阳1号、雅安早等品种杂交、回交，育成了冈12（朝阳1号）A和冈2（雅安早）A。后来育成早熟、大穗、高配合力的冈型不育系冈46A。同时，周开达等人从DisiD52/37//矮脚南特群体中的一个早熟、大粒株系中发现一个花粉败育株，用意大利B杂交并连续回交，育成D型不育系意大利A，但该不育系的育性表现受温度的影响较大。此后，从珍汕97B中选出1个穗型较大、生育期偏长的变异株，与D型不育胞质意大利A杂交和回交，转育成不育性稳定的D汕A。冈型、D型不育系的花粉败育特点及恢保关系与野败型相似。科研人员在创制新保持系的基础上，又相继育成米质较好的D297A、D702A、D62A等D型新不育系。四川农业大学用D汕A、D297A和冈46A分别与福建三明地区农业科学研究所选育的优良恢复系明恢63等

测配出 D 优 63、D 优 10 号和冈优 12 等新品种，利用 D62A 与四川内江地区农业科学研究所选育的抗病恢复系多系 1 号配组 D 优 68。之后，四川农业大学育成高配合力恢复系蜀恢 527，组配出冈优 527（冈 46A/ 蜀恢 527）和 D 优 527（D62A/ 蜀恢 527）等著名新品种。全国的育种单位先后育成的 10 多个冈型、D 型杂交水稻新品种通过省级或国家级品种审定，其中，四川省农业科学院作物研究所用抗病恢复系 CDR22 与冈 46A 配组，育成高产、广适性杂交水稻新品种冈优 22；绵阳市农业科学研究所用恢复系绵恢 725 与冈 46A 配组，育成优良杂交水稻品种冈优 725。D 优 63、D 优 527、D 优 68、冈优 12、冈优 22、冈优 725、冈优 527 等曾是我国中籼稻区的主要杂交组合，仅 1991—2005 年，这些品种的推广面积就达 1 921.09 万 hm^2。

（二）印尼水田谷型不育系的选育与应用

湖南杂交水稻研究中心用地理远缘品种间杂交组合［（印尼水田谷 6 号 / 广陆矮 4 号）BC_2F_1/ 温选 10 号］BC_2F_1/ Ⅱ -32B 中的不育株，与Ⅱ -32 连续多代回交，育成Ⅱ -32A。以后育成稻米外观、品质较好的同型早熟不育系优Ⅰ A 和中 9A。印尼水田谷型不育系花粉败育特点及恢保关系与野败型相同。印尼水田谷型不育系的丰产性状和异交习性良好，繁殖和制种产量高。原四川省原子能应用技术研究所用自育优良恢复系辐恢 838 与Ⅱ -32A 配组，育成广适性、高产组合Ⅱ优 838；四川绵阳市农业科学研究所用自育的优良恢复系绵恢 501 和绵恢 725，配制出高产品种Ⅱ优 501 及Ⅱ优 725；四川省农业科学院水稻高粱研究所用自育优良恢复系泸恢 17 育成超级稻品种Ⅱ优 7 号；江苏省丘陵地区镇江农业科学研究所用自育恢复系镇恢 084 与Ⅱ -32A 组配成高产品种Ⅱ优 084。据统计，全国利用印水型不育系育成并通过审定的杂交水稻新品种有 100 多个，主要品种有Ⅱ优 63、Ⅱ优 501、Ⅱ优 838、Ⅱ优 725、Ⅱ优 084、Ⅱ优 7 号等，1991—2005 年全国推广面积为 2 913.0 万 hm^2。

（三）矮败型不育系的选育与应用

1970 年秋，安徽广德县农业科学研究所在从江西引进的矮秆野生稻中发现了一个雄性不育株，定名为“矮败”，通过复合杂交（矮败 / 军协）/ 协珍 1 号的 F_1 不育株再与协青早杂交，并经过多代连续核置换，于 1982 年育成矮败型不育系协青早 A，其花粉以典败为主，恢保关系与野败型相同，国内有关科研单位先后育成协优 63、协优 527、协优 77 等优质、高产新品种，1991—2005 年累计推广 1 303.3 万 hm^2。

（四）其他不育胞质

1984 年，朱英国等人在农家品种马尾黏中发现花粉败育株，继而用协青早杂交并采用连续核置换的方法，育成马协型雄性不育系及强优势杂交水稻新品种马协 63（马协 A/ 明恢 63）。该品种通过了国家和湖北省品种审定并大面积推广。游年顺等人用泰国的光身稻品种 Khav Vay 与珍汕 97 等品种杂交，从其后代中选择到不育株，再用 V41B 测交和回交，育成 KV 型质核互作雄性不育系 V41A，与同核异质的野败型不育系比较，KV 型不育胞质对杂种 F_1 的每穗粒数及结实率有显著的正效应。1979 年，蔡善信用华南晚籼农家品种夜公与建梅早等杂交，在其 F_2 代中选择早熟、不育程度高的植株与建梅早回交 3 次，以后再用其他材料测交、回交，育成 Y 四 A 及其保持系 Y 四 B。全国水稻育种家迄今创制出 60 多种不同细胞质来源的不育系，但多数不育胞质的恢保关系与野败型相似。

第四节　籼稻三系恢复系的创制

一、第一代优良恢复系的测交筛选

实际上，野败恢复系的选育与不育系的选育是同时起步的。当用大量籼、粳稻品种与野败材料杂交后，育种人员一方面看出利用野败育成水稻不育系大有希望，另一方面在籼稻中测出了对育性有恢复力的品种。但也有人认为，这可能是野败细胞核同栽培稻细胞核特定基因互作的结果，一旦完成了核置换后，这种杂交后代结实的现象就会消失。特别是用粳稻品种测交，后代结实的很少，这更让人怀疑能使野败胞质恢复的基因是否存在。有人曾提出不可乐观过早的说法，因为自然不育株测筛保持系没有成功，证明核不育类型是存在的。而利用野败细胞质育成的不育系，很可能属质不育类型，这种类型的不育虽能保持，但无法恢复，这样的不育系仍然是没有生产价值的。

随着测交恢复系的试验继续深入，野败不育胞质的恢复系表现出以下特点。①随着回交世代的提高，杂种一代的恢复率和恢复度逐步趋于一致。②能使野败细胞质恢复的品种，对由野败转育而成的各种不育系，都具有共同的恢复效应，但因不育系的核背景不同，恢复程度不同。③恢复能力与品种的地理分布有关，原产于热带东南亚国家的品种，恢复品种的比例较高；原产于温带国家的品种，对野败恢复的比例很少。④对粳稻品种测筛了数千个，没有一个恢复品种。野败的恢复基因主要分布在低纬热带，而且和水稻的进化有关。欲为野败不育系寻找强恢复系，应该在和野败水稻生长环境相似的地理环境的品种中多下功夫。

1972 年冬，三系选育的重点转入恢复系选育，方法以测交筛选为主，各省（自治区、直辖市）利用自己掌握的各种品种资源，经过连续的测交试验，终于在 1973 年发现了一批恢复系品种：如湖南省协作组等单位报道的二九青、涟源早、制 69-1；江西萍乡市农业科学研究所和江西省农业科学院报道的 7101、7039、大谷矮、古 85；广西壮族自治区协作组张先程等报道的 IR24、IR61、泰引 1 号等。同年冬天，全国育种家再次云集海南进行南繁试验。1974 年 3 月，全国杂交水稻协作组在海南崖县（现为崖州区）召开了现场会，会上各省（自治区、直辖市）介绍了自己三系选育的进展，参观了各单位在海南的试验基地。广西壮族自治区协作组在会上公布了他们的试验结果，肯定了 IR661、泰引 1 号、IR24 等是强恢复系，并证明用这些恢复系配制的杂种一代有明显的杂种优势。他们分析了恢复系品种的来源和亲缘关系后，提出应该采用东南亚国家和我国华南、台湾地区的籼粳稻品种或籼粳杂交、辐射等多种途径来加快恢复系的选育。经过充分讨论分析，大家一致认为，我国水稻三系选育的进展很快，我国的籼型杂交水稻在 1973 年实现三系配套的基础上，已经进入选配强优组合的阶段。

珍汕 97A 和 V20A 是 20 世纪 80—90 年代我国杂交水稻生产应用最广泛的不育系，其中珍汕 97A 是我国应用时间最长、配制组合最多、适应性最强、推广面积最大的不育系。全国育种单位用珍汕 97A 选配出了 100 多个杂交水稻新组合，包括第二代杂交水稻主推品种汕优 63 和汕优 10 号等（图 1-8）。1982—2003 年，汕优系列品种累计推广 1.2 亿 hm^2，占同期全国杂交水稻总面积的 47.6%，增产稻谷 1 874.4 亿 kg。用 V20A 育成的威优 6 号、威优 64 和威优 10 号等系列高产杂交水稻在我国南方稻区被大面积推广。据不完全统计，1991—2005 年，威优系列品种累计推广面积为 2 072 万 hm^2。

我国第一代恢复系是通过从国外引进材料或从现有品种中测交筛选而来。1976—1988 年，由于第一代杂交水稻当家品种汕优 2 号、威优 6 号种植较单一，造成稻瘟病流行，急需品种更新换代。

二、第二代优良恢复系的选育及应用

谢华安等人采用综合育种技术，于 1981 年育成抗病性强、产量配合力高、米质优良、适应性广的新恢复系明恢 63。截至 2010 年底，全国配制的 63 系列品种中有 34 个通过国家级或省级审定。据统计，1984—2009 年，明恢 63 系列品种的累计应用面积为 8 414.4 万 hm^2，占我国杂交水稻面积的 24.5%，其中汕优 63 的面积最大，累计推广 6 287.7 万 hm^2，是全国第二代杂交水稻的当家品种和国家、省级区试的对照品种。湖南省安江农业学校唐显岩选用早稻恢复系制 3-1-6 与高抗、强恢、米质优良的材料 IR2035

图 1-8 累计推广面积最大的三系杂交水稻组合汕优 63

杂交，选育出的优良杂交早稻威优 402、金优 402 等在长江中下游早稻区大面积种植，1994—2005 年累计种植面积达 381.88 万 hm^2。这些早熟品种的推广应用促进了我国杂交早稻的发展。1991—2005 年，由湖南杂交水稻研究中心和中国水稻研究所筛选出的恢复系测 64 和密阳 46 所配组合的累计应用面积分别为 1 601.13 万 hm^2、1 255.33 万 hm^2。湖南杂交水稻研究中心采用籼粳杂交方法，在 R432/ 轮回 422 的后代中育成抗稻瘟病、米质较优、产量配合力高的新恢复系先恢 207 以及岳阳市农业科学研究所选育的岳恢 9113，都是 2001 年以来长江中下游地区晚稻的主要恢复系，代表品种有金优 207、岳优 9113 等，其中先恢 207 所配组合于 1999—2005 年累计种植面积达 380.04 万 hm^2。

三、第三代抗病恢复系的培育

20 世纪 90 年代，稻瘟病菌优势小种的改变，致使 63 系列品种抗瘟性逐渐丧失。为此，全国很多科研单位都以明恢 63 为高配合力、广适性亲本与抗病材料杂交，选育出一批新的抗病恢复系。据统计，明恢 63 衍生系有 600 多个，其中，用 543 个恢复系配制的 922 个组合通过了省级以上品种审定，包括 167 个品种通过国家审定。育成的抗病、高配合力骨干恢复系有 CDR22、多系 1 号、辐恢 838、绵恢 725、明恢 77、晚 3 等。1990—2009 年，明恢 63 衍生系配制的杂交水稻累计推广 8 101.3 万 hm^2，占全国杂交水稻同期面积的 28.2%，这些恢复系逐步取代了明恢 63，因而至今没有在杂交水稻上发生稻瘟病大流行的情况。

四、超级稻恢复系的培育

颜龙安团队在广恢 998 中选出一个大穗型变异株，具有多穗和大穗协调好的特点，定名为 R225，配制出系列新组合，其中吉优 225、荣优 225 被认定为超级杂交水稻品种，在超级早稻恢复系选育方面，探索“早恢 / 晚恢”和“晚恢 / 晚恢”的技术路线。在 IR58/ 桂朝 13 的 F_4 株系中，选到 1 个早熟优异株，经多代测交筛选，于 1996 年育成超级早稻恢复系 R458。该恢复系具有株型集散适中、剑叶短挺、千粒重大、恢复力强、米质优等特点，配制的金优 458 先后通过国家和江西省品种审定，2009 年被农业部认定为超级稻。

周开达团队在 1995 年提出培育亚种间重穗型超高产品种的技术路线，重点解决亚种间杂种 F_1 普遍存在的大穗与低结实率，粒多与籽粒不饱满的矛盾。四川农业大学水稻研究所采用籼粳复合杂交、轮回选择等方法，先后育成了千粒重 34 g、高配合力、耐高温的恢复系蜀恢 527 和千粒重 32 g、秆粗抗倒的优良恢复系 498，配制出农业部认定的超级稻冈优 527、F 优 498 等。冈优 527 在四川做中稻栽培，有效穗 210 万 ~ 240 万穗 /hm^2，平均每穗 160 ~ 180 粒，结实率 85% 以上，千粒重 29.5 ~ 30.0 g，单穗重 4.5 g 左右。这些超级稻的育成，证明了亚种间重穗型超高产育种理论的可行性。

谢华安团队采取籼粳亚种间复合杂交的技术路线，以粗秆、大穗、大粒为基本形态特征，从 P18（IR54/ 明恢 63//IR60/ 圭 630）/GK148（粳 187/IR30）的后代中育成超级稻强恢复系明恢 86。截至 2010 年底，全国用明恢 86 配组育成的 15 个组合通过省级以上品种审定，累计推广面积 221.1 万 hm^2，Ⅱ优明 86 是农业部 2005 年首批向全国推荐种植的超级稻组合之一。

第五节 杂交粳稻育种

一、测交筛选粳稻恢复系

1969—1970 年，云南农业大学用滇一型不育系与大量的粳稻品种进行了测交，从中筛选恢复系，但没有成功。1972—1973 年，湖南省农业科学院以野败 × 京引 66 的不育株为母本，与 306 个粳稻品种测交；新疆生产建设兵团用野败 × 杜字 129 等组合的不育株，与 4 000 多个粳稻品种测交，都未发现一个粳稻品种对野败型不育系具有恢复能力。随后，全国各地以滇一型、BT 型、野败型以及其他细胞质源的不育系，与数以千计的粳稻品种测交，也没有找到一个理想的恢复系。1981—1983 年，江苏省农业科学院以 BT 型、滇型、L 型、野败型等细胞质粳稻不育系与云南稻区、太湖稻区和国外粳稻测交，配成 2 458 个组合，其中，恢复度达 70% 以上，滇型的南粳 34A 有 2 个品种，L 型的 414A 有 19 个品种。但是，这些品种都为高秆，丰产性差，无直接利用价值。

1974—1975 年，湖南省农业科学院和昆明农林学院分别用 BT 型、滇一型不育系，与籼稻、爪哇稻品种测交，结果发现红早糯、培迪、印度籼、玉溪红谷等品种具有恢复力，但是，籼稻、爪哇稻开花早，粳型不育系开花迟，花期严重不遇，制种产量低，在生产上很难应用。

二、人工创造粳稻恢复系

1970 年秋天，昆明农林学院从不育株上采收天然杂交种子，于 1971 年春在元江县种了 960 株，从中选择一株结实率为 67.3% 的单株，编号为 698。1971 年秋在元江县红侨农场种植，然后从中选出结实率高的单株种植，经过连续选择，部分单株的结实率接近正常，再从中选择结实率正常单株与滇一型不育系测恢，检查恢复度，终于在 1973 年初，选育出滇一型不育系的恢复系，实现了三系配套。1972 年，昭通地区农业科学研究所用滇一型半节芒不育系与昭通背子谷测交，子一代为半不育，再按 698 材料的选育方法，于 1973 年选育出了南 31、南 71 等恢复系。与此同时，从 1970 年起，进行了籼粳复合杂交选育粳稻恢复系的工作，发现粳稻品种科情 3 号与籼稻品种 IR8 号正反交结实都正常，因而确定科情 3 号可做桥梁品种，并用科情 3 号 ×IR8 号的杂交后代与老来黄、台中 31 等品种三交，从其后代中育成南 8 等粳稻恢复系。

辽宁省农业科学院稻作科学研究所在大量测交筛选恢复系的过程中，发现许多籼稻品种如 IR8、IR24 等，对不同类型粳稻不育系能直接恢复，但籼粳亚种间血缘关系远，遗传差异大，很难直接利用。他们提出了籼粳杂交，将子一代再用粳稻复交的籼粳“架桥”方法。1974 年夏，用 BT 型黎明、滇型丰绵等不育系与 C 系统（IR8× 科情 3 号）的 F_1 与京引 35 杂交组合中，选育出的 30 多个以 C 编号的品系测交。经过在沈阳、营口、长沙等地的试种，发现大批组合的育性恢复正常，共筛选出 10 多个恢复系，为北方粳三系杂种应用于生产奠定了基础。

1973 年，新疆生产建设兵团从中国农业科学院作物育种栽培研究所引进带有籼稻恢复基因的各种粳型杂种后代材料 621 个单株，与野败型粳稻不育系测交，并结合株系选择，从一些具有恢复力的分离材料中继续选择单株。经过 6 代测交筛选，终于从早粳 3373×IR24 的组合中，育成了粳 67、粳 661、粳 187、粳 186 和粳 185 等 5 个强恢复系，于 1975 年实现野败粳三系配套。

1975 年春，中国农业科学院作物育种栽培研究所在海南用 BT 型京引 6 不育系与粳籼杂交组合 3373×IR24 中的稳定株系 5123 测交，杂种一代结实正常，并进行了复测。1976 年，在海南进一步证实了 5123 具有强恢复力，定名为 300 号恢复系。

粳三系配套后，全国各育种单位纷纷采用籼粳交、籼粳“架桥”或以 C 系统为基础材料，进行恢复系的选育或转育，相继育成了一批适合于长江流域和北方稻区应用的恢复系。如浙江嘉兴地区农业科学研究所育成的恢复系 7302-1、科京 105-8，江苏省农业科学院育成的宁恢 3-2，安徽省农业科学院育成的 C 堡和湖南省农业科学院育成的培 C115 等恢复系。

把籼稻的恢复基因和部分有利基因导入粳稻中，育成含有部分籼稻成分的粳稻恢复系，再与粳稻不育系配组，不仅扩大了双亲的遗传差异，提高了杂种优势水平，还缓和了籼粳亚种间杂交后杂种一代不亲和性的矛盾，成为粳稻恢复系选育的有效途径。

三、北方稻区粳型杂交组合的选育

辽宁省农业科学院稻作科学研究所于 1975 年育成粳稻恢复系的同时，还培育了黎优 57（黎明 A×C57）、丰优 57（丰锦 A×C57）等组合。中国农业科学院作物育种栽培研究所分别育成中杂 1 号（京引 6A×300 号）和中杂 2 号（黄金 A×30 号）。据报道，沈阳市苏家屯区八一公社的杂交粳稻验收结果比对照丰锦增产 17%；铁岭县汎河公社长沟大队平均单产达到 7 126.9 kg/hm^2，比当地推广的良种京引 17 增产 20%。粳型杂交水稻不仅具有较强的优势，而且还耐盐碱、耐旱，在各地种植都取得了优良的成绩。例如，1981 年，北京市郊区严重干旱，黎优 57 旱种 1 700 hm^2，验收 267.3 hm^2，平均单产 5 609 kg/hm^2，比常规品种增产 58.75%。

四、长江流域中、晚粳杂交组合的选育

1976—1978 年，以 BT 型、滇一型不育系和 C57 等恢复系为基础材料，育成了一批不育系和恢复系。1982 年春，华东地区粳稻杂种优势利用协作组成立，采取一系列措施促进了杂交粳稻组合的选育。

从 1979 年起，位于长江流域的各省（自治区、直辖市）陆续育成了一批不同熟期，具有多种抗性或米质优良的中晚粳杂交水稻组合，例如，华中农学院的徒稻 4 号 A× 反五 -2，安徽省农业科学院的当优 1 号（当选晚 2 号 A×C 堡）、当优 3 号（当选晚 2 号 A× 皖恢 3 号），江苏省农业科学院的六优 1 号（六千辛 A×7302-1）、六优 3-2（六千辛 A× 宁恢 3-2），湖南省农业科学院的虎优 15（农虎 26A× 培 C15），浙江省嘉兴地区农业科学研究所的虎优 1 号（农虎 26A×7302-1）、虎优 8 号（农虎 26A× 科京 105-8），浙江省台州地区农业科学研究所的台杂 2 号（76-27A×T806），中国农业科学院作物育种栽培研究所的农优 30（农 6209A×30S），浙江省宁波地区农业科学研究所的矮优 39（矮湘虎 A× 粳恢 39），江苏省徐州地区农业科学研究所的盐优 57V（盐粳 902A×C57V）和浙江省农业科学院的双百 A×T806 等。

第六节　三系法杂交水稻繁殖制种与栽培技术

杂交水稻“三系”刚刚配套时，曾有人断言：“水稻是自花授粉作物，花粉量少，开花时间短，柱头小，异花传粉结实率低，肯定过不了制种关。”然而，我国广大农业科技工作者经过多年的努力，不仅攻克了制种关，不断提高繁殖制种单产，而且形成了一套完整的杂交水稻种子生产技术体系，保证了杂交水稻种子的供应。杂交水稻栽培体系逐步形成，促进了杂交水稻产业的发展。

一、三系法杂交水稻繁殖与制种

我国杂交水稻制种技术的发展大体经历了三个阶段。一是制种技术的摸索阶段（1973—1980），每公顷制种产量由最初的 89.6 kg 提高到 746.3 kg。二是制种技术的完善阶段（1981—1985），制种单产从多年徘徊到大幅度提高，1985 年平均单产达到 1 641.8 kg/hm^2。三是从 1986 年起进入超高产制种技术的研发阶段，1990 年大面积制种单产突破 2 238.8 kg/hm^2。

在三系法杂交水稻推广的早期，一直困扰科研人员的问题就是制种结实率低。经过不断研究，通过以下途径解决了结实率偏低的问题。

（一）割叶

适当割去剑叶，可减少传粉障碍，有利于提高异交结实率。当父母本进入始穗期后，割去高出穗尖的剑叶，制种产量可增加 5% 以上。

（二）人工辅助授粉

父母本抽穗开花期如遇无风或微风天气，每天上午 11 点到下午 2 点进行人工辅助授粉 2～3 次。当父母本大部分开花时，用柔软的尼龙绳等，在与行向平行方向于穗部来回拨动 2～3 次，以增加不育系授粉机会（图 1-9）。

图 1-9　杂交水稻制种中的辅助授粉

（三）父本喷洒赤霉酸（“920”）

抽穗前喷洒 20～40 单位的“920”，可使父本提早出穗 3～4 d。由于现有恢复系株高较矮，不利于授粉，喷“920”后能增长株高，有利于母本受粉结实。

采用了这一系列技术以后，我国制种产量大大提高，为中国杂交水稻的可持续发展奠定了基础。以全国制种面积大、产量提高得快的湖南省为例，1976 年全省平均制种单产 322.4 kg/hm^2，1999 年达到单产 2 734.3 kg/hm^2（图 1-10）；一些县（市）单产达到 3 731.3 kg/hm^2 以上；最高田块制种单产达到 7 349.3 kg/hm^2，创全国纪录。四川种植杂交水稻最多，制种面积大，产量提高得也快。1980 年全省平均制种单产率先突

图 1-10　三系法制种湖南省单产增长图（1976—1999）

破 895.5 kg/hm^2，1983 年突破 1 492.5 kg/hm^2，1986 年突破 2 238.8 kg/hm^2，1992 年突破 2 985 kg/hm^2。1986 年，中江县 216.7 hm^2 制种田在全国率先突破单产 3 731.3 kg/hm^2。

二、三系法杂交水稻栽培技术

我国杂交水稻的栽培技术，是在丰富的常规稻栽培技术基础上，根据杂交水稻的生长习性不断总结归纳出来的，经历了由小面积探索到大面积不断完善和配套的发展过程。这一过程可以大体分为三个阶段：第一阶段是杂交稻试种，解决了制种产量偏低问题；第二阶段是 20 世纪 70 年代末至 80 年代初，解决了结实率偏低问题；第三阶段是 20 世纪 80 年代初期至今，各地广泛开展了高产群体结构及其配套栽培措施的研究，形成杂交水稻特有的综合栽培体系。

（一）改革育秧和移栽技术

20 世纪 50 年代推广湿润秧田、适期播种、油纸覆盖技术；60 年代推广陈永康稀播壮秧技术；70 年代推广薄膜育秧、场地密播育秧、小苗带土移栽技术。尽管栽培技术一直在推陈出新，但是到 70 年代中期，仍然存在秧田播量偏大的问题，中苗栽插的一般播量在 1 044.8 ~ 1 492.5 kg/hm^2，小苗直栽者播量则高达 5 970 ~ 8 955 kg/hm^2，秧苗多不提倡带蘖。在 70 年代中后期，制种技术尚未完善，每公顷制种产量只有 298.5 ~ 447.8 kg，如果采用传统的育秧技术和栽插技术，则每公顷制种田只能供 3 ~ 5 hm^2 大田用种，杂交水稻的推广将会受到极大的限制。湖南省农业科学院的水稻栽培研究人员，为了充分利用为数很少的种子，提高杂交水稻的实用价值，采用了超稀播的育秧技术，争取苗期多分蘖，以蘖代苗，该育秧技术的改进，适应了杂交水稻推广早期种子产量低的实际情况，大大减少了种子用量和成本，是杂交水稻得以迅速推广的关键措施。

20 世纪 70 年代后期，杂交水稻种植区域扩大，各地种植制度多样，但组合仍旧以原有的 2 号、3 号、6 号组合为主体。有些地区受热量资源或茬口的限制，为确保杂交水稻高产稳产而采用了早播、稀播、长秧龄的育种技术。

至 20 世纪 80 年代中期，湖南和湖北采用综合寄秧与留苗，结合当地实际，形成了“双两大”栽培技术。主要内容为双株寄插，大行大穴移栽；寄秧田移栽时，采取移两行留一行，穴距间则移一穴留一穴，使迟熟组合留苗后种植密度为 12 cm × 36 cm 或 12 cm × 24 cm，中熟组合种植密度为 12 cm × 30 cm 或 12 cm × 24 cm。“双两大”栽培的大田群体特点是行间通风透光较好，因而成穗率和结实率较高。

（二）探明结实率障碍

杂交水稻推广早期的突出问题是结实率低，全国平均结实率只有60%~70%，有些地方甚至因为结实率太差，而使杂交水稻失去了产量优势。所谓“大穗有余结实不足”，一时成为扩大杂交水稻利用的严重障碍。自20世纪70年代中后期，湖南、湖北、江苏、浙江、上海、四川、安徽等省市，都将解决杂交水稻结实率问题作为主要研究课题。研究内容侧重于杂交水稻的结实生理、结实生态、遗传对结实的影响以及提高结实率的栽培技术途径，并根据各自的研究结果，提出阐明杂交水稻结实率低的各种理论与见解，可以概括为如下三个方面：一是遗传的影响；二是温度的影响；三是库源关系与栽培技术的影响。

（三）探索高产规律

我国稻作历史悠久，农民在长期生产实践中积累了丰富的稻作高产经验，将这些高产经验进行科学总结，一直是稻作界广为重视的课题。20世纪50—60年代，全国推广了陈永康、崔竹松的高产栽培经验。经过20多年，水稻育种已从矮化育种发展到株型育种，加上大量使用氮肥，水稻单产得到大幅度提高。杂交水稻作为一个新类型，既具有良好的株叶形态，又具有旺盛的生理机能，应用20世纪60年代的高产技术与措施，是难以发挥其产量潜力的。在推广杂交水稻的过程中，各地通过培育高产试验田，探索杂交水稻的高产规律与高产技术，深入地研究杂交水稻高产群体的特殊性，以确定高产群体在各生育阶段的合理动态指标。

（四）推广规范化栽培

20世纪80年代以后，我国不断采用高产新技术，实行规范化栽培，使杂交水稻栽培管理水平上到一个新台阶。

（1）建立和推广栽培模式。江苏省丹阳县及盐城县农业局分别绘制成杂交水稻单产7 462.7 kg/hm^{2}栽培模式图，包括穗粒结构、温光资源、生育规律、栽培策略、栽培技术要点及应变措施等六个主要部分。1982年，农牧渔业部（后更名为农业部）在成都召开的全国杂交水稻生产会议上，丹阳县和盐城县的杂交水稻单产7 462.7 kg/hm^{2}栽培模式图受到好评。

（2）根据杂交水稻生育进程的叶龄模式确定栽培技术。江苏农学院以69个不同类型的品种进行播期试验，分析了不同类型品种的生育进程与叶龄的关系。结果发现，同一类型品种，各期生育进程和器官建成的叶龄值是相同的，可以将它模式化，从而将为数众多的水稻品种归纳为几种生育进程的叶龄模式。水稻生育进程叶龄模式是在多年研究和生产实践上进行归纳、配套、补充、发展而形成的。1983 年，江苏省应用这项技术的杂交水稻面积达近 30 万 hm^2，增产 15%，这项技术在全国 21 个省（自治区、直辖市）和部分国有农场得到不同程度的应用。

（3）定氮施肥技术。20 世纪 80 年代初，广东省农业科学院土壤肥料研究所研制的水稻高产定氮法，从调控土壤供氮指标着手，结合稻体吸氮的诊断测试，做到定氮施肥。也就是运用切实有效的土壤和植株测试手段，调节土壤供氮指标，以满足不同天气、土壤条件下水稻的需氮量，达到高产、高效益的目的。

（4）数学优化调控栽培技术。1977 年，辽宁省农业科学院稻作科学研究所开展了水稻群体数学优化调控栽培研究。1978 年，该所又与中国科学院沈阳计算技术研究所合作，共同研究与水稻产量有关的多因子综合数量关系，并通过电子计算机进行逐步回归分析，筛选与产量有关的众多因素，确定了叶色、单位面积茎蘖数、生育阶段等三个能反映水稻群体长势长相的主要因子，并结合可供人为调节水稻生育状况的肥、水两个可控因子，通过大量数据确立了三个数学模型。

（五）开拓栽培技术新领域

20 世纪 70 年代末，在广东、广西、福建等省（自治区）开始了杂交水稻再生栽培研究。其后，四川、湖北等地进行了较大面积的试验和示范推广。1986 年，湖北荆州地区利用威优 64 等组合做再生稻栽培，面积达 3 600 hm^2，其中 2 733 hm^2 再生稻平均单产 2 836 kg/hm^2，最高单产达 4 589.6 kg/hm^2。四川的一些冬水田，安徽淮南的一些地区，采用杂交水稻再生栽培也取得了一定效果。1989 年，四川的再生稻面积已达 45 万 hm^2，平均单产 1 574.6 kg/hm^2。在我国南方稻区，再生稻的利用形成了一种新的栽培制度，推动了我国稻田多熟制的发展。

（撰写：孙艳君　审稿：杨振玉　李平　谭学林）

第二章

两系法杂交水稻的发展

20 世纪 60 年代末，安徽芜湖地区农业科学研究所提出过“两系法”概念。基本思路是利用有 5%～10% 自交结实的隐性雄性核不育材料，用带有显性遗传标记的恢复系与之进行杂交制种，通过紫叶遗传标记来辨别杂交种和自交种。然而，真正揭开两系法杂交水稻育种序幕的是“湖北光敏感雄性核不育水稻”材料的发现。

石明松于 1981 年在《湖北农业科学》上发表了题为《晚粳自然两用系选育及应用初报》的论文，首次提出了用农垦 58 大田中发现的自然不育株，进行一系两用的水稻杂种优势利用研究。袁隆平于 1987 年提出了杂交水稻的育种策略，认为杂交水稻育种需由三系法过渡到两系法，最终实现一系法。两系法与三系法杂交水稻相比，具有以下优势：①恢复谱广，几乎所有同亚种的正常品种都能使其育性恢复正常（根据不完全统计，W6154S 和安农 S 分别有 97.6% 和 99.3% 的籼稻品种是恢复系）；②遗传行为简单，由于不育性由 1～2 对隐性基因控制，稳定且易转育，有利于培育多种类型的不育系；③可避免不育细胞质的负效应和细胞质单一化的潜在威胁；④简化了不育系育种和繁殖程序，从而克服了三系法杂交水稻育种程序和生产环节复杂、新组合选育周期长的弊端。当然，两系法也有制种时不育系易受低温影响而自交结实，进而影响种子质量的缺点，但通过不育系选育（选择起点温度低的不育系）以及生产基地和抽穗期的选择可以克服。

两系法杂交水稻研究大体可以分为三个阶段：①光温敏水稻核不育材料的发现和初期研究（1973—1986），从农垦 58S 原始株在湖北被发现开始，到 1986 年全国大范围内协作研究这个材料为止；②两系法杂交水稻 8 年的全国研究攻关（1987—1995），随着袁隆平《杂交水稻的育种战略设想》一文于 1987 年在《杂交水稻》发表，杂交水稻研究及学科发展进入了又一个新时期，随后两系法杂交水稻技术在 1987 年被列为国家“863”计划第一个专题中的第一个课题 863-101-01，经过 8 年的全国协同攻关，1995 年 8 月在湖南怀化会议上，袁隆平宣布两系法杂交水稻研究成功；③两系法杂交水稻大面积推广应用阶段（1996 年以后）。

两系法杂交水稻的研究成功受到了国家和媒体的广泛关注。标志性事件包括：1996 年，两系法杂交水稻研究的成功被写进了国务院工作报告；同年，中国科学院和中国工程院共计四百多位院士将两系法杂交水稻评为当年全国十大科技新闻之首；1999 年，两系法杂交水稻基础研究与应用研究成果分别获得国家自然科学奖和国家发明奖；2013 年，“两系法杂交水稻技术研究与应用”获国家科技进步特等奖。

第一节　光温敏水稻核不育材料的发现和研究

光温敏核不育材料的发现为两系法杂交水稻研究打下了遗传材料的基础。农垦 58S 的发现开启了水稻光温敏不育*系材料发现的先河。除了农垦 58S 以外，我国水稻科学家在 20 世纪 80 年代后期寻找到不同的水稻光温敏核不育材料，包括对温度敏感的安农 S 以及反光敏等多种材料，从而进一步丰富了两系法杂交水稻的遗传工具。

一、农垦 58S 的发现

农垦 58 是我国 1957 年从日本引进的晚粳，在我国长江流域和长江以南广泛种植。1973 年，时任湖北沙湖原种场农技员的石明松（1938—1989）在沙湖原种场的单季晚粳品种“农垦 58”中发现了 3 株自然雄性不育株。1974 年，分株行单株种植，其中在一个株行 48 株中发现大部分花药瘦小、主穗不育，分蘖穗上有少量结实，但形态和农垦 58 相似，只是早熟 7 d 左右。此后几年，他对该两用系材料进行测交和回交寻找保持系，结果都以失败而告终。但在 1974—1978 年的种植实践中，他发现不育株的再生分蘖上能自交结实，而且分期播种的结果表明，育性与播种早晚有关。1980—1981 年的试验结果表明，温度不是该两用系不育基因表达的关键因素，而日照长度起着决定性的作用。

---

* 水稻光温敏不育：到目前为止，没有发现只对光照长度敏感的水稻不育系材料，其育性或多或少受温度的影响。

石明松于 1981 年在《湖北农业科学》上将该材料取名为“两用系”（图 2-1、图 2-2），并说明在长日照和高温条件下不育，短日照和低温条件下可育。通过初步测配发现，35 个粳稻或偏粳品种对该两用系均有不同程度的恢复力（结实率都达 80% 以上）。通过几年的观察，石明松发现该两用系在湖北 5 月 10 日以前播种，8 月份抽穗，能够表现稳定不育；而 6 月 10—25 日播种，9 月中旬抽穗，可以稳定可育。虽然当时还没有明确这是一个细胞核基因控制的不育材料，但测配结果表明，该两用系材料易于获得恢复系。

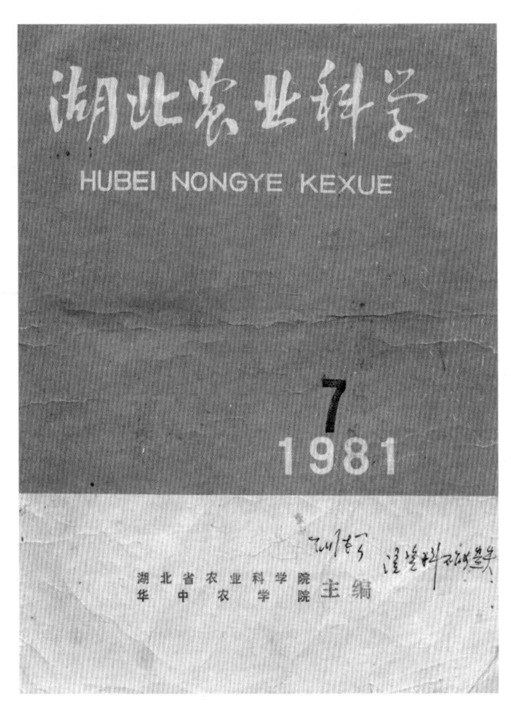

图 2-1 《湖北农业科学》1981 年第 7 期封面（石新华　提供）

晚粳自然两用系选育及应用初报

石明松

（沔阳县沙湖原种场）

从农垦58中选育的一种晚粳自然不育株，具有长日照、高积温期不育，短日照、低积温期可育的特性，不育期用作杂交制种，可育期用作繁殖种子。因一系两用，故命名为两用系。这一发现，解决了粳稻自然不育株的不育特性不易保持的难题，给杂交水稻开辟了新的利用前景，对遗传育种理论上也提出了新的课题。

一、两系配套应用现状

1.繁殖纯度的鉴定

两用系繁殖田按双晚季节播种，像常规稻一样种植，出穗期在 9 月上中旬，自交结实，收获的种子就是两用系种子，产量接近于常规稻。制种田同早、中稻一起播种，利用长日高温期出穗不育，进行杂交制种。杂种收割后，彻底铲除恢复系稻蔸；施肥除草，猛促两用系的再生。做到在双晚安全齐穗前出穗，即能自交繁殖，达到一田一种两收。

经我场1979、1980两年分期播种鉴定：两用系 8 月 5 日至 9 月 3 日出穗，花药细小、不规则，经碘—碘化钾处理不染色。不育株率达98%以上，不育度达100%；9月 3—20日左右出穗，花粉发育转为正常，表现自交结实。不育期开花正常偏早，灌浆期有饱含水分的假胥粒出现，但用手指捏，里面是清水，而不是米浆，排除了自交结实的可能而符合杂交制种的要求。

2.制种鉴定

两用系穗颈较长，没有包穗现象，每日开花持续时间比籼稻长个把小时，异交率高。由于两用系是感光品种，生殖生长期受日照季节的制约，比较稳定，所以制种时花期相遇的问题容易掌握，单穗结实率一般达30—50%，比籼杂制种产量高30%以上。经过多数组合杂交一代鉴定，只要父本是纯合体，杂种一代均表现整齐一致。

3.杂种优势鉴定

遗传型不同的品种，对两用系均有不同程度的恢复力。初步筛选的两用系×双糯 4 号配组，以威优 6 号和农垦58作对照，1980 年 6 月14日播种，7 月20日移栽，9 月 8 日齐穗，比威优 6 号早熟 7 天，平均每亩产量达933.3斤，和威优 6 号相当。比农垦 58（插4×5寸，7—8根），每亩增产 103 斤，生育期早12天。通过经济性状分析，分蘖力比威优 6 号稍差，但成穗率、结实率、单穗实粒数均比威优 6 号强；加上叶青籽黄，抗逆性好，作迟熟早稻的后季稻更为合适。

4.两用系特征特性鉴定

两用系属粳型，外观和农垦58基本相同。有不育和可育两种育性变化。生育期作一晚播种125—145天，作双晚播种115—125天，比农垦58早 7—10天。株高85—110厘米，不育植株有17片叶，可育植株有14—16片叶，吐颈较长。支梗顶端第一粒种子有短芒，稃尖无色，不易落粒。分蘖中等，剑叶挺直。前期长势好，后期不早衰。

1

图 2-2 《晚粳自然两用系选育及应用初报》文章首页（石新华　提供）

1982—1985 年，湖北省农业科学院、华中农学院和武汉大学的相关研究人员，对农垦 58 自然不育株进行了更加深入的生理、生态、遗传和育种研究，结果表明，光照长度是调控育性转换的主要因素，温度起辅助作用。1984 年，中国农业科学院邓景扬和湖北省有关专家分析了多年的研究资料，认为该材料受一对对光照长度敏感的隐性雄性不育基因控制，并命名为“湖北光周期敏感核不育水稻（HPGMR）”。石明松（图 2-3）于 1985 年在《中国农业科学》的文章中说明了该材料育性变化的关键时期是第二次枝梗分化后期，后来华中农业大学元生朝的研究结果也表明光敏感的关键时期是第二次枝梗分化到花粉母细胞形成期。日照长度在 13.45 h 以下为可育，14 h 以上为不育。通过正反交 F_2 的表型观察，研究人员发现该两用系的不育性受一对隐性核不育基因控制，F_2 中不育株的不育不彻底，表明该材料的不育性状还受到其他一些微效多基因*的影响。1985 年 10 月，湖北省科学技术委员会、湖北省农业厅组织专家对农垦 58 不育材料进行了技术鉴定，并建议用于培育两系法杂交水稻。1986 年，石明松和邓景扬在《遗传学报》上指出，以前人们把育性不稳定的材料视为生理性不育，从而忽视了这些材料的利用价值。1986 年 12 月，石明松因为这项研究荣获湖北省科技进步特等奖。1987 年 9 月的长沙会议上，袁隆平提议将水稻光温敏不育系后面加“S”，以区别于三系不育系 A，因而将农垦 58 不育材料定名为“农垦 58S”。

图 2-3　石明松工作照（石新华　提供）

二、安农 S 的发现

1987 年 7 月，湖南省安江农业学校邓华凤在 3 个籼稻材料的三交组合（超 40B/H285//6209-3）F_5 代群体中，发现了 1 株天然雄性不育株。该不育株在长日照高温条件下表现为雄性不育，在短日照低温条件下表现为雄性可育，后经不同生态条件下的两代选择，育

* 微效多基因：对于某一表型影响的基因数量多，每个基因影响较微，很难把它们的作用区别开来。

成籼型水稻温敏核雄性不育系，并于 1988 年 7 月 27 日通过技术鉴定，定名为“安农 S-1”（图 2-4）。这是在籼稻中首次发现并育成的籼型水稻温敏核不育系。安农 S-1 育性转换只受温度调节，在高温（33 ℃）条件下表现不育，低温（24 ℃）条件下转为可育，光照长度不影响育性转化。

图 2-4　袁隆平、李必湖、邓华凤在田间考察安农 S-1

三、其他光温敏核不育水稻的发现

我国水稻科学家先后通过自然突变、杂交（复交）、远缘杂交以及辐射诱变育成了一系列其他光温敏核不育材料：①自然突变。贺 S、琼香 -1S 和雁农 S 等都是从水稻品种中发现的自然突变株经过多年选育而成的。②杂交与复交。8608S、HD9802S、陆 18S、绵 9S、粤光 S 和株 1S 等则是利用不同品种的杂交与复交并经多代选择获得的。③远缘杂交。衡农 S 是以长芒野生稻作为亲本之一杂交选育获得的光温敏不育系。④辐射诱变。福建农学院杨仁崔于 1988 年秋季在 IR54 的辐射突变早熟株 5460 的群体中发现了一株雄性育性有季节性转换特性的变异株，定名为“5460S”。

我国水稻科学家也陆续发现了一些反光温敏水稻不育材料，如云南省的科学家从杂交后代中选出 IVA 和滇寻 1A 不育材料以及江西省的科学家选育出了宜 DS1，这些不育材料的育性转换方向与光温敏核不育材料具有相反的趋势，表现为低温或短日照不育，而高温或长日照可育的特性。

第二节　两系法杂交水稻育种

一、实用光温敏核不育系选育

早期基础研究片面强调光周期对核不育水稻育性转换的调节作用，导致早期选育的核不育水稻的实用性差。1990 年，早造两系法杂交水稻“桂光 1 号”（制种面积达 730 hm^2）遇反常天气，制种田少数不育株产生自交结实，造成大田生产不育株超标。当年，晚造两系法杂交水稻“桂光 1 号”大田试种减产面积达 1.3 万 hm^2。1992 年，袁隆平发表了《选育水稻光温敏核不育系的技术策略》，提出了两系不育系的育性转换模式。即使是典型的光敏核不育系，在夏日长日照下遇上低温其育性也会受到影响，从而影响杂交种子的生产纯度；同样，在秋季短日照条件下遇上高温又会转为不育，影响繁殖产量。因此，育性转换临界温度的高低是选育两用核不育系最关键的技术指标。无论光敏还是温敏，唯有导致不育的起点温度低，并且在低于临界温度时还需较长时日才能恢复育性的不育系，才具有实用价值。大多数研究表明，育性转换临界温度定为 23 ℃或更低较适宜，但地区之间略有差异。而以前选育的光温敏核不育系，如 W6154S、5460S、衡农 S-1 等，由于临界温度偏高，稳定不育期短，育性容易波动，因而在生产上缺乏实用价值。

为了选育可供利用的两用核不育系，国家“863”计划生物技术领域杂交水稻专题组首次制定了水稻光敏感核不育系选育技术指标，主要内容是：①遗传性稳定，1 000 株以上群体整齐一致，性状稳定；②安全不育期的不育株率达 100%，花粉不育度和颖花自交不育度均在 99.5% 以上，可育期的结实率达 30% 以上；③具有明显的育性转换特性，不育期延续 30 d 以上；④不育期的异交结实率不低于生产上应用的三系不育系珍汕 97A 和 V20A，粳型的应不低于六千辛 A。

从选育符合以上标准的实用两用核不育系的角度出发，育性转换的临界温度比临界光长更重要，首先要选择育性转换的临界温度。不同水稻生态区对光温敏核不育系的育性转换下限温度要求不同，在长江流域稻区要求日平均温度 23 ℃，而华南稻区要求平均温度 24 ℃。许多学者提出，解决制种风险问题的方法是选育临界温度低的不育系，如临界温度能降到 23 ℃、22 ℃，甚至 21 ℃，在长江流域盛夏季节制种就能大大降低风险，甚至做到“零风险”。袁隆平根据光温敏不育系育性转换与光温变化关系的基本规律，提炼出实用光温敏不育系的 4 项具体指标，其中最关键的是不育起点温度必须低。在这一技术策略的指导下，育成了以培矮64S（图 2-5）为代表的新一代的两用核不育系，此后又选育了一批不育起点温度低的不育系，如株 1S、陆 18S、GD-1S 等，这些不育系不育起点温度基本上在 23 ℃以下。与此同时，国家“863”计划组织了对新选育不育系进行严格鉴定，确保了两系法杂交水稻积极稳妥发展。1988 年 10 月，湖北育成的首批水稻光敏核不育系 W6154S、N5047S、WDlS、1111S，率先通过了国家 863-101-01 主题专家组鉴定。截至 1989 年底，通过省级以上技术鉴定并达到规定标准的核不育系有 17 个，其中，籼稻 9 个、粳稻 8 个；至 1997 年底，我国已有 20 多个光温敏核不育系通过技术鉴定。

图 2-5　培矮 64S（罗孝和　提供）

两系法杂交水稻研究的早期，通过对新育成的不育系进行多点生态适应性鉴定，筛选出了一批实用的光温敏雄性不育系，包括 7001S、5088S、培矮 64S、测 64S、HS-3、GD2S、穗 35S、蜀光 125S、N95076S、570S、399S、133S 等，表现出育性稳定、配合力和可繁性较好。其中，安徽选育的 7001S、湖北的 5088S、湖南的培矮 64S 等曾是国内应用面积最大、应用效果最好的三个不育系。原始不育系农垦 58S 和安农 S 都没有直接审定的组合，但从它们衍生出来的两系法杂交水稻组合在生产上发挥了重大作用。

另外，将不同来源主效不育基因聚合，可选育出不育性更加稳定的不育系。通过农垦58S 与安农 S 来源的不同不育系之间的杂交选育，育种家已经育成了如 Y58S、C815S 等实用性光温敏核不育系（图 2-6、图 2-7）。

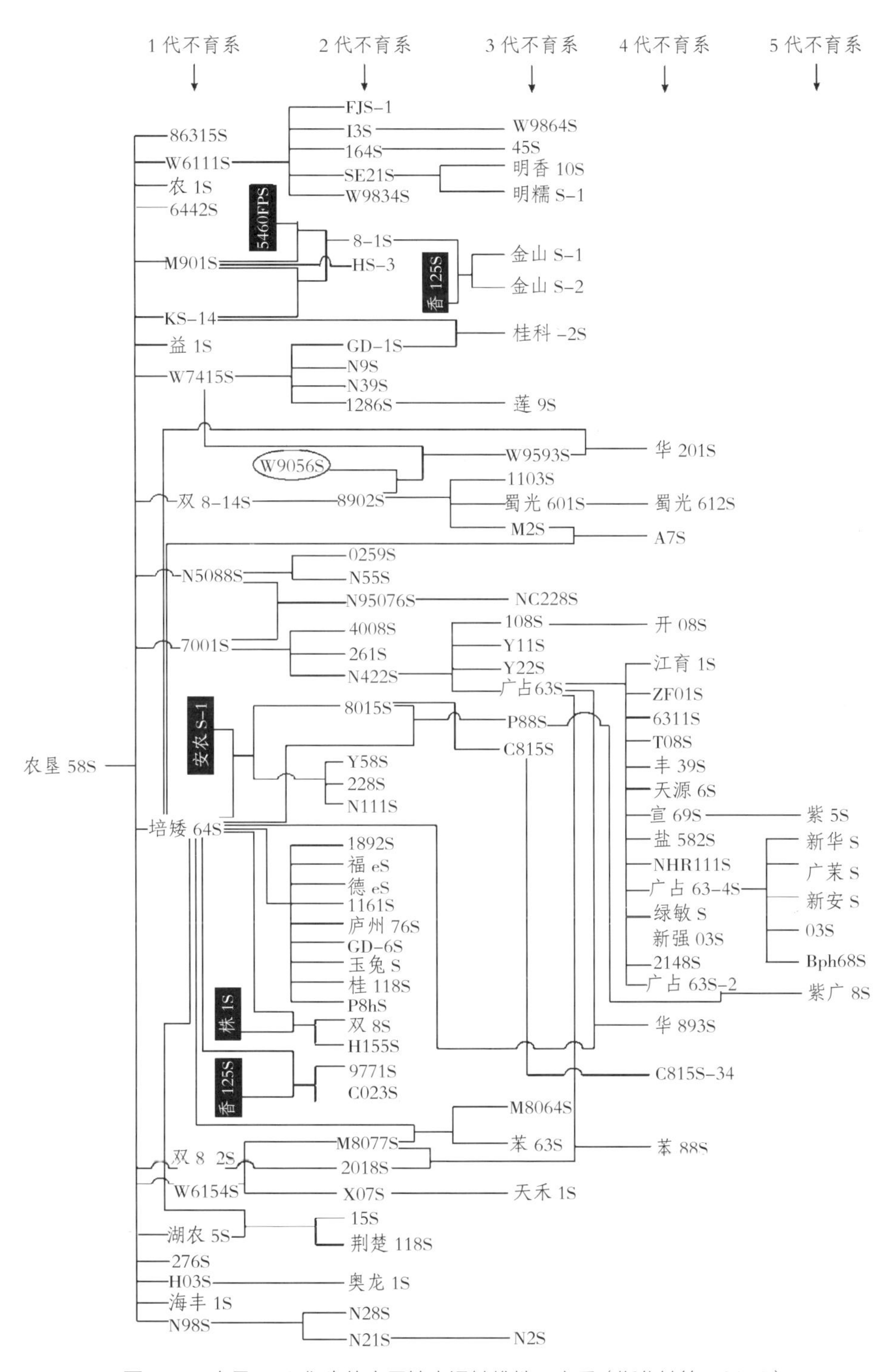

图 2-6 农垦 58S 衍生的实用性光温敏雄性不育系（斯华敏等，2012）

注：黑底白字的不育系表示非农垦 58S 衍生；椭圆内的不育系表示未知系谱的不育系。

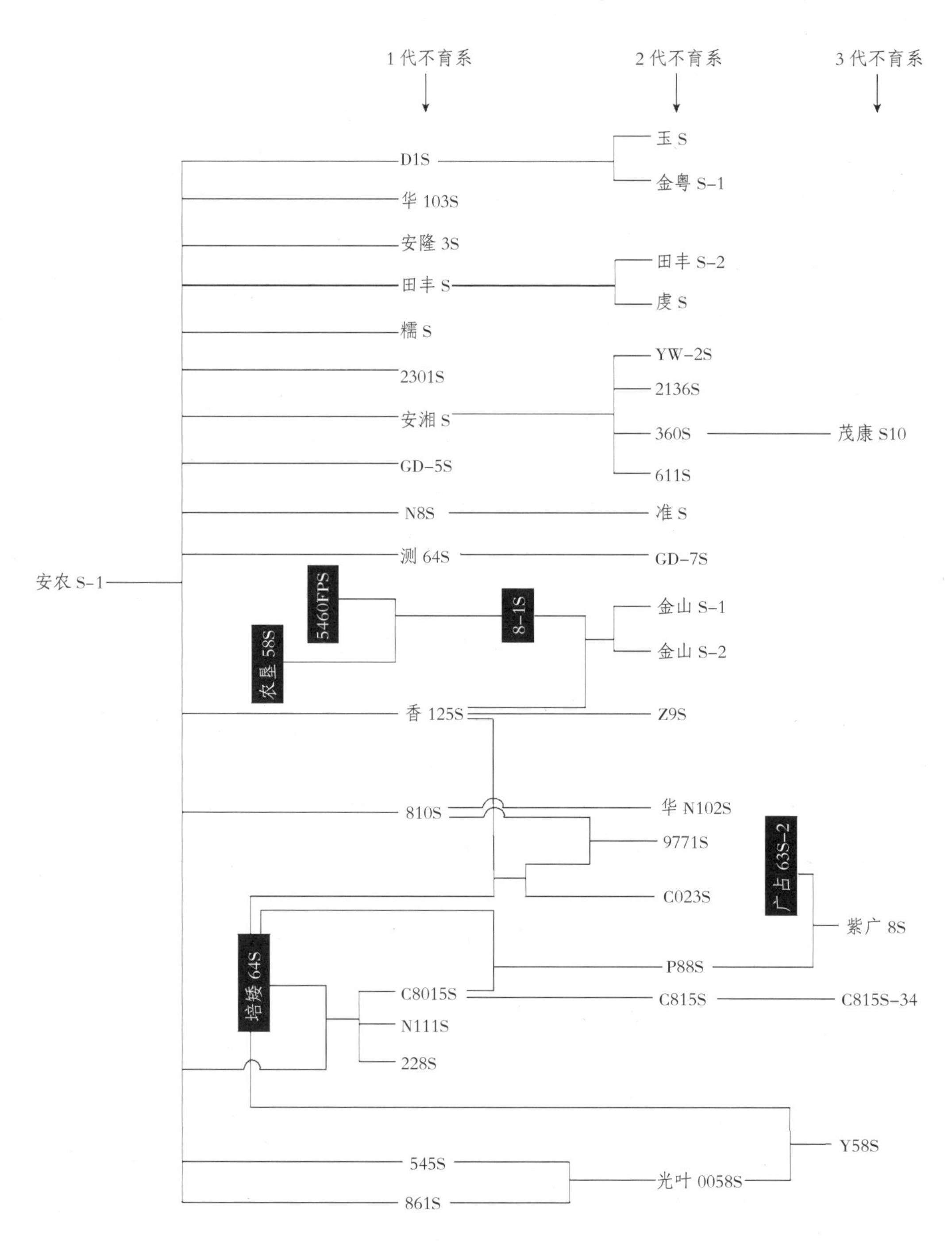

图 2-7　安农 S-1 衍生的实用性光温敏雄性不育系（斯华敏等，2012）

注：黑底白字的不育系表示非安农 S-1 衍生。

据 2013 年的不完全统计，全国利用 *tms5* 育成的组合高达 404 个，占全国两系法杂交水稻总数的 60.75%。从 2012 年起，年推广面积达 366.67 万 hm^2 以上，占我国水稻年播种面积的 12%，占杂交水稻的 25%，占两系法杂交水稻的 90%。截至 2013 年底，具有 *tms5* 的系列组合已推广至全国 16 个省（自治区、直辖市），累计推广面积超过 0.23 亿 hm^2。

截至 2010 年底，已经育成的水稻光温敏核不育系有 354 个，其中，通过审定和获得新品种保护权的水稻光温敏核不育系有 130 个。用于两系法杂交水稻组合选育应用面积在 10 万 hm^2 以上的不育系有 23 个，100 万 hm^2 以上的不育系有培矮 64S、广占 63S、广占 63-4S、新安 S、Y58S、株 1S 等 6 个。其中，前 5 个不育系都有农垦 58S 的亲缘。以培矮 64S 作母本选育的两系法杂交水稻组合有 62 个，其次是广占 63 及其衍生系广占 63-4S、新安 S、新强 03S、宣 69S、丰 39S 等配制的组合超过 50 个，Y58S 配制的组合超过 40 个。

二、两系法杂交籼稻育种

我国早期育成的一批两系品种间杂交籼稻组合主要包括 K9S/03、W6154S/ 特青 2 号、W6154S/ 特三矮、W6154S/312、W6154S/3550、5460S/ 明恢 63，至 1991 年底已在长江流域和华南稻区累计种植 3 万 hm^2。随着培矮 64S 等育性稳定、配合力较好的不育系的育成，选育出的培矮 64S/ 湘早籼 1 号、培矮 64S/ 特三矮等组合在生产上试种示范。培矮 64S/ 特青在 1992 年南方稻区晚造区试中，产量居第一位，比对照汕优桂 33 增产 8.86%。同年在湖南中稻区试中，平均产量每公顷 9 477 kg，创中稻区试历史最高产量，比对照汕优 63 增产 4.7%。由于培矮 64S/ 特青在多年区试和生产上表现突出，1994 年通过了湖南省农作物品种审定，成为我国第一个通过品种审定的两系法杂交籼稻组合，从而开创了两系法杂交水稻生产利用的新局面。此后，湖南相继育成了中迟熟晚籼组合培两优 288、培两优余红、培两优 210、培两优 981、雁两优 921、株两优 112 等，早中熟早籼组合八两优 100、香两优 68。另外，江西育成了田两优 402；广东育成了培杂山青、培杂双七、培杂茂三、培杂茂选、培杂 67、培杂粤马和粤杂 122；广西育成了培两优 99、培两优 275 等；湖北育成了两优 932 等一系列两系法杂交水稻组合，并在生产上大面积推广应用。其中，香两优 68 和培两优余红生育期短，填补了我国两系法杂交水稻早熟组合的空白。而且香两优 68 品质优、食味好、有香味，在生产上得到了较好的推广；培杂双七属感温型中熟优质抗病两系法杂交水稻，适应性、稳定性好，米质优，推广应用面积逐年成倍扩大。“九五”期间，广东省培杂双七累计推广面积 68.7 万 hm^2，跃居全国第二位。

三、两系法杂交粳稻育种

自 1989 年起，不少单位已选育出一批两系品种间杂交粳稻。如湖北省农业科学院选育出 N5047S/R9-1、N5088S/R9-1、N5088S/R187，华中农业大学选育出 3131S/1514、31111S/1514，安徽省农业科学院选育出 7001S/ 轮回 422、7001S/1514 和 7001S/ 皖恢 9 号。截至 1992 年底，它们在长江流域晚造种植面积已超过 6 000 hm^2。在大面积试种示范中，适应性、抗逆性较好，优势明显，比当家品种鄂宜 105、鄂晚 5 号增产 5%～10%。1990—1991 年，华中农业大学选育的 32007S/02428 参加南方稻区杂交粳稻区试，比对照秀水 04 增产 10.1%，1992 年通过区试，获品种审定证书。安徽省农业科学院水稻研究所育成了两系粳杂 70 优 9 号，于 1994 年通过品种审定。另一两系粳稻杂交组合 70 优 04 生产上平均产量为每公顷 7.53 t，最高产量达每公顷 9.06 t，1995 年应用面积达 1.3 万 hm^2。之后，安徽又育成了一个高产优质高抗的两系粳杂 70 优双九，被安徽省评为优质杂交粳稻，属中、晚造类型，感光性强。该组合于 1997 年通过安徽省农作物品种审定委员会审定，到 1997 年底累计种植面积达 14.7 万 hm^2。

四、两系亚种间杂交水稻育种

1984 年，日本学者池桥宏提出了水稻广亲和的概念。他根据不同生态型水稻品种间杂种一代结实率表现，将与籼、粳杂交 F_1 代结实正常的品种称为广亲和品种，并认为其亲和性的遗传受同一位点一组复等位基因 * 的控制。这一基因位于第 I 连锁群，与色素基因 *C* 和糯性基因 *wx* 连锁，其中，广亲和基因可有效克服籼粳杂种一代的不亲和现象。在袁隆平育种策略指导下，全国不少育种工作者展开了广亲和系育种研究，主要分三条途径进行。

第一条途径是通过测交筛选与广亲和性鉴定，从现有品种中寻找广亲和品种，通过这个途径获得不少广亲和品种，如 CA537、CA544、Lemont、Bellmont、鉴 12、CPSLO17 等，但这些广亲和品种均属于古老的高秆农家品种，难以直接利用，只有少数几个如 Vary Lava、CPSLO17 具有实用价值。

第二条途径是利用现有广亲和品种资源将广亲和基因转到优良的籼型、粳型、爪哇型品种中，选育出不同类型的优良广亲和恢复系，如 02428、轮回 422、培矮 64、培 C311、D1731、C8420、C418、零轮、1914 等。

第三条途径是将广亲和基因导入两系不育系，育成广亲和两系不育系，典型的代表是培矮

---

* 复等位基因：一个基因存在多种等位基因现象。

64S。以培矮 64S 为母本所选配的亚种间组合如培矮 64S/C8420、培矮 64S/C418 等表现出强大的亚种间杂种优势。

籼粳亚种间两系法杂交水稻有以下组合得到较大面积推广：广东的培杂山青、培杂双七、培杂南胜、培杂茂三、培杂泰丰、培杂 67、培杂 35、培杂 163、粤杂 122、粤杂 2004、粤杂 889 等；湖南的两优 176、陆两优 996、陆两优 28、陆两优 63、两优 0293、培两优 981、培两优 3076、株两优 819、株两优 02、株两优 30、株两优 15、准两优 527、准两优 49、C 两优 396、Y 两优 1 号、Y 两优 599；湖北的两优 932、华两优 1206、两优 287、八两优 18；河南的两系法杂交粳稻信杂粳 1 号；贵州的陆两优 106、黔两优 58、黔香优 2000；浙江的籼粳亚种间两系法杂交水稻培两优 2859；福建的两优多系 1 号、金两优 4 号、金两优 289；江西的安两优 402、安两优 318、安两优青占以及"赣亚一号"；上海的香型两系法杂交粳稻闵优香粳；江苏的两优培九（图 2-8）、扬两优 6 号、新两优 6380、两优 108；安徽的丰两优 1 号、丰两优 4 号、皖稻 181 号、淮两优 3 号、新两优 6 号；云南的云光 8 号、云光 9 号、云光 14 号。

图 2-8 两优培九

江苏省农业科学院利用培矮 64S 与粳稻品系 9311 及 E32 杂交分别育成了两优培九和培矮 64S/E32。两优培九于 1999 年通过了江苏省农作物品种审定委员会的审定，且被国家"863"项目列为长江流域和黄淮地区一季中稻区的重点中试组合，并在 2004 年荣获国家技术发明二等奖。

第三节　两系法杂交水稻的理论研究

一、光温敏核不育水稻的育性转换特性

由于早期基础研究所得结论的片面性及选育者经验的缺乏，认为光温敏不育系育性只受日照长度的影响。无论是农垦58S转育的新不育系，还是新发现的安农S-1，都一律被称为“光敏”不育系。直至1989年前后，有学者研究发现温度对育性有明显影响。孙宗修利用人工气候室处理，首次指出5460S非光敏不育系，而是温敏不育系，但育种家对温度影响育性的认识依然不够。结果在1989年，长江中下游地区出现39年一遇的持续数天异常低温，日平均温度23℃左右，导致许多所谓的“光敏”不育系出现严重的育性波动，即“打摆子”现象。如1989年武昌盛夏连续7 d日均温23.5℃的低温造成籼型和粳型不育系育性恢复，仅31111S基本不受影响。至此，大多数育种家开始认识到温度对光温敏不育系的育性转换所起的作用。问题的暴露，使原有理论不足以支持人们对不育系选择鉴定的程序，同时，育成的一大批核不育系表现明显的育性波动，使两系法杂交水稻研究遭受重大挫折。1991年8月底至9月初，湖南又遇到连续几天日平均气温30℃以上的高温，致使转向可育的不育系育性下降。1993年7月下旬，在沈阳的长日照条件下，日平均气温22.9℃，农垦58S没有彻底的不育期，表明农垦58S的育性受低温影响较大。至此，育种家才充分认识到温度对光温敏核不育系的育性转换起决定性作用。

元生朝、朱英国和杨代常的研究表明，湖北光敏核不育水稻农垦58S的育性对光照长度的敏感期是在第二次枝梗原基及颖花原基分化期（幼穗分化Ⅲ期）、雌雄蕊形成期（幼穗分化Ⅳ期）和花粉母细胞形成期（幼穗分化Ⅴ期）。在日平均温度26℃～27℃的条件下，晚粳型品种农垦58S及其衍生系鄂宜105S的育性转换临界光长是13.75～14.00 h，有效光照度是50 lx。石明松首次报道时提出在长光高温条件下，两用不育材料农垦58表现不育，以后的研究表明温度的高低直接影响农垦58S的育性转换和临界光长的变化。当日平均温度24℃时，在长光和短光条件下，农垦58S都表现可育，不表现育性的转换。当日平均温度在26℃～27℃时，育性转换的临界光长是13.75～14.00 h，即强于50 lx的光长13.75 h时表现可育，强于50 lx的光长14.00 h以上时表现不育。当日平均温度30℃以上时，则不管光照长短都表现雄性不育。因此出现了“光温敏核不育（系）水稻”这一专有名词并建立起光温敏核不育（系）水稻育性转换的光温作用模式（图2-9，根据张自国等人的模型修改）：当温度高于生殖生长上限温度或低于生殖生长下限温度时，水稻不能正常形成花粉导致生理不育。当温度低于生殖生长上限温度或高于光温敏核不育系育性转换上限临界温度时，高温作用

掩盖了光周期的作用，光温敏核不育水稻在任何光长下均表现为不育，而一般水稻在这一温度范围可以正常开花结实。当温度低于光温敏核不育系育性转换下限温度或高于生殖生长下限温度时，较低温度可掩盖光周期的作用，光温敏核不育（系）水稻在任何光长下均表现为可育。当温度处于光敏温度范围时，光温敏核不育（系）水稻表现为长日光周期诱导花粉败育，短日光周期诱导花粉可育，光温敏核不育系表现部分可育。在光敏温度范围内，光周期诱导花粉育性转换的作用与温度存在互补效应，即温度升高，临界光长可缩短；反之，温度降低，临界光长可延长。

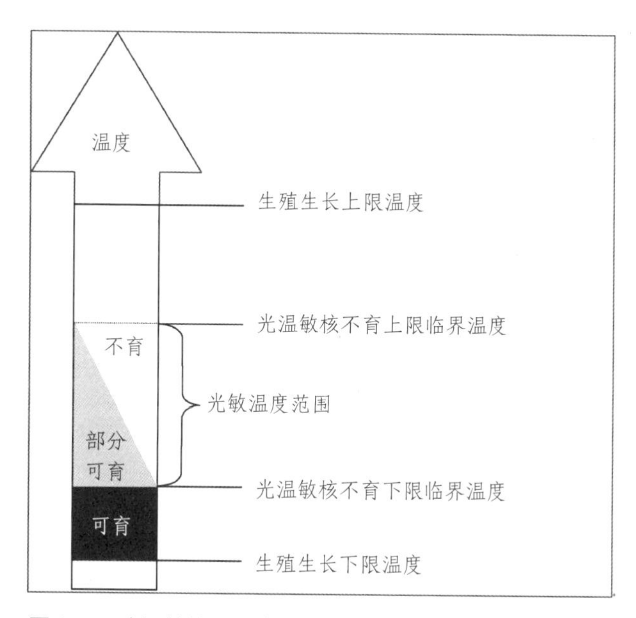

图 2-9　光温敏核不育（系）水稻育性转换的光温作用模式

经过 1989—1991 年对光温敏不育系育性转换中温度作用的重新认识，科研人员就温度对不育系的影响做了大量的研究工作。早期有学者研究认为，光温敏不育系的育性表现属光温组合效应，光周期和温度同时起作用，温度对光照长度诱导光温敏核不育水稻的发育、育性转换及育性表达三个阶段都有重要影响。随着研究的不断深入，孙宗修和程式华等研究认为，粳稻和籼稻光敏核不育系的育性表达以及育性转换均受光周期和温度的双重影响，粳型光敏核不育系的育性转换诱导因素以光周期为主，而多数籼型光温敏核不育系的育性转换诱导因素则以温度为主。无论是籼型还是粳型不育系，均无绝对的光敏感特性，即无纯光敏类型，都具有明显的光温补偿效应。陈立云根据前人就光温两因子对光温敏核不育系影响的研究结果将水稻两用不育系分为 4 种类型：长光高温不育型（光温敏型）、高温不育型（温敏型）、短光低温不育型（反光温敏型）和低温不育型（反温敏型），并提出各种类型达到生产实用程度的光温指标。

二、不育起点温度“漂变”

光温敏不育系繁殖若干代后不育起点温度显著升高，致使不育系种子完全不能用于制种，早期把这种现象称为起点温度的“遗传漂移”，后来称为临界温度的“漂变”。光温敏核不育系培矮 64S 育性转换的临界温度在 1991 年通过省级鉴定时为 23.3 ℃，在按常规良种繁育程序和方法选种留种后，不育系的育性转换温度逐代升高，1993 年已上升到 24.2 ℃，1994 年甚至高达 26 ℃左右。衡农 S-1 在 1989 年技术鉴定之后，经多代繁殖，至 1993 年制种时出现 15% 左右的可育株，起点温度已达 26 ℃，自交结实率达 70%。1356S 第 1 次鉴定时因临界温度超过 24.5 ℃而未通过，经过加压筛选提纯，把临界温度控制在 24 ℃后，才开始在生产上应用。

导致两用核不育水稻起点温度“漂变”现象的根本原因是光温敏核不育系育性遗传的稳定性和变异性的共同作用。我国目前育成的光温敏雄性不育系其核不育基因来源于以下不同的供体：粳型，农垦 58S；籼型，安农 S-1、株 1S 等。科学家们经过多年的研究认为，这些供体以及它们所转育的光温敏核不育系遗传背景较复杂，普遍存在不育起点温度“漂变”，即育性遗传不稳定现象。光温敏核不育性是一种典型的质量 - 数量性状，既受主基因调控，又受微效多基因修饰而表现出一定程度的数量性状特征。在光温敏核不育性的遗传控制中，由于数目众多、难以纯合且又对光温等生态因子敏感的微效多基因在自交繁殖中存在交换和重组，后代群体将产生带有不同数目增效微效多基因的个体。如果这些不育系在繁殖过程中，按一般的常规良种繁育程序繁种，不育起点温度较高的个体因可育的温度范围较广，在温度经常变化且有时幅度很大的自然条件下，结实率一般较高，因而它们在群体中所占比例不断加大，从而出现袁隆平第一次提出的不育起点温度的“遗传漂移”现象。

三、水稻育性光温敏基因的定位

光温敏不育基因的研究一直以来备受水稻分子生物学家的重视，并取得了一定的成果。随着分子生物学技术的不断发展与成熟，利用 RAPD、RFLP、AFLP、SSR、InDel 和 CAPS 等分子标记对水稻光温敏雄性不育基因的定位和克隆研究表明，调控水稻光温敏雄性不育的主要基因是位于水稻 12 号染色体的 *pms3* 与 *p/tms12-1* 和位于 2 号染色体的 *tms5* 基因。

四、光敏雄性不育基因的研究

在早期研究中，张端品等利用标记基因法将调控农垦 58S 光敏雄性不育的基因定位于水稻 5 号染色体。钱前等和林兴华等分别以农垦 58S 的衍生系 N5047S 及农垦 58S 为材料，采用形态标记法进一步验证了这一结论。张启发实验室利用农垦 58S 及其衍生的籼型不育系 32001S，将光敏不育基因 *pms2*、*pms1* 和 *pms3* 分别定位于第 3、第 7 和第 12 染色体上。Zhou 等利用同是农垦 58S 衍生不育系培矮 64S，将不育基因 *pms1*（*t*）定位于第 7 染色体，与 *pms1* 的定位结果相符。由农垦 58S 衍生的不育系广占 63S 和 45S 的不育相关基因都被定位于第 2 染色体，都与 *tms5* 所在区域相近。

Ding 等首次在水稻中成功克隆出光敏雄性不育基因 *pms3*。调控水稻光敏雄性不育基因 *pms3* 的是一个长链非编码 RNA，*pms3* 基因表达受光周期调控，在长日照条件下的正常水稻中，*pms3* 基因的表达量能够保证水稻花粉正常发育，雄性可育；而在光敏感雄性不育水稻中，碱基突变导致 *pms3* 基因启动子区发生甲基化修饰，表达量下降，不能满足水稻花粉发育对 *pms3* 基因表达产物的需求，从而表现出雄性不育。Zhou 等以农垦 58S 和培矮 64S 为材料，成功克隆出 *p/tms12-1* 基因，据研究发现 *pms3* 与 *p/tms12-1* 为同一个基因，非编码区段发生了一个碱基突变，由野生型的 C 变为 G。*p/tms12-1* 基因编码一个小 RNA 前体，碱基突变可能导致小 RNA 功能失活，使其在不同的遗传背景和环境条件下表现为雄性不育。

五、温敏雄性不育基因的研究

基因定位与克隆研究也证实，安农 S-1 育性受一对隐性基因 *tms5*（第 2 染色体）控制，且与农垦 58S 的不育基因（第 7、第 3 和第 12 染色体上的）*pms1*、*pms2* 和 *pms3* 不等位。Wang 等利用 RAPD 标记将 5460S 的温敏雄性不育基因 *tms1* 定位于水稻 8 号染色体。Dong 等通过 AFLP、RFLP、SSR 等标记将 *tms4* 基因定位于 2 号染色体。Wang 等将安农 S-1、南京 11 构建成一个重组自交系群体，通过 AFLP、STS、RAPD、SSR、RFLP 和 CAPS 等标记进行定位分析，并最终将调控安农 S-1 温敏雄性不育的基因 *tms5* 定位于一个 STS 标记与 CAPS 标记之间，分别相距 1.04 cM 和 2.08 cM。有专家采用 SSR、STS 与 EST 等标记，将一个新的单隐性温敏雄性不育基因 *tms6* 定位于水稻 5 号染色体的长臂上，其与 2 个标记 RM3351 和 E60663 分别相距 0.1cM 和 1.9 cM。Yang 等进一步采用安农 S-1 的衍生系 Y58S 与 2 个籼稻品种广恢 122 和 Q611 构建 F_2 群体，利用 SSR、CAPS 和 STS 等标记将 *tms5* 基因定位于水稻 2 号染色体的一个 *BAC* 克隆 AP004039 上，物理距离为 19 kb，一个 *NAC* 基因家族成员 *ONAC023* 被鉴定为 *tms5* 的候选基因。有的专家将广占 63S 与一个陆稻品种 1587 杂交并回交，构建一个 F_2 和 BC_1 F_2 定位群体，利用 SSR 标记和 InDel 标记将控制广占 63S 的温敏雄性不育基因 *ptgms2-1* 定位于水稻 2 号染色体上，一个 *RNaseZ* 基因确定为 *ptgms2-1* 的候选基因。Zhang 等研究表明，广占 63S 中 *RNaseZ* 基因发生了一个无义突变，导致翻译提前终止。Peng 等将控制籼 S 的温敏雄性不育基因也定位于水稻 2 号染色体的 BAC 克隆 AP004039，与 *tms5* 基因等位。Sheng 等利用 InDel 标记将调控株 1S 的温敏雄性不育基因 *tms9* 也定位于水稻 2 号染色体，相隔 107.2 kb。一些育种家研究发现广占 63S 的 *ptgms2-1* 基因、安农 S-1 的 *tms5* 基因和株 1S 的 *tms9* 基因为同一个基因。专家将温敏雄性不育系衡农 S-1 与明恢 63 构建成 F_2 定位群体，利用 SSR 和 dCAPS 等标记将衡农 S-1 的温敏雄性不育基因 *tms9-1* 定位于水稻 9 号染色体，一个 *OsMS1* 基因确定为 *tms9-1* 的候选基因（图 2-10、表 2-1）。

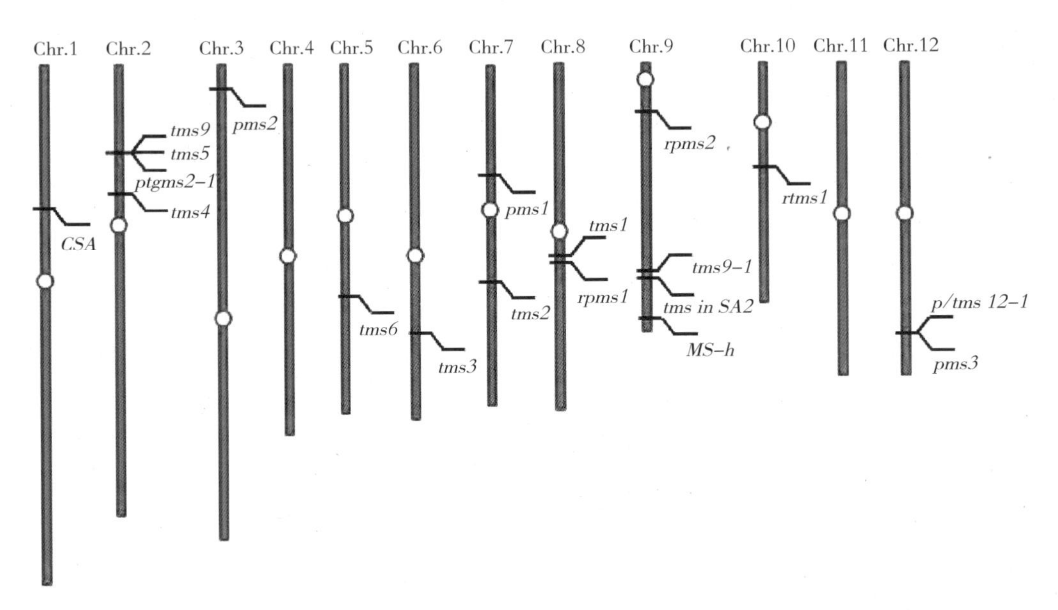

图 2-10　水稻光温敏雄性不育基因在不同染色体上的分布（黄惠芳等，2015）

表 2-1　中国水稻两系法不育系所携带的光敏（*lncR*^{m}）和温敏（*RNZ*^{m}）不育基因（张华丽等，2015）

光温敏不育基因	两系不育系
带光敏（*lncR*^{m}）和温敏（*RNZ*^{m}）基因	N422S、广湘 24S、双 8S
不带光敏（*lncR*^{m}）和温敏（*RNZ*^{m}）基因	1290S、6442S、W6154S、庐州 76S、衡农 S-1
带光敏（*lncR*^{m}）不育基因	7001S、DS403S、DS550S、DS551S、DS552S、GD-1S、GS48、GS79、HS-3、N39S、N5088S N95076S、德 eS、福 eS、华 201S、培矮 64S、蜀光 612S、玉兔 S

续表

光温敏不育基因	两系不育系
带温敏（RNZ^{m}）不育基因	03S、1103S、1892S、2148S、228S、2301S、45S、810S、943S、C815S、H155S、HD9802S、G2011-16S、GD-5S、GD-7S、GS009-5、GS138、GS2011-20、KCS6、KCS19、N111S、P88S、SE21S、X07S、Y11S、Y58S、Z9S、安7S-III、安湘S、奥龙1S、苯88S、丰39S、广8S、广茉S、广占63-4S、广占63S、桂科-1S、桂科-2S、海丰1S、江育1S、荆楚118S、金山S-2、金粤S-1、龙S、陆18S、绵9S、明香10S、糯S、潭农S、宣69S、雁农S、益1S、益农3S、玉S、株1S、准S、紫5S

六、反向光温敏雄性不育基因的研究

有专家利用AFLP、RFLP和SSR等标记将反向温敏雄性不育基因*rtms1*基因首次定位于水稻10号染色体。专家发现反向光敏雄性不育系YiD1S主要受2个隐性基因调控（*rpms1*和*rpms2*），利用SSR等标记将其分别定位于8号和9号染色体。专家研究发现*CSA*（carbon starved anther）突变体具有反向光敏雄性不育的特性，其在短日照条件下表现为完全雄性不育，在长日照的条件下表现为雄性可育。通过杂交将*CSA*突变位点转入籼稻，含有*CSA*突变位点的籼稻也表现出短光照条件下不育、长光照条件下可育的特性。*CSA*基因是目前研究最为深入的一个反向光敏雄性不育基因，专家将*CSA*基因定位于水稻1号染色体，其编码一个R2R3 MYB类转录因子，主要调控蔗糖在水稻植株内的分布（表2-2、图2-11）。

表2-2　水稻光温敏核不育基因定位研究结果（斯华敏等，2012）

光温敏不育材料	不育基因源	基因名称	定位染色体
32001S	农垦58S	*pms1*	Chr.7
32001S	农垦58S	*pms2*	Chr.3
农垦58S	农垦58S	*pms3*	Chr.12
培矮64S	农垦58S	*pms1*（*t*）	Chr.7
广占63S	农垦58S	*ptgms2-1*	Chr.2
45S	农垦58S	*GTMS*	Chr.2
安农S-1	安农S	*tms5*	Chr.2
Xian S	温敏不育突变体		Chr.2
5460S	温敏不育突变体	*tms1*	Chr.8
Norin-PL12	温敏不育突变体	*tms2*	Chr.7
IR32364	温敏不育突变体	*tms3*	Chr.6
TGMS-VN1	温敏不育突变体	*tms4*	Chr.2
Sokcho-MS	温敏不育突变体	*tms6*	Chr.5
YiD1S	反光敏不育突变体	*rpms1*	Chr.8

续表

光温敏不育材料	不育基因源	基因名称	定位染色体
YiD1S	反光敏不育突变体	*rpms2*	Chr.9
J207S	反温敏不育突变体	*rtms1*	Chr.10

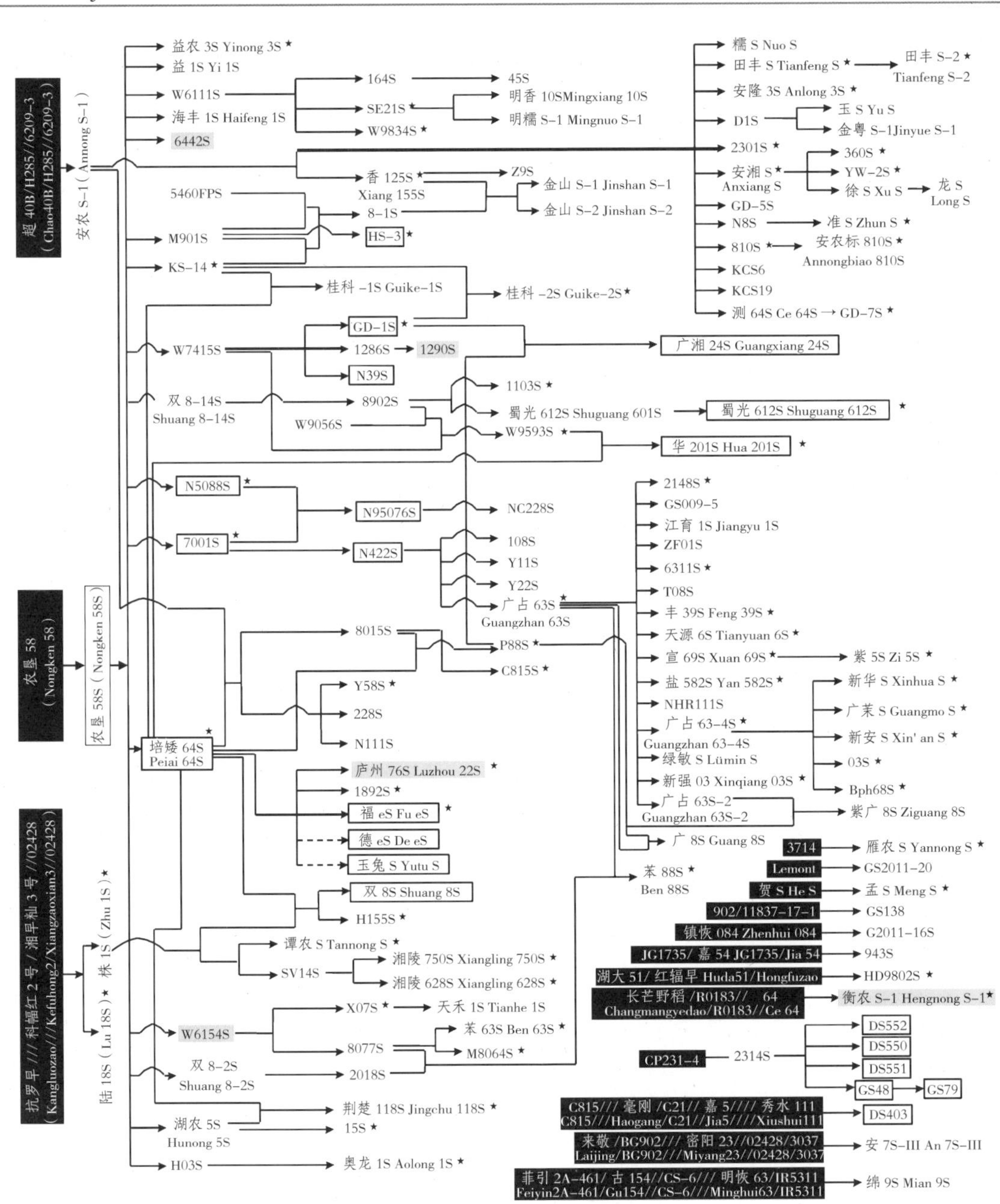

图 2-11 中国水稻生产应用的两系法不育系系谱及光温敏不育基因演变图（张华丽等，2015）

注：黑色字体表示本研究未做鉴定的不育系，黑底白字表示不育系的亲本或亲本组合，黄底显示该不育系不携带 *lncR*ᵐ 或 *RNZ*ᵐ，后面加“★”的不育系配制的杂交组合年推广面积超过 1.6×10^6 hm²

第四节　两系法杂交水稻的繁殖和制种

一、两用核不育系的繁殖

水稻光温敏雄性核不育系的特点是花粉育性的转换受控于育性敏感期（即第二次枝梗原基分化期至花粉母细胞减数分裂期），目前生产上已经应用的不育系是低温短光表现雄性可育，高温长光表现雄性不育。广泛使用的光温敏核不育系繁殖技术可以分为以下四种：第一种是长江中下游稻区秋繁，光敏性比较强的粳型不育系，抽穗期安排在 9 月 10—20 日，一般自然结实率可以达到 40% 以上，该方法简单，技术要求低；第二种是育性敏感期冷水串灌繁殖，利用山区水稻田或水库下游的水稻田，在不育系育性敏感期，稻田灌 15～20 cm 深的 19 ℃～21 ℃的冷水，一般结实率可以达到 30% 以上，该方法对自然条件和技术要求较高；第三种是在海南陵水和三亚的冬季繁殖，利用冬季短光照和低温条件，抽穗期安排在 2 月下旬至 3 月上旬，正常年份结实率可以达到 60% 以上，而且可以大面积繁殖；第四种是在海拔 1500～1 600 m 的云南保山稻区繁殖，利用夏季高海拔的低温条件，抽穗期安排在 8 月上旬，一般结实率可以达到 60% 以上。该技术农民易于掌握，种子生产成本较低，已逐步成为国内水稻光温敏核不育系繁殖的主要方法。

（一）两用核不育系繁殖的技术难点

由于两用核不育系的可育温度范围很窄，在育性敏感期很容易遇到异常高温或低温而造成繁殖失败。例如，2007 年两用核不育系在海南繁殖遇异常低温，2008 年和 2009 年又遇异常高温，连续三年繁种失败，给种子生产企业造成了较大的经济损失。

（二）冷水串灌技术的发现和应用

1991 年，湖南杂交水稻研究中心罗孝和发现，水稻光温敏核不育系对温度敏感的部位是在水稻植株基部，18 ℃～22 ℃的冷水串灌法能使低温敏不育系的育性恢复正常和繁殖高产，于是首创了在光温敏核不育系育性转换敏感期用冷水串灌解决低温敏不育系繁殖困难的方法（图 2-12）。周承恕等也证实了冷水串灌能提高繁殖产量。肖国樱等用不同水温处理培矮 64S 时发现，培矮 64S 冷水繁殖的水温应在 17 ℃～21 ℃，以 21 ℃较好。该技术在湖南、广东等省得到了大面积推广，1995 年湖南 3 个繁殖基地，种植培矮 64S 面积共 16.7 hm^2，平均单产 3 156.7 kg/hm^2。其中武陵源 6.8 hm^2 繁殖圃，平均单产 3 656.7 kg/hm^2，高产丘单产 6 128.4 kg/hm^2。

图 2-12　两系不育系繁殖的“冷水串灌法”（罗孝和　提供）

（三）两用核不育系繁殖的其他技术

冷水串灌繁殖通常有较高、较稳的产量，但也存在许多制约因素。例如，在冬季降水较少的情况下，水库底层的水温达不到繁殖要求；原有的排灌设施通常不能满足敏感期低温水串灌时的大进大出；敏感期的冷灌需水与大面积生产用水发生冲突；能进行冷灌繁种的资源有限等。利用自然低温繁种主要在高海拔地区和海南冬季短日低温下繁种。由于温敏型不育系的可育温度范围很窄，通常在日均温 20 ℃ ~ 22 ℃，繁殖时育性敏感期全都遇上这样温度天气的概率很小。张旭等利用温室加温冬繁水稻低温敏核不育系培矮 64S 原种获得成功。陈雄辉等利用晚季禾桩冬繁作为选留不育系高纯度的少量种或生产原原种的途径，获得了较高结实率。邓华凤利用自然低温进行温敏不育系安农 810S 的高产繁殖，这种简便、高效、实用的繁殖新方法，不仅繁殖系数大，而且成本低。在云南临沧海拔 1 800 m 地区，日平均气温不超过 21 ℃，种植常规籼稻结实率均正常，证明在低纬度高海拔地区繁殖实用低温敏不育系种子的可行性。

（四）两用核不育系原种生产

从培矮 64S 等的繁殖实践中发现，如果按照常规方法繁殖水稻光温敏不育系，将会发生不育起点温度逐渐升高的遗传漂移现象，繁殖 2 ~ 3 代后，原来达标的不育系就会降级为不合格的不育系。因此在 1994 年扬州会议上，袁隆平提出了以生产核心种子为中心环节的水稻光温敏核不育系的提纯方法和原种生产程序，即单株选择→低温或长日低温处理→再生留种（核心种子）→原原种→原种→制种。核心种子与原种生产技术的建立，为安全制种提供了保障。科研人员通过制定《不育系核心种子和原种生产技术规范》，有效防止了不育系育性起点温度的遗传漂变，保证了不育系群体不育起点温度的稳定性。随着条件的改善，也有提出用低温冷库长期储存核心种子、原原种和原种的报道，这更进一步保证了不育系群体不育起点温度及遗传的稳定性，并简化了程序。

二、两系法杂交水稻的制种

两系法杂交水稻制种与三系法杂交水稻制种技术基本一样，最大的区别在安全抽穗期需要考虑不育系的育性转换。

（一）两系法杂交水稻制种失败的原因

“八五”初期，由于对光温敏不育系育性转换中温度的作用认识不够，对光温敏不育系育性转换规律不甚了解，导致广西、福建、湖南、北京、辽宁等地在两系制种上都有过惨痛教训。

特别是湖南省，1993 年、1996 年、1999 年部分两系法杂交水稻种子严重不纯，给两系法杂交水稻生产带来相当大的负面影响。1992 年，湖南韶山安湘 S 制种，幼穗分化期间遇上 7 月 8—15 日连续 7 d 日均温 24 ℃以下的低温，结果部分自交结实，种子纯度为 78%；次年不育系又因遇到 8 月的低温而出现严重“打摆子”，种子纯度在 50% 以下。1993 年，湖南衡阳春制衡两优 1 号，因 6 月底 7 月初连续 5 d 下雨，日均温降到 24 ℃以下，不育系育性敏感期未能安全通过。1995 年，湖南永州春制培两优 288，因不育系育性敏感期遇上 6 月中旬的低温，杂种纯度只有 80% 左右。1996 年，湖南怀化夏制培矮 64S 系列组合，部分制种基地播种期安排不当，导致母本育性敏感期遇到 7 月 15—17 日连续 3 d 日均温低于 24 ℃的天气，部分杂种种子因纯度不合格而报废。1999 年 7 月 16—17 日，怀化地区又出现低于 24 ℃的低温天气，少数制种基地不育系自交结实。1999 年 8 月下旬出现连续阴雨，日均温低于 24 ℃，部分两系秋制基地因不育系敏感期与低温期吻合，造成制种失败。1999 年，长江中下游地区的南京、武汉在 8 月下旬连续 8 d 以上的日均温低于 23.5 ℃，某些地方忽视了对制种地时空的选择，造成个别组合受低温影响，大面积制种失败。1999 年，湖南生产的两系法杂交水稻组合香两优 68，因受低温的影响，1 300 hm^2 制种田发生种子混杂。

2001—2002 年连续两年的秋季低温造成大面积两系法杂交水稻制种失败。

其他地区的两系法杂交水稻制种由于种种原因，也有一些失败的例子。如 2002 年 8 月中旬的盛夏低温，导致湖北、江苏等省生产的两优培九种子有 1/3 的纯度低于国家标准，广占 63S 在制种中出现大面积育性恢复。2002 年，江苏省两系法杂交水稻两优培九制种基地，在不育系育性敏感期连续 3～5 d 遭受低于 23.5 ℃的严重低温阴雨影响下（8 月 13—16 日均温：大丰为 21.7 ℃～23.4 ℃，建湖为 21.2 ℃～22.8 ℃），制种纯度遭受严重影响。江苏省种子管理站海南送鉴的 1 363 份样品，964 份达到国家种用标准，占 70.7%；而 399 份不符合国家种用标准，占 29.3%。2009 年 7 月下旬至 8 月上旬，正值两系法杂交水稻制种不育系育性转换的敏感时期，江苏淮河以南地区出现了持续低温阴雨天气，气温之低、日照之少、持续时间之长，创近 50 年同期之最。如大丰市，2009 年 7 月 23 日至 8 月 11 日日均气温在 22.6 ℃～25.07 ℃，连续 20 d 低温，平均气温 24.4 ℃（其中，7 月 23—30 日温度在 22.6 ℃～24.4 ℃，连续 8 d 平均温度仅 23.7 ℃），比常年 7 月下旬和 8 月上旬平均气温（27.8 ℃）低 3.4 ℃；2009 年 7 月 23 日至 8 月 8 日盐城市日均气温在 22.3 ℃～25.4 ℃，连续 17 d 低温，平均气温 24.4 ℃（其中，7 月 23—30 日温度为 22.3 ℃～25.2 ℃，连续 8 d 平均温度仅 23.9 ℃）。由于长期气温、水温均较低，无法用灌溉水提高田间温度，70% 的制种田出现不育系自交结实。

湖南省种子管理站分析认为，1993 年、1996 年、1999 年部分两系法杂交种子严重不纯的根本原因是两系不育系不育起点温度已漂高。周世怀等在对安全期气候进行分析后认为，两系制种必须考虑的两个安全期（育性转换安全期和抽穗扬花安全期）处理不当将导致失败。汪扩军等认为两系制种的适宜区域和季节安排不合理会导致制种失败。肖层林等分析湖南省 1993 年、1996 年、1999 年制种失败的原因是不育系育性转换温度敏感期遇上低温天气，使不育系育性波动，自交结实。

（二）两系法杂交水稻制种成功的经验

通过多年的生产实践和经验教训总结，两系法杂交水稻制种技术在 20 世纪 90 年代中期已经基本成熟，培矮 64S 系列组合制种产量低的“瓶颈”已经突破。在 1994 年小面积培矮 64S 组合制种单产突破 2 238.8 kg/hm^2 的基础上，1995 年湖南制种培矮 64S 系列组合 173.3 hm^2，平均单产达 2 388 kg/hm^2，高产丘块在 4 477.6 kg/hm^2 以上。在芷江县土桥乡所制的 64.5 hm^2 培矮 64S 系列组合攻关片，平均单产 2 358.2 kg/hm^2，高产丘块单产达 4 558.2 kg/hm^2。

两系法杂交水稻制种技术的特殊性逐步被育种人员掌握。首先是掌握了制种育性安全期，这是两系法杂交水稻制种的核心技术。目前生产上应用的水稻光温敏核不育系的育性转换临界温度（也称不育起点温度）多在日均温 23 ℃左右，育性对温度的敏感期一般在幼穗分化的二次枝梗原基分化期（Ⅱ期）至花粉母细胞减数分裂期（Ⅳ期），也就是抽穗前的 5～20 d，群体内不同分蘖之间的发育差异 5～7 d。如果以抽穗期为观察指标，那么抽穗前 2～25 d 都为育性敏感期，在此期间不能连续 3 d 低于日均温 23 ℃。这是两系法杂交水稻制种的关键。在抽穗扬花期和种子收获期连续 3 d 日最高温度高于 35 ℃或连续 3 d 低温阴雨，制种产量会明显降低。在种子收获期出现连续 3 d 以上的阴雨天气，种子质量就会降低。易著虎等提出了在南方稻区两系法杂交水稻制种的三种季节和相应的地理位置：一是早夏制，在 23°N～24°N 的地区，将幼穗分化期安排在 6 月下旬，7 月 5 日以后抽穗扬花；二是夏制，在 23°N～28°N、海拔 350～450 m 的地区，将幼穗分化期安排在 7 月中旬，7 月下旬抽穗扬花；三是早秋制，在 23°N～24°N 的地区，将幼穗分化期安排在 8 月中下旬，9 月上旬抽穗扬花。国内已经形成规模的两系法杂交水稻制种区域主要有湖南中南部、福建西北部、四川南部、广西西北部和广东西南部。

通过多年的生产实践，科研人员逐步建立了安全高产制种技术体系，解决了两系法杂交水稻规模化安全高产制种技术难题，建立的两系法杂交水稻的制种气象分析决策系统，可对两系法杂交水稻安全制种的地区和安全敏感期、安全扬花期、安全成熟期的时段进行更加科学的决策，还相应地制定了《两系法杂交水稻制种技术规范》。

第五节　两系法杂交水稻的推广

两系法杂交水稻在杂交水稻推广面积中所占的比例大幅上升。1993—1995 年两系法杂交水稻仅占杂交水稻总面积的 0.1%～0.3%，1996—2000 年从 1% 上升到 6.8%，2001—2005 年稳定在 10% 左右，2006 年起一直超过 15% 并逐年上升，2009 年达到 20.9%。

一、两系法杂交水稻的早期研发和中试（1987—1995）

早期研究认为，光敏不育系的育性只受光照长度的影响，而光照长度的变化是有规律的，两系法应用于生产指日可待，全国很快掀起两系法研究的热潮。1989 年 7 月底出现异常低温，导致在长日照条件下当时所谓的“光敏不育系”恢复可育制种失败。随后的研究证明，农垦 58S 和安农 S-1 的育性转换都受温度影响，温度是育性转换的主导因子，因此，将上述不育系统称为光温敏不育系。鉴于自然界温度变化不像光长那么有规律，利用这种易受温度影响的不育系进行繁殖和制种，其繁殖的稳产性和制种的安全性都受到极大的挑战，生产应用的难度非常大。科技界和管理部门都对两系法能应用于生产产生了质疑，很多学者甚至放弃对两系法的研究，两系法杂交水稻研究陷入低谷。针对上述困难局面，袁隆平及时提出了选育实用光温敏不育系的新思路，明确指出不育起点温度低是光温敏不育系生产应用的关键指标，为选育实用光温敏不育系指明了方向。7 月中旬到 8 月下旬在长江中下游，连续 3 d 出现低于 23.5 ℃的概率为五十年一遇，连续 6 d 出现低于 23.5 ℃的概率为零。只要选育出不育起点温度低于 23.5 ℃(华南稻区温度 24 ℃及以下）的不育系就可应用于生产，保证制种安全。

1994 年，在扬州召开的国家“863”计划两系法杂交水稻专题研讨会基本上确立了选育具有实用价值的光温敏核不育系的技术路线，提出了低温敏两用核不育系选育和用长日低温和短日高温条件双向选择育性稳定的光温敏核不育系的选育方法，逐步解决了光温敏不育系的育性稳定性问题。在敏感时期用冷水灌溉繁殖低温敏不育系培矮 64S 在湖南和广东均获得成功。光温敏不育系在繁殖过程中育性转换起点温度发生“漂移”的原因也基本弄清，并提出了相应的原种生产技术体系。1993 年，已有培矮 64S、5088S、7001S 等通过了国家“863”计划或省级技术鉴定，所选配的组合已经进入了大面积中试开发阶段。如湖南的培矮 64S/ 特青，安徽的 7001S/ 皖恢 D 号和 7001S/ 秀水 04 等通过了省级品种审定；培矮 64S/ 山青 11 号等 1994 年在广东茂名和广西陆川等地表现出强大的增产潜力。

1991 年，全国两系法杂交水稻种植面积为 0.43 万 hm^2，1992 年为 1.2 万 hm^2，1993 年为 2.7 万 hm^2，1994 年为 6.7 万 hm^2。湖南杂交水稻研究中心选育的两系法杂交水稻先锋组合“培两优特青”（培矮 64S/ 特青）初步显示出两系法杂交水稻的增产潜力。该组合有五个创新：一是 1992 年在湖南中稻区试中单产达 9 429.9 kg/hm^2，为历届区试的最高单产。二是 1994 年在云南永胜县种植 0.07 hm^2，单产达 17 027.6 kg/hm^2，创造一季单产全国新纪录。三是 1995 年黔阳县文丰村 0.09 hm^2“培两优特青”中稻单产为 12 907 kg/hm^2，创湖南省中稻单产新纪录；1994 年在怀化地区做中稻种植 253.3 hm^2，平均单产 9 450 kg/hm^2，比同熟期三系杂交水稻增产 1 500 kg/hm^2 以上。四是 1995 年湖南湘潭县泉塘子农技站示范 0.1 hm^2 双季晚稻，单产为 11 577.6 kg/hm^2，创长江流域双季连晚新纪录。五是湖南汉寿县护城村的 0.142 hm^2 一季加再生稻单产达到 15 041.8 kg/hm^2，为湖南省一季加再生稻的单产新纪录，打破了三系法杂交水稻单产长期徘徊的局面。同时，两系法杂交水稻容易得到优质米组合，如培矮 64S/288 等两系杂种，一般都能达部颁一级优质米标准。培两优特青、培杂山青等大面积推广应用组合都能达部颁二级米标准。

1992 年 10 月，湖北的两系法杂交水稻新组合示范现场会宣布我国的两系法杂交水稻研究已经走出了 1989 年以来的低谷，进入了新组合选育与成熟组合开发利用同步进行的新阶段。

1994 年，第一批可应用于生产的两系法杂交水稻组合 70 优 9 号（皖稻 24）、70 优 04（皖稻 26）和培两优特青通过省级品种审定。

1994 年，湖北的 1.3 万 hm^2 鄂粳杂 1 号双季晚稻平均单产为 7 050 kg/hm^2，增产 825 kg；安徽的 70 优 9 号在白湖农场种 42.7 hm^2，平均单产为 8 094 kg/hm^2，其中，7.7 hm^2 单产为 9 040.5 kg/hm^2，创该省双季晚稻大面积高产纪录。1993 年以来，先后有湖北省农业科学院粮食作物研究所育成的鄂粳杂 1 号（N5088S/R187）、安徽省农业科学院水稻研究所育成的 70 优 9 号（7001S/ 皖恢 9 号）、湖南杂交水稻研究中心育成的培两优特青（培矮 64S/ 特青）和湖南农业大学育成的培两优 288（培矮 645/288）等 4 个组合列入国家"863"计划中试开发项目。

1995 年，全国 10 个省（自治区、直辖市）23 个点对 5 个籼型和 6 个粳型组合进行试验试种。每个参试组合一方面在各点进行三次重复比较试验，以鉴定其在当地的增产效果，同时进行 0.07 hm^2 以上的高产栽培试验，以鉴定其在当地的产量潜力。一年的栽培试验结果表明：培矮 64S/ 特青、培矮 64S/ 山青 11、培矮 64S/ 青陆矮等，在华南试点早晚连种，在湘中、湘南、赣南、鄂东南的试点做晚稻，在云南部分地区做一季稻，都表现了较明显的增产效果；在长江中游低海拔地区试点以及黄淮流域试点做中稻，表现比汕优 63 生育期缩短 7～12 d；粳型组合 N5088S/R187、7001S/ 皖恢 9 号等在长江中游做双季晚稻有一定增产效果，在云南保山地区做一季稻增产显著。此外，优质组合 W91607S/ 粳籼 89、培矮 64S/ 孖七占等在珠江三角洲与当地优质常规稻品质相当而增产极显著。

1995 年，参加湖南省区试的一批新组合表现不凡，培矮 64S×288（培两优 288）连续两年参加全省晚稻区试，单产较对照威优 64 增加 6.51%，且米质优，出米率高。该组合 1995 年示范 667 hm^2，无论做中稻、连作晚稻或中稻再生稻，都表现早熟、高产、优质、抗性好，深受农民欢迎。

1995 年，湖南省示范种植面积 2.7 万 hm^2 两系法杂交水稻，普遍比同熟期的三系法杂交水稻增产 10% 以上。其中，120 hm^2 两系法杂交早稻，单产 7 089.6 kg/hm^2，比同熟期常规早稻增产 1 492.5 kg；近 6 700 hm^2 两系法杂交中稻和 2 万 hm^2 两系法杂交晚稻，一般单产 8 208.96 kg/hm^2 以上，比同熟期三系法杂交水稻增产 1 119.4 kg。湖南湘西、湘南、湘中布设的 4 个 200 hm^2 以上连片示范样板，增产尤为显著。这四个片的示范总面积为 848 hm^2，平均单产 8 589.6 kg/hm^2，比同熟期三系法杂交水稻增产 1 500 kg。其中，怀化市黄金坳乡的 222 hm^2 两系中稻示范片平均单产接近 8 955.2 kg/hm^2；两个两系晚稻示范片，单产都在 8 955.2 kg/hm^2 左右。

经过全国的大协作，两系法杂交水稻研究在“八五”结束时取得了以下成绩。①掌握了水稻光温敏不育系的育性转换规律，确立了选育实用水稻两用核不育系的技术指标。②选育出近 40 个实用的水稻光温敏核不育系。③选育出 7 个两系法杂交水稻组合通过了省级品种审定，这些两系法杂交水稻组合有：两优培特、培两优 288、培两优山青、培两优余红、7001S×秀水 04、7001S× 皖恢 9 号、N5088S×R187。④两系法杂交水稻的不育系繁殖和制种产量低的“瓶颈”已经突破。⑤两系法杂交水稻示范推广面积达 20 万 hm^2，增产效果明显。因此，1995 年 8 月，袁隆平在湖南怀化召开的国家“863”计划两系法杂交中稻现场会（图 2-13、图 2-14）上宣布，我国两系法杂交水稻技术配套已经成熟，试验示范获得成功，可逐步在生产上推广应用。

图 2-13　1995 年 8 月，国家“863”计划两系法杂交中稻现场会在湖南怀化召开（李继明　提供）

图2-14　1995年8月，怀化会议与会者合影（李继明　提供）

二、两系法杂交水稻的发展完善阶段（1996—2000）

“九五”期间，两系法杂交水稻研究得到了总理基金立项，掀起了两系法研究的新高潮。两系法杂交水稻的种植面积在“九五”期间稳步上升。据统计，1996年为16.7万hm^2，1997年扩大到27.3万hm^2，1998年达43.3万hm^2。

两系法杂交水稻技术中试开发项目启动以后，到1997年底已有湖南、湖北、广东、安徽、江西、四川等11个省（自治区、直辖市）建立了中试项目，有效地推动了我国两系法杂交水稻的发展，同时为技术产业化创造了条件。广东、安徽、湖南率先成立两系法杂交水稻发展公司，一些种子公司也积极参与两系法杂交水稻研究和推广。1996—1997年，国家“863”计划中试开发项目组织了两系法杂交水稻新组合试验试种，长江中下游及江南双季早稻区试；农业部农业司、全国品种审定委员会、全国农技推广服务中心、中国农业科学院、全国种子总站共同组织了全国籼型杂交水稻（早、中、晚）区试。1997年，全国南方稻区水稻品种区试（早籼中熟组），共计 27 个品种，其中，两系组合 13 个，统一对照为“威优 49”“博优湛 19”“浙 733”，分布在 8 个省（自治区、直辖市）40 个点上进行试验。在三级区试中，单产和日产量名列第一位的是两系法杂交水稻组合“F131S/R402”。“早 S/D34”等两系组合表现早熟、高产，并且米质一般都较好，较好地解决了三系法杂交水稻“早而不优”和“优而不早”的矛盾。

到 1997 年底，有 15 个两系法杂交水稻组合通过省农作物品种审定委员会审定，获得推广证书，其中，安徽省 3 个、湖北省 2 个、湖南省 5 个、江西省 2 个、广东省 2 个和四川省 1 个（表 2-3）。亚种间杂交水稻组合选育取得突破，育种家应用广亲和基因和具有较好生态适应性的两用核不育系结合，成功解决了亚种间杂交组合因结实率低和充实度差而实际产量不高的难题。如“培矮 64S/E32”“培矮 64S/9311”，这两个组合比“汕优 63”增产 10%～15%，在高产栽培条件下可比“汕优 63”增产 30% 以上。“培矮 64S/E32”产量达 13 260 kg/hm^2，生育期在 130 d 左右，达到了日产量 100 kg/hm^2 的超高产指标。以上组合解决了亚种间杂交水稻的生育期超亲、株叶形态不佳、结实率不稳和籽粒充实度较差的问题。1997 年，全国两系法杂交水稻种植面积为 27.33 万 hm^2，主要分布在湖南、安徽、广东、湖北等省。

表 2-3　至 1997 年底我国已经审定获得推广证书的两系新组合

组合名称	选育单位	类型	适应地域
鄂粳杂 1 号（N5088S/R187）	湖北省农业科学院粮食作物研究所	晚粳亚种间	湖北、浙江、云南、江西
培两优特青（培矮 64S/ 特青）	湖南省杂交稻研究中心	晚粳品种间	湖南、云南、江西、广东等省
华粳杂 1 号（7001S/1514）	华中农业大学	晚粳品种间	湖北
70 优 9 号（7001S/ 皖恢 9 号）	安徽省农业科学院水稻研究所	晚粳品种间	安徽
70 优 4 号（7001S/ 秀水 04）	安徽省农业科学院水稻研究所	晚粳品种间	安徽
培两优山青（培矮 64S/ 山青 11）	广东茂名两系杂交稻公司	晚粳品种间	广东、广西、江西、湖南
培两优 288（培矮 64S/288）	湖南农业大学	晚粳品种间	湖南、江西
培两优余红（培矮 64S/ 余红）	湖南农业大学	晚粳品种间	湖南
两优 681（蜀光 612S/881）	四川农业大学水稻研究所	晚粳品种间	四川
70 优双九（7001S/ 双九）	安徽省农业科学院	晚粳品种间	安徽
八两优 100（810S/D100）	湖南省安江农业学校	早籼品种间	湖南、江西

续表

组合名称	选育单位	类型	适应地域
香两优 68（香 125S/D68）	湖南省杂交稻研究中心	早籼品种间	湖南
田两优 402（田丰 S/R402）	江西省赣州地区农科所	早籼品种间	江西、广西、浙江
安两优 25（安湘 S/ 早 25）	江西省农业科学院	早籼品种间	江西
培杂优双七（培矮 64S/ 孖双七）	广东省农业科学院	晚籼品种间	广东

1997 年，江苏省农业科学院与湖南杂交水稻研究中心合作，以培矮 64S 为母本测配了数万个组合，从中筛选出培矮 64S/9311 和培矮 64S/E32 等 2 个产量潜力突出的组合。1998 年，培矮 64S/9311 在江苏建湖产量平均达 11 020 kg/hm^2，有 3.4 hm^2 超过 12 000 kg/hm^2。

优质高产两系法杂交早稻“香两优 68”等组合解决了长江流域杂交早稻“早而不优，优而不早”的矛盾。为此，1998 年 7 月在湖南召开了全国“863”计划两系法杂交早稻示范现场会，得到了中央有关部委的高度评价和支持。

至 1999 年底，全国有 8 个光温敏核不育系投入实际应用，18 个两系组合通过省级品种审定，繁殖、制种、栽培等技术成熟配套，累计示范推广 200 多万 hm^2，普遍表现比同时期的三系法杂交水稻增产 5%～10%，米质和抗性亦有提高。

1997—1998 年，两优培九（培矮 64S/9311）在江苏省杂交籼稻区域试验和生产试验中比对照汕优 63 增产 7.8%～9.2%，达到极显著水平。经农业部稻米及制品质量监督检验测试中心测定，稻米品质 6 项指标达 1 级标准，3 项达 2 级标准，米质是当年江苏省 11 个审定品种的第一名，在江苏省较大面积应用的 6 个杂交水稻中也居首位。两优培九在 35°N 以南地区均可种植。在超级稻试验中，两优培九表现突出，率先完成农业部制定的超级稻第一步的战略目标，曾被评为 1998 年中国农业十大新闻之一，2000 年又荣膺中国科技进展十大新闻之首。

三、两系法杂交水稻的大范围推广（2001 年以后）

2000 年前，全国通过省级和地市级审定的两系法杂交水稻品种只有 27 个，累计推广面积在 300 万 hm^2 左右，是一个发展比较慢的时期。随着以安农 S-1 为基因源转育的 Y58S、C815S，以农垦 58S 为基因源转育的培矮 64S、广占 63S 以及株 1S 等实用性两用核不育系的发展和应用，尤其是两优培九的培育成功，我国两系法杂交水稻的发展从 2001 年进入了新的阶段。2001 年，以两优培九为代表的四个两系法杂交水稻品种通过国家审定，从此，两系法杂交水稻进入快速发展时期。

2001 年，已有 60 多个两系法杂交水稻组合先后通过省品种审定。两系法杂交水稻的年推广面积稳定超过 150 万 hm^2，2008 年超过 300 万 hm^2，2009 年达到 325.4 万 hm^2，普遍比同时期的三系法杂交水稻增产 750～1 500 kg/hm^2，而且米质较好，有些组合达到了农业部颁发的一、二级优质米标准。2008 年全国两系法杂交水稻种植面积，约占杂交水稻播种面积的 25%，湖南、湖北、安徽等省的两系法杂交水稻种植面积已超过三系法杂交水稻。

2001—2006 年，两优培九连续六年居我国推广面积最大的水稻品种前 3 位，其中，2002 年、2003 年和 2006 年为第 1 位。随着 Y 两优系列、C 两优系列、广占 63 系列、株两优系列两系法杂交组合的推广，两系法杂交水稻品种在水稻生产中起到日益重要的作用。全国杂交水稻年推广面积前 10 位品种中，2007 年和 2008 年仍然以三系法杂交水稻为主；但从 2009 年以后，两系法杂交水稻品种凭借着自身优势，在生产应用中逐渐超越三系法杂交水稻；到 2012 年，全国推广面积前 10 位的品种中，两系法杂交水稻无论在品种数目上，还是在种植面积上均超越三系法杂交水稻。2002—2009 年的 8 年中，有 7 年是两系法杂交水稻推广面积最大，两系法杂交水稻迎来了空前的发展。

两优培九通过了江苏、湖南、湖北等 6 个省的审定，也是第一批通过全国品种审定的两系法杂交水稻。两优培九已经取代了曾大面积种植的三系法杂交籼稻汕优 63，2002—2007 年位居杂交水稻年种植面积的首位。其中，2002 年和 2006 年位居所有水稻品种首位，2004 年、2005 年、2007 年仅次于空育 131 而列第二位。除我国台湾地区以外，覆盖 35°N 以南的所有稻区，并成功引种到越南、菲律宾、印度尼西亚等国。据全国农技推广中心对中国大面积种植品种的统计数据计算，2000—2007 年，两优培九累计种植面积占全国两系法杂交水稻总种植面积的 54.4%。

2011 年，两系法强优势水稻杂交种“Y 两优 2 号”百亩示范田单产 13 830 kg/hm^2，实现了中国超级稻第三期目标。2013 年，两系法杂交种“Y 两优 900”百亩示范田单产达 14 748 kg/hm^2，再创世界杂交水稻单产最高纪录。

自从 1995 年两系法杂交水稻研究成功，这一杂交水稻新技术在我国迅速发展（图 2-15）。截至 2012 年底，两系法杂交水稻组合在全国 16 个省（自治区、直辖市）推广，20 个品种被农业部列为超级稻主推品种，两系法杂交水稻累计种植 0.33 亿 hm^2，增产稻谷 100 多亿千克。

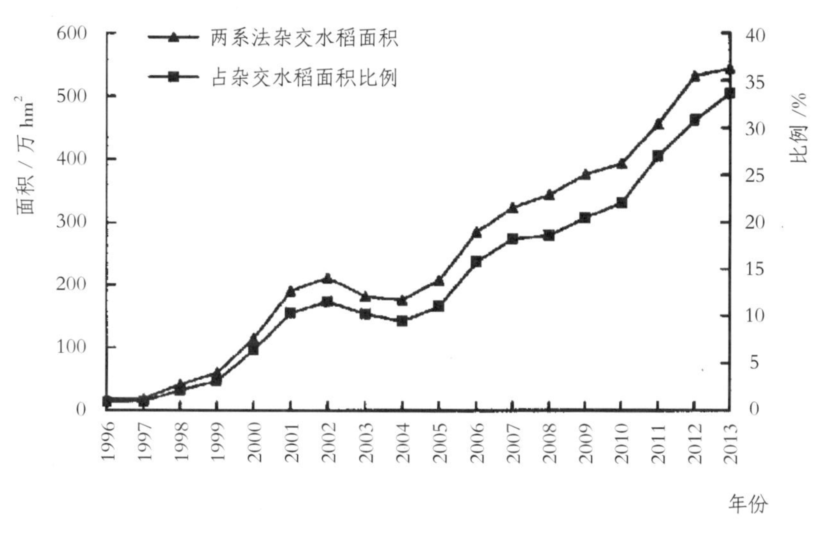

图 2-15　1996—2013 年，两系法杂交水稻推广面积变化

两系法杂交水稻技术解决了杂交水稻高产与优质、高产与早熟难协调的难题；突破了两系法杂交粳稻育种与种子生产技术的瓶颈；育成实用型两系不育系 170 个，配制两系法杂交水稻组合 528 个，并大面积推广。至 2012 年底，我国累计推广两系法杂交水稻 0.33 亿 hm^2，推广区域遍布 16 个省（自治区、直辖市）。2014 年两系法杂交水稻“Y 两优 900”在湖南溆浦百亩连片平均单产 15 323.9 kg/hm^2，实现了中国超级稻单产 14 925 kg/hm^2 育种目标。

2013—2015 年，新增 10 个两系法杂交水稻组合被农业部确认为超级稻主推品种。两系法杂交水稻在全国南方稻区 16 省（自治区、直辖市）推广，3 年累计推广面积约 0.13 亿 hm^2，总产 13 433 亿 kg 以上，增产稻谷近 746 亿 kg；总产值超过 2 000 亿元，增收近 90 亿元。

四、两系法杂交水稻面积分布

1993—2009 年，全国两系法杂交水稻累计推广面积为 0.21 亿 hm^2，分布在河南以南的 15 个省（自治区、直辖市）。有 9 个省（自治区、直辖市）累计种植面积超过 60 万 hm^2，其中，超过 267 万 hm^2 的依次为安徽、湖北、湖南和江西。这 4 个省合计推广面积达 0.15 亿 hm^2，占全国两系组合推广总面积的 74.3%。种植面积最大的安徽省，两系法杂交水稻的比例也最大，2006 年超过 40%，2007 年起超过 50%。

2013 年统计结果表明，两系法杂交水稻在 17 个种植杂交水稻的省（自治区、直辖市）

中，除了陕西之外，其他 16 个省（自治区、直辖市）均有分布。安徽的两系法杂交水稻面积最大，达到 128.40 万 hm^2；其次是湖北和湖南两省，也达到 100 万 hm^2 以上；再次是江西和广西两省（自治区），达到 40 万 hm^2 以上。两系法杂交水稻占杂交水稻总面积的比例以安徽最高，达到 70.34%；其次是江苏、湖北，其两系法杂交水稻超过了三系法杂交水稻面积；再次是河南、湖南和广西，比例在 30%~50%。四川、重庆、贵州、云南等西南地区以及上海、浙江、福建、广东、海南等沿海省市的两系法杂交水稻所占比例较低。

五、两系法杂交水稻主要品种变化

1993 年，衡两优 1 号在湖南的推广面积达到 0.67 万 hm^2，成为第一个被列入《全国农作物主要品种推广情况统计表》的两系法杂交水稻品种。1996—2014 年，中国有 900 多个两系法杂交水稻品种通过审定，累计推广面积 5 000 万 hm^2，目前年推广面积 550 万 hm^2 左右，占全国杂交水稻播种面积的 35% 左右。随着培矮 64S、广占 63S、准 S、Y58S、C815S、株 1S、陆 18S 等两系不育系的育成，配组审定了一大批两系法杂交水稻品种，两系法杂交水稻主要品种的数量也逐年增加，由 1996 年的 6 个增加到 2013 年的 134 个。其中涌现出了两优培九、丰两优 1 号、扬两优 6 号、新两优 6 号、Y 两优 1 号、两优 6326、培两优 288、丰两优香 1 号、培杂双七、丰两优 4 号、鄂粳杂 1 号、陆两优 996、深两优 5814、准两优 527、两优 287、株两优 02、培杂山青、香两优 68、两优 0293、株两优 819、皖稻 153、两优 2186 等一批累计推广面积达到 33.33 万 hm^2 以上的品种，两系法杂交水稻显现出强劲的发展态势（图 2-16）。

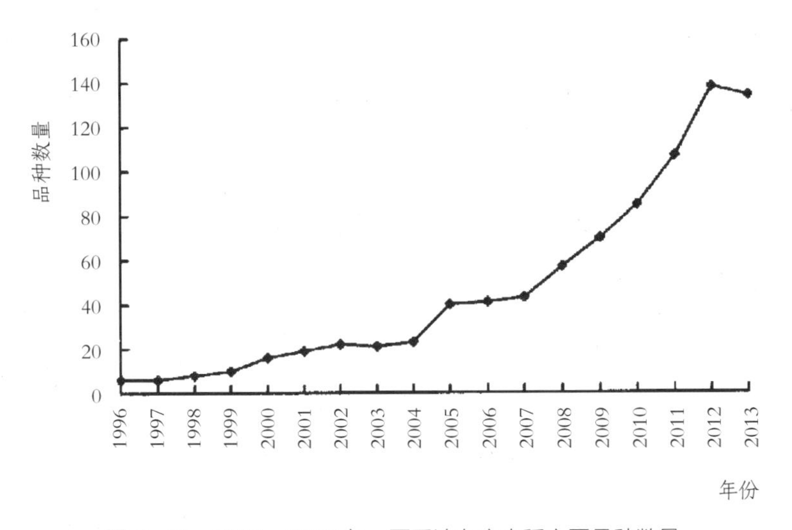

图 2-16　1996—2013 年，两系法杂交水稻主要品种数量

到 2015 年底，通过国家审定的两系法杂交水稻品种 135 个、通过省级审定的两系法杂交水稻品种 816 个。1996 年推广面积 18.05 万 hm^2，占杂交水稻种植面积的 0.92%，到 2013 年底推广面积发展到 544.04 万 hm^2，占杂交水稻种植面积的 33.59%，18 年间两系法杂交水稻面积扩大近 30 倍。其中，推广面积最大的组合是两优培九（培矮 64S/9311），累计推广面积超过 800 万 hm^2。广占 63S 及其衍生系配制的系列组合，如丰两优 1 号、扬两优 6 号、丰两优 4 号、丰两优香 1 号、两优 6326、新两优 6 号等，累计推广面积超过 1 000 万 hm^2。全国 20 个水稻种植省（自治区、直辖市），都有两系法杂交水稻种植，主要是籼型两系法杂交水稻，年推广面积超过 100 万 hm^2 的有湖南、湖北、安徽三省，其中安徽和湖北，两系法杂交水稻面积已经超过三系法杂交水稻面积。推广持续时间长的组合可大致分为以下两类，一类是产量与品质优势突出且适应性广，如两优培九；另一类是虽然年推广面积一般，但是在特定的地域优势明显，因此能持续较长时间，如鄂粳杂 1 号（湖北、云南，14 年）、70 优 04（安徽，7 年）、培杂双七（广东、广西，12 年）、两优 2186（福建、广西，9 年）、八两优 96（湖南，7 年）、田两优 402（江西，7 年）、八两优 100（湖南，12 年）等。

到 2015 年底，我国共审定省级以上两系法杂交水稻品种 774 个，获得品种授权品种 75 个，其中，农业部国审品种 142 个。国审两系法品种数从 2006 年的 5 个逐年增加至 2015 年的 22 个，所占总审定籼稻杂交水稻品种数的比例也从 8.6% 逐渐增加到 52.4%，呈现逐年递增趋势。

袁隆平团队选育的两系法杂交籼稻组合“超优千号”（湘两优 900）在试种示范中表现非凡。2015 年 5 月，“超优千号”在海南三亚亚龙湾水稻示范基地实现单产 14 056.6 kg/hm^2，打破海南历史最高纪录。2015 年参加长江中下游中籼迟熟组区域试验，平均单产 9 883.6 kg/hm^2，比对照丰两优 4 号增产 4.2%。2016 年，云南个旧市一季稻“超优千号”百亩片平均单产 16 238.8 kg/hm^2，刷新 2015 年在该地创造的单产 15 933 kg/hm^2 的纪录。同时，单产 16 238.8 kg/hm^2 的验收成果，也创下了当时世界水稻百亩片单产最高纪录。2017 年 9 月 30 日，山东莒南县“超优千号”杂交水稻单产达 15 331.3 kg/hm^2，创当时全国北方高纬度地区高产纪录。2017 年 11 月在河北邯郸实收平均单产 17 149.3 kg/hm^2，创造了世界水稻单产纪录。以“超优千号”为代表的两系法杂交水稻组合，为完成我国超级稻产量不断提高的目标做出了重要贡献。

（撰写：李继明　审稿：杨振玉　陈金节）

第三章

超级杂交水稻的发展

20 世纪 90 年代中后期，中国杂交水稻开始进入第三阶段——超级杂交水稻研究与应用的新的发展阶段。这是继第一阶段三系法杂交水稻和第二阶段两系法杂交水稻之后，杂交水稻创新发展的又一次征战攻关，延续并拓展了前两阶段的中国杂交水稻研究的辉煌，续写了杂交水稻发展的新篇章。

第一节　超级杂交水稻研究的立项

一、超级杂交水稻的概念

超级杂交水稻，衍生于超级稻。“超级稻”之名有一个产生和演变的过程。最初叫“超高产水稻”，来源于 20 世纪 80 年代初日本水稻育种家提出的水稻超高产育种计划，计划用 15 年培育出比现有品种增产 50% 的水稻新品种，即超高产水稻品种。80 年代末，国际水稻研究所提出超高产水稻育种，后来定名为“新株型”水稻育种计划，同样旨在大幅度提高产量。1994 年，美国记者以“超级稻”的名称对“新株型”水稻研究进展在国际上予以报道，由此水稻超高产育种被称为“超级稻育种”。“超级稻”一词随之传播开来，后被稻作界接受和采用。

什么是超级稻？当时并没有一个统一的标准和严格的定义，各家各派提出的产量等指标也不尽相同。广义而言，超级稻在各个主要性状方面，如产量、品质、抗性等，均显著超过现有品种（组合）的水平；狭义而言，超级稻是指在抗性与品质同对照品种（组合）相当的基础上，产量有大幅度提高。“超级稻”一般是指狭义的概念，即超高产水稻。根据育种途径和方法是否直接利用水稻杂种优势，超级稻可分为超级杂交水稻和超级常规水稻两大类。

随着研究的深入，有专家给出超级杂交水稻定义：超级杂交水稻是通过株型改良与杂种优势利用、形态与生理机能相结合选育，单产大幅度提高、品质优良、抗性较强的新型杂交水稻品种（组合）。

二、超级杂交水稻研究立项背景

粮食安全始终是关系中国国计民生的全局性重大战略问题。水稻是中国第一大粮食作物，60% 以上国民以稻米为主食。稳定发展水稻生产，对保障国家粮食安全、促进经济和社会持续发展具有十分重要的意义。中国有十几亿人口，而耕地面积刚性递减、水资源匮乏、生态环境恶化、中低产田比重上升等，使水稻增产面临严峻的挑战。因此，依靠科技进步不断提高水稻的单位面积产量，始终是中国水稻科技工作者的重大课题和中国农业的重要任务。中国一直致力于水稻产量的提高。在众多的提高产量因素中，育种起了关键性作用。每个产稻国家都始终将高产作为水稻育种的首要目标。

1949 年以来，中国水稻单产出现了两次飞跃：始于 20 世纪 50 年代中期的水稻矮化育种和 70 年代中期水稻杂种优势利用的成功，分别使水稻单产每公顷增加了 1～2 t，均提高 20% 左右；90 年代早期水稻单产也有所上升，但总体上看，无论常规水稻还是杂交水稻，其产量潜力始终处于徘徊状态。国际上，常规水稻的单产潜力也一直呈现徘徊局面。国内外的水稻科研机构和科技人员，都在尝试利用各种手段，进一步提高水稻单产。

（一）国外的水稻超高产育种

1. 日本水稻超高产育种计划

水稻超高产育种计划最先由日本提出。1981 年，日本组织其主要水稻研究机构，制订了“超高产水稻的开发及栽培技术确立”这一大型国家研究项目，又称“逆 753 计划”，旨在通过选育产量潜力高的水稻新品种，再辅以相应的栽培技术，实现水稻的大幅度增产。该计划要求分 3 个阶段，用 3 年、5 年和 7 年育成比对照品种增产 10%、30% 和 50% 的超高产水稻品种，即用 15 年（1981—1995），实现水稻每公顷产量中低产地区由原来的 5.0～6.5 t 糙米提高到 7.5～9.75 t（折合稻谷 9.38～12.19 t），高产地区达到 10 t 糙米（折合稻谷 12.5 t）以上。日本水稻超高产育种计划的育种策略是：利用国外具有优良特性、超高产特性的稻种资源，进行籼、粳亚种间杂交或地理远缘的品种间杂交，扩大日本粳稻的遗传基础和遗传变异的范围。计划实施后的 8 年内，育成了明星、秋力、奥羽 326、辰星、大力、翔等具有超高产潜力的品种，小面积试种稻谷产量约 12 t/hm^2，基本达到该计划第二阶段的增产 30% 的目标。但由于结实率、品质和适应性等方面存在问题，未能大面积推广应用。20 世纪 90 年代以后，日本终止了水稻超高产育种研究计划。

2. 国际水稻研究所“新株型”水稻超高产育种计划

1966 年，国际水稻研究所推出半矮秆、分蘖强、茎秆粗壮和高收获指数的高产新品种 IR8（国际稻 8 号，媒体称之为“奇迹稻”）以后，一直到 20 世纪 80 年代末的 20 多年中，育成一批曾在热带稻作生态区广泛种植的水稻新品种，如 IR24、IR36、IR72 等。这些品种在抗性、日产量上明显提高，但水稻单产一直在 8～9 t/hm^2 的水平上徘徊，并无明显的提高。国际水稻研究所的育种家认为，若要使水稻产量有一个新的实质性突破，必须研发水稻的新株型。于是，在 1989 年提出了培育超高产水稻计划，后来定名为“新株型”水稻育种计划，即选育不同于以前多分蘖和半矮秆株型的“新株型”水稻，并使其在产量水平上有显著突破。计划用 8～10 年时间，培育出适宜在热带旱季种植、产量潜力比当时的矮秆品种高 30%～50% 的“新株型”水稻，于 2000 年育成产量潜力 12 t/hm^2 以上的“新株型”水稻品种，对“新株型”设计在分蘖、穗型、生育期、株高、茎秆粗细、收获指数、冠层叶片特征、籽粒大小和谷粒密度等方面都做了较为详细的描述。经过 5 年的研究，国际水稻研究所于 1994 年向世界通报利用新株型和特异种质资源选育“新株型”超高产水稻研究取得成功，显示了“新株型”具有明显的增产潜力。当时，国外新闻媒体以“新‘超级稻’将有助于多养活近 5 亿人口”为题进行宣传报道，引起世界各水稻主产国的极大关注，“超级稻”这一名称也从此取代了“新株型”水稻和“超高产”水稻并传遍全球，成为水稻育种家研究的热点和重点。

国际水稻研究所“新株型”水稻超高产育种计划的育种策略是筛选分蘖力弱、茎秆坚硬、穗大粒多的热带粳稻（爪哇稻）种质资源作为亲本，与不存在杂交亲和障碍的粳稻杂交，选育符合新株型设计目标性状、具有超高产潜力的水稻新品种。该计划实施期间，育成的部分新品系大多具有少蘖、大穗、秆壮、产量潜力高的特点，这种以热带粳稻为背景的“新株型”水稻小面积试种的产量达到了 12.5 t/hm^2，但是其存在结实率低、充实度差、不抗稻飞虱等主要病虫害的问题，因而未能大面积推广应用。后来根据第 1 代“新株型”设计和育种策略上存在的缺陷，从引入籼稻的有利基因、提高谷粒充实度、增加分蘖和株高、利用野生稻资源等方面对原“新株型”超级稻育种设计进行了修正，但至今尚未育成大面积种植产量潜力取得明显突破的新株型超级稻。

其他主要水稻生产国家，如韩国、印度等，也开展了一些水稻超高产育种研究或尝试。但是，同样受到指标高、难度大和技术路线的限制，也未育成“新株型”水稻。

（二）布朗之问：谁来养活中国

1995 年，美国世界观察研究所所长莱斯特·布朗发表了长达 163 页的《谁来养活中国——来自一个小行星的醒世报告》。布朗认为，到 2030 年，中国人口将由 1994 年的 11.1 亿增长到 16 亿多，年人均消费粮食按 400 kg 计算，需要粮食 6.41 亿 t。而到那时，中国由于日益严重的资源短缺，高速的工业化进程对农田的大量侵蚀和破坏，粮食播种面积将大幅度下降，粮食总产量将下降到 2.72 亿 t，至少减少 20%。巨大的粮食产需缺口导致中国需要净进口 3.69 亿 t，从而引起全球性的粮食短缺和粮价暴涨。

布朗的言论引起了国人的关注和思考。1996 年，袁隆平发表《从育种角度展望我国水稻的增产潜力》一文指出，布朗的论证虽然有一定依据，但在某些重要地方存在片面性，最主要的是低估或忽视了科技进步对提高生产力的巨大作用。他回顾了中国的粮食特别是水稻产量增长的历史，从良种培育与应用角度论述了水稻增产的潜力与前景。除了品种以外，还有其他多种相关的技术因素；水稻如此，其他粮食作物也是如此。他认为，通过科学技术的进步和运用，加上国人的不懈追求和努力，中国能够依靠自己解决吃饭问题。

另一方面，虽然布朗的结论过于悲观，但其报告对我们有着强烈的警示作用：正视粮食安全问题现实，时刻保持清醒的认识，必须采取更加有力有效的措施，始终把中国人的饭碗牢牢地端在自己手中。

（三）“中国超级稻”研究计划

中国于 20 世纪 80 年代中期开始水稻超高产育种研究，主要是常规稻超高产育种，如沈阳农业大学杨守仁等，采取的是理想株型与有利优势相结合的技术策略。“七五”“八五”期间，面临中国人口持续增长、耕地面积刚性下降的严峻现实，为增强水稻生产能力，“水稻超高产育种”被列入国家重点科技攻关计划。

1996 年，农业部正式立项启动中国超级稻研究（当时称为“新世纪农业曙光计划”，包含超级稻项目）。该计划初步明确了中国超级稻研究的内容、目标、技术路线和示范推广计划。到 2000 年和 2005 年，育成的超级稻百亩片示范产量分别达到 9.0～10.5 t/hm^2 和 10.5～12.0 t/hm^2，比当时的对照品种分别增产 15% 和 30%。1997 年 4 月，农业部科教司和中华农业科教基金会在沈阳主持召开了“中国超级稻”专家委员会成立暨“中国超级稻”

项目评审会议，决定中国水稻研究所、广东省农业科学院、沈阳农业大学等 11 个科研与教学单位参与“中国超级稻”研究，从而拉开了“中国超级稻”研究的序幕。

三、超级杂交水稻育种研究的立项

（一）杂交水稻超高产育种初探

三系法杂交水稻投入生产应用，大幅度提高了水稻产量，产生了巨大的效益，但也存在一些不足。杂交水稻科技工作者们从 20 世纪 80 年代起就探索着如何进一步提高杂种优势水平，以及简化种子生产程序。

袁隆平跟踪国际科技前沿，早在 1984 年就提出水稻超高产育种课题；1985 年，他在《杂交水稻》期刊上发表了论文《杂交水稻超高产育种探讨》，呼吁“我国杂交水稻育种，在注意提高品质的同时，也须制订超高产育种计划”，他指出“把形态改良同生理机能的提高密切而有效地结合起来”，并提出了湖南双季稻超高产指标和培育超高产杂交水稻的途径。但受国内当时出现的结构性、区域性粮食相对过剩的影响，不少人被暂时的“卖粮难”现象所迷惑，认为今后水稻育种的主攻方向应该放在稻米品质改良上，而不是放在超高产上。因此，杂交水稻超高产育种研究课题，在宏观决策上被延误了一些时间。后来，杂交水稻研究的重点转移到两系法杂交水稻上，超高产杂交水稻研究就被暂时搁置下来了。

（二）超级杂交水稻育种研究的正式立项启动

20 世纪 90 年代，杂交水稻育种家们一直在多方探寻超高产育种途径和理想的株型模式。如周开达开展了亚种间重穗型杂交水稻选育研究，谢华安采用向籼型恢复系掺粳的方法选育超高产组合，等等。1997 年，袁隆平发表《杂交水稻超高产育种》，参照农业部的产量标准，提出了培育日产量 100 kg/hm^2 的水稻超高产育种新思路。1998 年 3 月，在国家“863”计划两系法杂交水稻研究海南年会上首次将杂交水稻超高产育种列入议事日程；同年 12 月，国家“863”计划超级杂交水稻研究正式启动。1998 年 8 月，袁隆平向国务院提交了《关于申请总理基金专项支持“超级杂交水稻选育”的报告》和《开展超级杂交稻育种计划建议书》，得到“国务院全力支持”（时任国务院总理批示语），批拨总理基金专项资助。当年 10 月 10—11 日，农业部和财政部在湖南长沙主持召开了“超级杂交稻选育”项目论证会（图 3-1）。会上，项目主持人袁隆平做了论证报告，在对国内外超级稻选育研究现状进行全面分析的基础上，提出了超级杂交水稻选育的具体指标和技术路线，各协作单位的代表也提出了自己的技术方案。超级杂交水稻育种研究正式启动，组成了由袁隆平领衔，湖南杂交水稻研究中心暨国家杂交水稻工程技术研究中心主持，江苏省农业科学院、广东省农业科学院、四川农业大学、辽宁省农业科学院参加的协作组，开展了全国性的协作攻关。同年，超级杂交稻育种研究被纳入中国超级稻研究计划。中国的超级杂交水稻育种研究项目从 1998 年起，连续 3 次得到总理基金专项资助，并连续列入农业科技跨越计划，得到重点支持。

图 3-1 “超级杂交稻选育”项目论证会（前排右三为时任农业部副部长路明，右二为袁隆平院士，右四为黄耀祥院士）（王精敏　提供）

第二节　超级杂交水稻研究及发展目标

1996 年，农业部制订了超级稻研究计划，确定了超级稻（包括超级杂交水稻和超级常规水稻）育种的分阶段目标。不同生态区域超级稻第一、第二期产量指标见表 3-1，表中所述是绝对产量指标，超级稻的相对指标是在各级区试中比对照品种增产 8% 以上。除此之外，品质要求达到农业部颁布的二级以上优质米标准，抗当地 1～2 种主要病虫害。同时要形成超级稻良种配套栽培技术体系。

表 3-1　不同类型和阶段的超级稻的产量指标

年份	常规稻 /（t/hm²）				杂交稻 /（t/hm²）			增幅 /%
	早籼稻	早中晚兼用籼稻	南方一季稻	北方一季稻	早籼稻	一季稻	晚稻	
现有水平	6.75	7.50	7.50	8.25	7.50	8.25	7.50	0
2000	9.00	9.75	9.75	10.50	9.75	10.50	9.75	15
2005	10.50	11.25	11.25	12.00	11.25	12.00	11.25	30

注：表中数据为连续两年在本生态区内 2 个示范点（每个点 6.67 hm^2）的平均产量。
资料来源：农业部科技与质量标准司，1996 年。

1997 年，袁隆平在综合分析国内外水稻育种各家各派提出的超级稻产量指标后认为，超高产水稻的指标应随时代、生态区和种植季节的不同而异。在育种计划中，因水稻生育期的长短与产量的高低密切相关，除了绝对产量指标外，以单位面积的日产量为指标比较合理。根据当时中国杂交水稻的产量情况和育种水平，他提出“九五”期间超级杂交水稻育种的指标是：中、晚稻组合稻谷日产量 100 kg/hm^2，双季早稻组合稻谷日产量 90 kg/hm^2；米质达到部颁二级优质米标准，抗两种以上主要病虫害。日产量 100 kg/hm^2，即一个生育期为 120 d 的中熟品种的单位面积产量为 12 t/hm^2，生育期 130 d、135 d 的品种的产量分别为 13 t/hm^2、13.5 t/hm^2，以此类推。这个指标相当于国际水稻研究所提出的 120 d 生育期单产潜力 12 t/hm^2。

在实际工作中，超级杂交水稻示范和验收各期产量指标均采用农业部制定的中国超级稻育种的指标，即绝对产量指标。

2005 年，在袁隆平的倡导下，国家“863”计划现代农业技术主题正式立项，启动了第三期超级杂交水稻研究。以长江流域中稻为例，力争到 2010 年百亩示范片单产达到 13.5 t/hm^2。同年，农业部开始实施超级稻新品种选育与示范推广项目。2006 年，农业部发布了《中国超级稻研究与推广规划（2006—2010）》。该规划指出，“十一五”期间，中国超级稻研究与推广围绕国家粮食安全战略目标，按照“主推一期，深化二期，探索三期”的发展思路，加快超级稻新品种选育，加强栽培技术集成，扩大示范推广。遵循“高产、优质、广适并重，良种、良法配套和科研、示范、推广一体化”的原则，到 2010 年培育并形成 20 个超级稻主导品种，推广面积达到全国水稻总面积的 30%（约 800 万 hm^2），平均增产 900 kg/hm^2，带动全国水稻单产水平明显提高，继续保持水稻育种的国际领先水平。根据前一阶段实施情况和品种产量潜力的测算，农业部对超级稻产量指标进行了调整（表 3-2），并在超级稻第二期育种目标实现的基础上，提出了到 2015 年达到 13.5 t/hm^2 的超级稻第三期目标。

表 3-2 超级稻品种产量、米质和抗性指标

生态区域		长江流域早稻	东北早熟粳稻、长江流域中熟晚稻	华南早晚兼用稻、长江流域迟熟晚稻	长江流域一季稻、东北中熟粳稻	长江流域迟熟一季稻、东北迟熟粳稻
生育期 /d		102～112	110～120	121～130	135～155	156～170
产量 /（t/hm^2）	耐肥型	9.00	10.20	10.80	11.70	12.75
	广适型	省级以上区试增产 8% 以上，生育期与对照相近。				
品质		北方粳稻达到部颁二级以上（含）标准，南方晚籼稻达到部颁三级米以上（含）标准，南方早籼稻和一季稻达到部颁四级米以上（含）标准。				
抗性		抗当地 1～2 种主要病虫害。				

2011 年，农业部明确“十二五”期间倾力推广超级稻，实施“31511”工程，即到 2015 年，新培育 30 个超级稻品种，当年超级稻全国推广面积达到 1 000 万 hm^2（1.5 亿亩），每 0.067 hm^2（1 亩）平均增产 50 kg（100 斤）、节本增效 100 元。按照“拓展一期应用范畴、深化二期研究与推广、努力实现三期目标”的发展思路，即对第一期每公顷产量 10.5 t 的超级稻，品种类型由单纯的高产向广适、优质、高产方面拓展，示范推广的重心由高产田向中低产田转移，挖掘超级稻在中低产田水稻生产上的潜力；对第二期每公顷产量 12 t 的超级稻，要加强品种选育与栽培技术研究，尽快形成中国水稻生产上的主导品种；对第三期每公顷产量 13.5 t 的超级稻，要加强攻关研究，争取“十二五”末期实现育种目标。

在超级杂交稻提前于 2012 年达到中国超级稻第三期育种目标之后，农业部于 2013 年启动了中国超级稻第四期每公顷产量 15 t 的研究计划。2013 年 4 月 9 日，农业部部长韩长赋与袁隆平在湖南杂交水稻研究中心暨国家杂交水稻工程技术研究中心海南南繁试验基地，共同宣布启动第四期超级杂交水稻研究，用 5～8 年培育出具备每公顷 15 t 以上产量潜力的超级杂交水稻新组合。

第三节 超级杂交水稻育种策略和途径

怎样培育出超级杂交水稻？采取什么策略和途径去达成超级杂交水稻的育种目标？1997 年，袁隆平提出杂交水稻超高产育种的水稻植株形态模式和技术路线，指出杂交水稻的超高产育种原则上从两方面着手，一是充分利用双亲优良性状的互补作用，在形态上做更臻完善的改良；二是适当扩大双亲的遗传差异，以进一步提高杂种优势的水平，包括利用籼粳亚种间杂种

优势、远缘有利基因，以及国际水稻研究所的超级稻等优良常规稻。在育种方法上，两系法、三系法并举。项目协作单位广东省农业科学院黄耀祥提出，可充分利用广东的特殊优质种质资源，以常规杂交育种技术为主导，综合运用生物技术、辐射诱变技术和远缘杂交育种技术来选育超级杂交稻；辽宁省农业科学院杨振玉指出，利用籼、粳架桥，创建有利基因集团，进而与本地优良品系配组，是实现籼粳亚种间杂种优势利用的可行之路。其他育种家也做了很多研究与思考，丰富了超级杂交水稻育种的实践和理论。

袁隆平总结了近 40 年的育种实践，认为通过育种提高作物产量有两条途径：①形态改良；②杂种优势利用。单纯的形态改良，潜力有限，杂种优势不与形态改良结合，效果必差。其他育种途径和技术，包括分子育种在内的高新技术，最终都只有落实到优良的形态和强大的杂种优势上，才能获得良好的效果。

一、株型改良

优良植株形态是超高产的骨架。株型改良是水稻育种的一个重要方面，20 世纪 60 年代育成的矮秆品种大幅度增加水稻单产，实质上就是株型改良提高了收获指数的结果。据中国水稻研究所闵绍楷等考察，矮秆品种和高秆品种的生物学产量大致相当，但收获指数从 0.385 提高到 0.545，提高了 42%；三系法品种间杂交水稻又与矮秆品种收获指数相当，但生物学产量从每公顷 11.8 t 增加到 15.0 t，增加了 27%。自从澳大利亚唐纳德（Donald）提出理想株型的概念以来，国内外不少育种家便围绕这个主题开展了研究，设想了各种超高产水稻的理想株型模式，如国际水稻研究所库西（Khush）的少蘖、大穗模式，国内黄耀祥的半矮秆丛生快长超高产株型模式，杨守仁的直立穗型超高产株型模式，等等。

杂交水稻的超高产理想株型模式主要有周开达的“重穗型”、袁隆平的超高产水稻植株形态模式和程式华等提出的“后期功能型”模式。各模式的主要特点见表 3-3。

表 3-3　杂交水稻超高产株型模式

理想株型	作者	主要特点	代表组合
重穗型	周开达	重穗，225 穗/m^2，穗重大于 5 g	Ⅱ优 162
超高产水稻植株形态	袁隆平	上三叶长、直、窄、凹、厚，240 穗/m^2，穗重约 5 g	培矮 64S/E32、两优培九
后期功能型	程式华	青秆黄熟，240 穗/m^2，穗重约 5 g	协优 9308

“重穗型”由四川农业大学周开达等于 1997 年提出，主要是根据四川盆地阴雨多湿、云

雾多、日照少、温度高的生态条件而设计的。他们认为，在这种生态条件下，应主要依靠提高单位叶面积的光合效率和提高单穗重量来提高水稻产量，超高产育种的重点是走亚种间重穗型杂交水稻之路。重穗型模式最显著的特点是单穗要重，穗数可适当偏少，这样有利于解决群体和个体的矛盾，并可减少病虫害发生。据此选育的杂交水稻Ⅱ优 6078、Ⅱ优 162、D 优 527 等组合和用重穗型恢复系明恢 86 配制的组合，在生产示范中比对照增产 10% 以上。

图 3-2　培矮 64S/E32 单株（王精敏　摄）

在对超高产苗头组合培矮 64S/E32 做了详细观察和深入分析后，袁隆平于 1997 年提出超高产水稻植株形态模式，主要针对长江中下游生态区。其核心是有效增源，要点是高冠层、矮穗层、中大穗、高度抗倒，上部三片功能叶要长、直、窄、凹、厚，叶面积较大，可两面受光，叶片之间相互遮阴少，可最大限度地利用光能，光合效率高且不易早衰。该模式的典型代表组合有培矮 64S/E32（图 3-2、图 3-3）和两优培九（培矮 64S/9311）。前者在小面积试验上达到了日产 100 kg/hm^2 的超级杂交水稻育种目标；后者在 1999 年和 2000 年的百亩示范片中达到了中国超级稻一季中稻产量 10.5 t/hm^2 的第一期育种目标。

图 3-3　培矮 64S/E32 群体（王精敏　摄）

中国水稻研究所程式华等通过对超高产杂交组合株型因子的分析，设计出单产水平在 12 t/hm^2 以上的超高产杂交水稻的理想株型“后期功能型”。这一株型模式强调水稻生育后期有效增源的重要性，要求同时在干物质生产、光合效率、根系生长等生理特性上表现出明显优势。其要点在于穗粒兼顾，后期青秆、黄熟不早衰。后期功能型理想株型模式的代表组合是协优 9308，在 2000 年浙江新昌县百亩片示范中，单产达到 11.8 t/hm^2。

其他育种家也设计过一些理想株型，如陈友订提出了华南双季稻优质大穗型的株型结构；邹江石等认为水稻株高和叶角是超级稻育种和栽培的两项最主要的株型因素；杨振玉等提出超级杂交粳稻的偏高秆、抗倒新株型；彭既明提出了多穗型超级杂交稻。

二、亚种间杂种优势利用

籼粳亚种间杂交水稻具有强大的杂种优势，库大源足，其产量潜力比品种间杂交水稻理论上可高 30% 以上。但是，由于籼稻与粳稻亲缘关系较远，两者之间存在不亲和性，致使籼粳杂种的受精结实不正常，结实率低，籽粒充实不良；籼粳杂种还存在植株过高和生育期超长的问题。1987 年，袁隆平提出借助水稻广亲和基因，克服籼、粳之间的不亲和性，通过籼粳交培育不育系或恢复系，以实现亚种间杂种优势利用。育种家们进行了多年研究，摸索出解决籼粳杂种难题的途径和选育亚种间杂交组合的策略。

（一）籼粳亚种间杂交水稻四大难题的解决途径

（1）利用广亲和基因克服籼粳杂种的不育性，即引入广亲和基因，选育具有广谱广亲和性的爪哇型种质，配制籼爪交、粳爪交组合，协调双亲间的籼、粳遗传成分，提高杂种结实率，先从部分利用亚种间杂种优势方面取得突破；而后进一步扩大亲缘和遗传差异，选育优势更强的籼粳亚种间组合。

（2）解决籽粒充实度差的问题。利用偏籼、偏粳的中间类型配组，选育籽粒充实度好的强优势组合；或选择籽粒充实度好、配合力强的种质做亲本杂交，提高杂种籽粒充实度。

（3）利用等位矮秆基因可把株高降到半矮秆水平。

（4）通过不同熟期（主要是早、中熟）的双亲配组，可以选出熟期适中，甚至比较早熟的组合。

（二）水稻广谱广亲和系选育策略

日本池桥宏对爪哇稻中广亲和品种和广亲和基因的发现，为克服水稻亚种间不亲和性打开了突破口。袁隆平等总结了十多年水稻广亲和系选育研究的经验，于 1997 年提出了广谱广亲和系选育策略。根据亲和性和亲和程度，将水稻品种（系）划分为广谱广亲和系、部分广亲和系、弱亲和系和非亲和系 4 种类型。他们认为，培育亲和谱广的广亲和系，基本上可以解决亚种间杂交水稻结实率低的难题，从而能大大提高选择强优势亚种间杂交组合的概率。选育广谱广亲和系的主要途径有两条：一是利用业已鉴定出的广谱广亲和种质直接转育；二是利用部分广亲和系与弱亲和系杂交，组合部分广亲和系中的广亲和基因与弱亲和系中的辅助亲和性基因。

（三）水稻亚种间杂交组合选育策略

袁隆平认为，选育高产、超高产的亚种间杂交水稻，从根本上说，就是要克服各种障碍，将籼粳亚种间强大的生物杂种优势协调地转化为经济产量优势，特别是要把解决杂种结实率低而不稳定和籽粒充实度不良的问题作为主攻方向。在已经具有广谱亲和系的基础上，他于 1996 年提出了选育水稻亚种间杂交组合的策略，并将其概括为“八项选育原则”。

（1）矮中求高。即利用矮秆基因解决了亚种间杂交水稻植株过高的问题以后，反过来又在不倒伏的前提下，适当增加植株高度，以提高生物学产量，为稻谷增产奠定基础。

（2）远中求近。即以部分利用亚种间的杂种优势选配亚亚种组合为上策，克服纯亚种间杂交因遗传差异过大而产生的生理障碍和不利性状。

（3）显超兼顾。既注意利用双亲优良性状的显性互补作用，又特别重视保持双亲较大的遗传距离，发挥超显性作用。

（4）穗求中大。以选育杂种稻穗中大穗为主，不一味地追求大穗和特大穗，而是具有较高的结实率和较好的籽粒充实度。

（5）高粒叶比。通过测定，选择粒叶比高即谷草比例大的组合。

（6）以饱攻饱。即选择籽粒充实度良好或特好的品种（系）做亲本，或选育千粒重不大但容重大的做亲本，以提高杂种一代籽粒的饱满度。

（7）爪中求质。利用爪哇稻（即热带粳稻）或爪籼中间型和爪粳中间型分别与籼稻、粳稻配组，以提高稻米品质。

（8）生态适应。籼稻区以籼爪交为主，粳稻区以粳爪交为主，兼顾籼粳交。

直接利用典型的籼粳交杂种优势难度大，可借助广亲和性先部分利用籼粳亚种间杂种优势。

（四）利用亚种间杂种优势的方法

在利用亚种间杂种优势的广泛科研实践中，育种家们进行了多方面的尝试，主要采用以下4种方法。

1.培育具有籼粳混合血缘的中间型杂交水稻亲本

在早期培育的超级杂交水稻先锋组合中，大多数是以光温敏核不育系培矮64S做亲本进行配组的。湖南杂交水稻研究中心选育的培矮64S是通过两次籼粳交获得的偏籼广亲和系，但已明显带有部分粳稻性状（基因），用其与E32、9311、1826等品种（系）配组，杂种优势很强，在试验示范中都显示出超高产潜力。中国水稻研究所育成的杂交水稻组合协优9308的恢复系中恢9308，也是通过籼粳复交而获得具广亲和系的材料。辽宁省农业科学院北方杂交粳稻工程技术中心经过“籼粳架桥”，选育了形态倾籼的特异亲和粳型恢复系C418等。

2.选育粳型不育系、籼型恢复系和籼粳型杂交水稻组合

据报道，水稻籼粳亚种间杂种优势直接利用取得了突破。浙江省宁波市农业科学研究院采用三系法途径，先分别选育出综合性状优、易被籼稻恢复系恢复的晚稻粳型核质互作雄性不育系甬粳2号A和多个对粳型不育系具有强恢复力的中稻籼型恢复系，再用甬粳2号A和籼型恢复系杂交配组，育成多个籼粳型杂交晚稻组合。其中，甬优6号、甬优12号被农业部认定为超级稻。

3.籼粳亚种间基因的渐渗

广亲和基因和温敏核不育基因参与下的亚种间基因渐渗技术是指应用异交率高的温敏核不育系，分别与包括广亲和系在内的若干籼稻和粳稻品种杂交。然后将杂种一代混合，在长日照高温条件下种植杂种第二代，并进行人工辅助授粉。从优良的不育株上收获种子混合种植，在短日照低温条件下进行混合选择。同时选择具有有利性状的籼稻和粳稻类型，再混合种植在长日照高温条件下，开始下一轮选择。如湖南杂交水稻研究中心应用这一技术育出的具备部分粳稻血缘的籼型两用核不育系133S，配合力明显好于三系不育系对照，所配组合在区试中比对照增产极显著。

4.粳型亲籼系的选育

粳型亲籼系的选育就是使粳稻在多个不育基因座位上，由通常携带S^j/S^j基因变为携带S^i/S^i基因的育种过程。这种基因型的改变可以通过回交的方法把籼稻的S^i/S^i基因转移到粳稻中去，也可以把分散在不同粳稻品种中不同座位上的S^i/S^i基因聚集到同一粳稻品种中。如华南农业大学育成的G2123、G2410等粳型亲籼系。

三、远缘有利基因利用

远缘杂交可以在一定程度上打破稻种之间的界限，促进稻种的基因交流。作为育种手段，远缘杂交目前主要用于引进不同种属的有用基因，从而改良现有的品种。应用现代分子生物学技术，将一些远缘物种的有利基因转移到杂交水稻中，是选育超级杂交水稻的另一种潜力极大的新途径。

（一）挖掘和利用野生稻的有利基因

湖南杂交水稻研究中心与美国康奈尔大学合作，采用分子标记技术，结合田间试验，在普通野生稻中发现了两个重要的数量性状位点（QTL），比对照（高产的三系杂交水稻组合威优 64）分别具有增产 17% 和 18% 的效应。通过分子标记辅助选择，将两个高产 QTL 先后转移到多个优良恢复系中，已育成强优恢复系，如 Q611、R163，所配杂交组合如金 23A/Q611、Y 两优 7 号（Y58S/R163）表现出强大的杂种优势。

中国水稻研究所利用分子标记辅助选择技术，将来源于长药野生稻的水稻白叶枯病广谱抗性基因 *Xa21* 导入恢复系 R8006 中，组配出国稻 1 号、国稻 3 号、国稻 6 号等抗白叶枯病的超级杂交水稻组合。四川农业大学水稻研究所利用分子标记辅助选择技术，将抗白叶枯病基因 *Xa4* 和 *Xa21* 导入恢复系中，育成抗病恢复系蜀恢 527。用蜀恢 527 做父本，同多个不育系杂交，配制出准两优 527、D 优 527、协优 527、金优 527 等 527 系列超级杂交水稻组合。

（二）利用稗草的基因组 DNA 创造水稻新资源

湖南杂交水稻研究中心通过穗颈注射法将稗草的基因组 DNA 导入水稻优良恢复系 R207，后代产生变异，从这些变异株中选育出新的优良、稳定的恢复系 RB207。所配组合 GD-1S/RB207 杂种优势强，小面积试种单产 13.5 t/hm^2 以上。经分子检测，RB207 含有稗草 DNA 的片段。

（三）利用 C_4 基因提高水稻光合效率

碳四（C_4）型植物（如玉米、甘蔗等）的光合效率要显著高于碳三（C_3）型植物（如水稻、小麦等），理论上要高 30%～50%。因此，一些科学家尝试将控制 C_4 光合途径的基因引入水稻。国际水稻研究所前所长齐格勒（Zeigler）博士于 2007 年估计，C_4 水稻可在未来 10～15 年研究成功。高光效、强优势的 C_4 型杂交水稻必将进一步大幅度提高水稻产量。

四、借助航天诱变选育优良亲本

航天诱变育种是利用太空运载工具如飞船、返回式卫星和高空气球等将农作物种子带到太空，利用太空特殊的环境，如微重力、高真空、强辐射和交变磁场等对农作物种子进行诱变，使其产生遗传性变异，然后用返回地面的种子选育新种质、新材料，培育出农作物新品种的作物育种新技术。该技术具有变异幅度增大、有利变异增多、生育期缩短、抗病力增强和作物产量提高等特点。通过航天育种选育优良亲本（如恢复系），进而配制超级杂交水稻组合。福建省农业科学院稻麦研究所利用航天诱变育种技术育成航 1 号、航 2 号等品种作为恢复系，配制了特优航 1 号、Ⅱ优航 1 号和Ⅱ优航 2 号等超级杂交水稻新组合。国家植物航天育种工程技术研究中心育成一批水稻新种质，可选育出或进一步改良为优良恢复系，如航恢 173、航恢 1173 等，并且同湖南杂交水稻研究中心合作，用 Y58S 与航恢 1173 组配出超级杂交水稻新组合 Y 两优 1173。

第四节　超级杂交水稻研究成效与新进展

从 1997 年开始，超级杂交水稻研究已走过 20 余年。在中国超级稻研究协作组和中国超级杂交稻育种研究协作组各成员及相关科技工作者的共同努力下，中国超级杂交水稻研究取得了举世瞩目的成就，完成了预定的研究目标任务，为 21 世纪初期中国粮食安全提供了强有力的技术支撑，并继续保持中国杂交水稻的国际领先地位。

一、育成大批超级杂交水稻组合

立项以后，超级杂交水稻研究在全国稻区迅速蓬勃开展。在科学的育种理论指引下，在以往中国杂交水稻研究积累的雄厚技术和丰富经验的基础上，超级杂交水稻育种研究进展较快，不久即取得突破，先后育成一大批具有超高产潜力的杂交组合，在小面积试种和大面积生产示范中表现出强大的优势，产量屡创新高。如超级杂交中稻，至 2015 年底已经相继实现中国超级稻研究计划的第一、第二、第三、第四期育种目标。

（一）超级杂交水稻组合数量和类型

协作组先后培育，经省级和（或）全国农作物品种审定委员会审定了协优 9308、Ⅱ优明 86、金优 299、天优 998 等三系法超级杂交水稻新组合，两优培九、准两优 527、Y 两优 1 号、株两优 819 等两系法超级杂交水稻新组合。截至 2018 年底，全国各地共育成经过农业部认定的超级杂交水稻组合 117 个（表 3-4）。

表 3-4　全国经认定的超级杂交水稻组合数量和类型（数量：个）

认定年份	超级杂交水稻（合计）	三系法超级杂交水稻	两系法超级杂交水稻	籼型超级杂交水稻	籼粳型超级杂交水稻	取消冠名的超级杂交水稻
2005	22	20	2	19	3	0
2006	12	7	5	11	1	0
2007	5	3	2	5	0	0
2008						
2009	7	4	3	7	0	1
2010	6	4	2	6	0	1
2011	6	3	3	5	1	2
2012	9	6	3	9	0	0
2013	5	4	1	4	1	1
2014	12	5	7	12	0	4
2015	7	5	2	4	3	1
2016	8	6	2	8	0	1
2017	8	4	4	7	1	3
2018	10	7	3	9	1	7
总计	117	78	39	106	11	21

资料来源：根据“中国杂交水稻品种资源数据库”（www.hybridrice.com.cn）和“中国超级稻品种数据库”（www.super-rice.com）的数据进行综合整理。

目前，超级杂交水稻组合占经农业部认定的超级稻品种（组合）总数（175 个）的 66.86%。在这些被冠名“超级稻”的杂交水稻组合中，三系法超级杂交水稻组合 78 个，占 66.67%；两系法超级杂交水稻组合 39 个，占 33.33%；籼型超级杂交水稻组合 106 个，占 90.60%；籼粳型超级杂交水稻组合 11 个，占 9.40%。

2005 年之前，超级稻高产示范中所使用的品种都是从现有品种中筛选出来的具有超高产潜力的品种（组合）。2005 年，农业部颁布实施《超级稻品种确认办法（试行）》，于 2008 年修订实施《超级稻品种确认办法》。该办法明确了超级稻品种的技术指标、测产验收、审核与确认，以及退出等事项。超级稻品种的认定，促进了超级稻育种及应用的发展。2005 年认定了第一批超级稻品种。从 2006 年起（除 2008 年），农业部每年均遴选认定一批超级稻品种。到 2018 年，农业部共认定超级稻品种（组合）175 个，其中，超级杂交水稻组合 117

个，超级常规水稻品种 58 个。从 2009 年开始，陆续有超级稻品种由于推广面积未达要求等原因而被取消超级稻冠名。至今有 21 个杂交水稻组合、24 个常规水稻品种共 45 个曾冠名“超级稻”的品种（组合）被取消冠名。因此，剔除被取消冠名的组合后，实有经农业部确认的超级杂交水稻组合 96 个，其名称和认定年份见表 3-5。

表 3-5 农业部确认“超级稻”冠名的杂交水稻组合

年份（个数）	超级杂交水稻组合名称
2005（11）	国稻 1 号、中浙优 1 号、丰源优 299、金优 299、Ⅱ优明 86、Ⅱ优 602、天优 998、Ⅱ优 084、Ⅱ优 7954、两优培九、准两优 527
2006（9）	天优 122、金优 527、D 优 202、Q 优 6 号、甬优 6 号、Y 两优 1 号、两优 287、株两优 819、新两优 6 号
2007（5）	Ⅱ优航 2 号、淦鑫 688、国稻 6 号（内 2 优 6 号）、新两优 6380、丰两优 4 号
2009（5）	扬两优 6 号、陆两优 819、丰两优 1 号、珞优 8 号、荣优 3 号
2010（4）	桂两优 2 号、五优 308、五丰优 T025、天优 3301
2011（4）	陵两优 268、徽两优 6 号、甬优 12、特优 582
2012（8）	准两优 608、深两优 5814、广两优香 66、金优 785、德香 4103、天优华占、宜优 673、深优 9516
2013（5）	Y 两优 087、天优 3618、中 9 优 8012、H 优 518、甬优 15
2014（12）	Y 两优 2 号、Y 两优 5867、两优 038、C 两优华占、广两优 272、两优 6 号、两优 616、五丰优 615、盛泰优 722、内 5 优 8015、荣优 225、F 优 498
2015（7）	H 两优 991、N 两优 2 号、宜香优 2115、深优 1029、甬优 538、春优 84、浙优 18
2016（8）	徽两优 996、深两优 870、德优 4727、丰田优 553、五优 662、吉优 225、五丰优 286、五优航 1573
2017（8）	Y 两优 900、隆两优华占、深两优 8386、Y 两优 1173、宜香优 4245、吉丰优 1002、五优 116、甬优 2640
2018（10）	隆两优 1988、深两优 136、晶两优华占、五优 369、内香 6 优 9 号、蜀优 217、泸优 727、吉优 615、五优 1179、甬优 1540
合计（96）	其中，三系法杂交水稻 60 个，两系法杂交水稻 36 个；籼型杂交水稻 88 个，籼粳型杂交水稻 8 个

注：剔除了被取消“超级稻”冠名的杂交水稻组合（21 个）。
资料来源：根据“中国超级稻品种数据库”及相关资料进行综合整理。

（二）超级杂交水稻小面积创超高产纪录

20 世纪末至 21 世纪初，在超级杂交水稻试验中，一些苗头组合小面积试种表现出超高产潜力，一般都在 12 t/hm^2 以上，最高达到 18. 47 t/hm^2，创造了小面积超高产纪录（表 3-6）。虽然有的组合由于各种原因没有大面积推广应用或者没有被冠名为超级稻，但它们为超级杂交水稻研究积累了材料、技术和经验。

表 3-6　中国超级杂交水稻小面积超高产纪录

稻区	地点	类型	组合	产量 /（t/hm^2）
东北	辽宁辽阳	单季稻	辽优 1052	11.88
华中	湖南湘潭	单季稻	两优 293	12.11
华东	浙江新昌	单季稻	协优 9308	12.27
华东	浙江天台	单季稻	国稻 6 号	12.39
华东	浙江嵊州	单季稻	中浙优 1 号	12.51
华南	福建逢海	双季晚稻	汕优 6 号	12.05
华南	福建尤溪	单季稻	汕优明 86	12.77
华南	福建尤溪	单季稻	Ⅱ优航 1 号	13.92
华南	海南三亚	单季稻	P88S/0293	12.50
西南	四川汉源	单季稻	D 优 527	13.27
西南	四川汉源	单季稻	Ⅱ优 7 号	13.86
西南	四川泸县	单季稻	Ⅱ优 602	11.06
西南	云南永胜	单季稻	培矮 64S/E32	17.08
西南	云南永胜	单季稻	Ⅱ优 084	18.47
西南	云南永胜	单季稻	Ⅱ优明 86	17.94
西南	云南永胜	单季稻	特优 175	17.78
西南	云南永胜	单季稻	Ⅱ优 7954	17.93
西南	云南永胜	单季稻	Ⅱ优 6 号	18.30

资料来源：程式华 . 中国超级稻育种［M］. 北京：科学出版社，2013：58.（有增删）

（三）超级杂交水稻品质概况

在冠名超级稻的杂交水稻组合中，达到国家“优质稻谷”标准三级及以上的高达 45%。其中，优质不育系（如 Y58S 等）、优质恢复系（如 9311 等）所配组合，一般米质好或较好。例如，超级杂交水稻组合两优培九（培矮 64S/9311）品质优良，在评定米质的 9 项指标中有 6 项达到国家一级优质米标准，3 项达到国家二级优质米标准。

二、相继完成中国超级稻第一、第二、第三、第四期目标

超级杂交水稻先锋组合及以后各期攻关的代表性组合大面积示范种植，分别于2000年、2004年、2012年、2015年相继达到中国超级稻研究第一、第二、第三、第四期育种目标，连续实现突破，不断登上超高产新台阶。《我国超级杂交稻研究取得重大成果》《超级杂交稻研究取得重大突破》《百亩超级杂交稻试验田亩产突破900公斤》《超级稻亩产首破千公斤》分别被两院院士评选为2000年、2003年、2011年和2014年中国十大科技进展新闻。

（一）第一期产量10.5 t/hm^{2}超级杂交水稻，2000年达标

1999年，两系法杂交水稻新组合两优培九在湖南、江苏、河南等14个省（自治区、直辖市）示范种植，示范面积共计近6.67万hm^2，大面积单产为9.75～10.50 t/hm^2，普遍比主栽组合增产1.5 t/hm^{2}左右。湖南和江苏共有14个百亩片（6.67 hm^{2}以上示范片）和1个千亩片（66.7 hm^{2}以上示范片）单产达到10.50 t/hm^{2}以上，百亩片最高单产11.67 t/hm^2（湖南郴州，9.43 hm^2），千亩片单产达10.97 t/hm^2（江苏建湖，110.4 hm^2），比对照汕优63增产2.25 t/hm^{2}以上。其中，湖南凤凰县示范7.1 hm^2，单产10.53 t/hm^2；龙山县示范6.83 hm^2，单产10.56 t/hm^2；绥宁县示范7.41 hm^2，单产10.86 t/hm^2。江苏高邮市示范39 hm^2，单产10.99 t/hm^2；盐都区示范8 hm^2，单产10.70 t/hm^2。

2000年，在江苏、安徽、浙江等16个省（自治区、直辖市）引种、示范、推广两优培九共计23.33万hm^2。仅湖南省就有17个百亩片和4个千亩片单产达到10.5 t/hm^2，比对照汕优63增产2.25 t/hm^2。其中，凤凰县示范6.77 hm^2，单产11.23 t/hm^2；龙山县示范71.67 hm^2，单产10.55 t/hm^2；绥宁县示范67.93 hm^2，单产10.62 t/hm^2，这三个县的百亩片示范连续两年单产都在10.5 t/hm^{2}以上。另外，河南息县示范8.67 hm^2，单产10.63 t/hm^2。2000年9月，经科技部生物技术发展中心、科技部国家“863”计划生物领域专家委员会、农业部科教司联合组织全国知名水稻专家在湖南龙山县华塘乡官渡村对71.67 hm^{2}的两优培九示范区进行测产验收（图3-4、图3-5），平均产量达到10.55 t/hm^2。两优培九连续两年在同一生态区实现了6.67 hm^{2}以上的大面积示范平均产量超过10.5 t/hm^2，标志着中国超级稻研究第一期育种目标的实现。两优培九（图3-6）是江苏省农业科学院与湖南杂交水稻研究中心合作选育的两系法亚种间杂交水稻新组合，1999年通过江苏审定，2001年通过国家审定和湖北、广西、福建、陕西、湖南审定。

图 3-4　第一期超级杂交水稻验收现场会议（王精敏　摄）

图 3-5　第一期超级杂交水稻两优培九验收现场（右五为时任科学技术部副部长韩德乾，2000 年 9 月于湖南省龙山县）（王精敏　摄）

图 3-6　第一期超级杂交水稻两优培九（王精敏　摄）

2000 年协优 9308 在浙江新昌县的百亩片示范，经农业部科教司组织专家验收，平均产量达到 11.84 t/hm^2，其中，高产田块高达 12.28 t/hm^2；2001 年又在浙江新昌县对协优 9308 百亩片进行验收，平均产量达 11.95 t/hm^2，其中，高产田块达 12.40 t/hm^2，创浙江水稻单产历史新高。Ⅱ优明 86 于 2000 年在福建尤溪县进行大面积高产栽培，百亩片平均产量为 12.42 t/hm^2。

2000 年前后，中国先后育成了以两优培九、协优 9308、Ⅱ优明 86、丰两优 4 号等为代表的第一期超级杂交水稻新组合。

（二）第二期产量 12 t/hm^2 超级杂交水稻，2004 年达标

2002 年，超级杂交水稻苗头组合两优 293（P88S/0293）在湖南龙山县示范 8.1 hm^2，平均产量 12.26 t/hm^2，首次实现了长江流域百亩片平均产量超过 12 t/hm^2。2003 年，该组合在湖南 4 个百亩片平均产量超过 12 t/hm^2。2004 年，该组合在全国又有 7 个百亩片（海南省 2 个、湖南省 4 个、安徽省 1 个）产量达到 12 t/hm^2，其中，湖南省中方、隆回、汝城三县的百亩片连续两年超过 12 t/hm^2（图 3-7、图 3-8）。

图 3-7　两优 293 验收现场（2004 年 9 月，湖南省湘潭县）（王精敏　摄）

图 3-8　两优 293（P88S/0293）（王精敏　摄）

超级杂交水稻组合准两优 527 于 2003 年在湖南桂东县进行百亩片高产栽培示范，经测产验收，平均产量超过 12 t/hm^2。2004 年在湖南、广西、江西、湖北和贵州等省（自治区、直辖市）对准两优 527 进行百亩片高产栽培示范，其中，湖南汝城县百亩片平均产量 12.14 t/hm^2；贵州遵义市示范片经贵州省农业厅组织专家测产验收，平均产量 12.19 t/hm^2。准两优 527 是湖南杂交水稻研究中心和四川农业大学合作选育的两系法杂交水稻新组合，2003 年通过湖南省审定，2005 年通过国家审定（长江中下游和武陵山区），2006 年通过福建省审定和国家审定（华南稻区）。国稻 6 号在 2004 年和 2005 年分别在浙江天台和浙江嵊州创造百亩片平均产量 12.08 t/hm^2 和 12.98 t/hm^2 的纪录，2005 年由江苏明天种业有限公司出资 1 000 万元，买断“国稻 6 号”的品种经营权，创造我国单个水稻新品种的最高转让价。

中国第二期超级杂交水稻代表组合有准两优 527、Y 两优 1 号（图 3-9、图 3-10）、Ⅱ优航 1 号、国稻 6 号和深两优 5814 等。

图 3-9 第二期超级杂交水稻组合 Y 两优 1 号于 2007 年 9 月在河南信阳验收（验收产量 12.9 t/hm^2）
（邓启云 提供）

图 3-10 第二期超级杂交水稻 Y 两优 1 号（王精敏 摄）

根据农业部制订的中国超级稻第二期目标，即于 2005 年实现在同一生态区有 2 个百亩片连续两年单产达到 12 t/hm^2 的验收指标，中国超级杂交水稻第二期目标提前 1 年实现。

（三）第三期产量 13.5 t/hm^2 超级杂交水稻，2011 年突破

2011 年，湖南杂交水稻研究中心在湖南隆回县羊古坳乡对杂交水稻新组合 Y 两优 2 号进行 7.2 hm^2 高产攻关示范。同年 9 月 18 日，经农业部组织专家对该示范片进行现场测产验收（图 3-11），平均产量达到 13.9 t/hm^2，突破超级杂交水稻第三期 13.5 t/hm^2 的育种目标。Y 两优 2 号（图 3-12）是湖南杂交水稻研究中心选育的两系法杂交水稻新组合，2011 年通过湖南审定，2013 年通过国家审定，2014 年通过安徽审定。

图 3-11　第三期超级杂交水稻组合 Y 两优 2 号于 2011 年 9 月在湖南隆回验收（验收产量 13.90 t/hm^2）
（邓启云　提供）

（a）

（b）

图 3-12 第三期超级杂交水稻组合 Y 两优 2 号（王精敏 摄）

2012 年，湖南杂交水稻研究中心在湖南省溆浦、隆回、汝城、龙山和衡阳等五县用 Y 两优 2 号等组合继续进行超级杂交水稻第三期目标攻关示范。其中，溆浦县 7 个百亩片均获得高产。同年 9 月 20 日，湖南省农业厅组织专家对溆浦县横板桥乡兴隆村的 6.91 hm^2 Y 两优 8188 高产示范片进行现场测产验收，百亩片平均产量 13.77 t/hm^2，从而实现了同一生态区连续两年百亩片产量 13.5 t/hm^2 的中国超级稻第三期育种目标。Y 两优 8188 是湖南奥谱隆科技股份有限公司选育的两系法杂交水稻新组合，2014 年通过湖南审定，2015 年通过国家审定。

2012 年 11 月 27 日，浙江宁波市鄞州区百梁桥村试种的籼粳型三系法杂交水稻新组合甬优 12 单季晚稻百亩片平均产量 14.45 t/hm^2，最高田块产量达到 15.21 t/hm^2。

（四）第四期产量 15 t/hm^2 超级杂交水稻，2014 年突破

2013 年，农业部启动中国超级稻第四期研究计划（产量 15 t/hm^2）。由袁隆平牵头，集中全国优势力量，组建了由多家科研机构、高等院校及部分种业企业参与的研究攻关协作团队，持续开展杂交水稻超高产攻关。采取“良种、良法、良田、良态”结合配套的技术策略，

在选育超级杂交水稻新组合的同时，加强相关学科技术的研究与集成应用，实施育种、栽培、土壤肥料、植物保护等多学科协同推进。2014 年，在湖南溆浦县进行超级杂交水稻新组合 Y 两优 900 百亩片高产攻关示范。同年 10 月 10 日，经农业部组织专家对位于溆浦县横板桥乡红星村的 6.75 hm^2 Y 两优 900 进行现场测产验收（图 3-13），平均产量达到 15.4 t/hm^2，突破超级杂交水稻第四期目标。Y 两优 900（图 3-14）由创世纪种业有限公司育成，2015 年通过国家审定（长江中下游稻区），2016 年通过国家审定（华南稻区）和广东审定。

图 3-13　第四期超级杂交水稻组合 Y 两优 900 于 2014 年 10 月在湖南溆浦验收（验收产量 15.4 t/hm^2）（邓启云　提供）

图 3-14　第四期超级杂交水稻 Y 两优 900（王精敏　摄）

2015 年 9 月 17 日，经湖南省科技厅组织专家对湖南杂交水稻研究中心选育的超级杂交水稻新组合湘两优 900（图 3-15）在云南个旧市大屯镇新瓦房村的 6.8 hm^2 示范片进行现场测产，平均单产为 16.01 t/hm^2，创世界大面积水稻单产新纪录。同年 10 月 12 日，由农业部组织专家对湖南隆回县羊古坳乡雷峰村的 7.2 hm^2 湘两优 900 测产验收，平均产量 15.06 t/hm^2，连续两年在同一生态区实现了中国超级稻 15 t/hm^2 的第四期育种目标。2015 年，湘两优 900 在海南三亚市示范种植，同年 5 月 9 日实收测产，高产田块产量达 15.15 t/hm^2，百亩片平均单产 14.12 t/hm^2，创造了热带稻区单产及大面积高产纪录。此外，湖北随州市、河北邯郸市永年区和河南光山县等 3 个湘两优 900 百亩片平均产量都超过 15 t/hm^2。2015 年 11 月 15 日，浙江宁海县越溪乡小宋塘村的籼粳型杂交水稻新组合春优 927 百亩片测产验收，平均单产达到 15.23 t/hm^2，创浙江省水稻高产新纪录。

图 3-15　超级杂交水稻新组合湘两优 900（王精敏　摄）

2016 年，山东莒南县一季稻湘两优 900 百亩片平均产量 15.21 t/hm^2，创山东省水稻单产最高纪录；广东兴宁市双季早稻湘两优 900 百亩片平均产量 12.48 t/hm^2，双季晚稻湘两优 900 百亩片平均产量 10.59 t/hm^2，两季合计产量 23.07 t/hm^2，创世界双季稻高产纪录。湖北蕲春县一季加再生稻湘两优900百亩片，头季采用人工收割的再生稻平均产量7.65 t/hm^2，头季采用机械收割的再生稻平均产量5.92 t/hm^2，创长江中下游稻区再生稻高产纪录；一季加再生稻百亩片人工收割平均产量18.8 t/hm^2，机械收割平均产量17.08 t/hm^2，创长江中下游稻区一季加再生稻高产纪录。广西灌阳县一季加再生稻湘两优900百亩片，再生稻平均产量7.46 t/hm^2，创华南稻区再生稻高产纪录；一季加再生稻百亩片平均产量21.72 t/hm^2，创华南稻区一季加再生稻高产纪录。

三、建立超级杂交水稻栽培技术体系

品种与栽培是水稻生产的“车之两轮、鸟之两翼”，相辅相成，缺一不可。水稻育种技术的突破与良种的培育成功，为中国稻作水平的提高奠定了内在基础，而外部环境的不断改善特别是栽培技术的不断进步，为中国水稻生产实现重大飞跃提供了保障。良种与良法配套是水稻生产发展的重要推动力。

根据超级杂交水稻的目标产量和大穗、高库容、高生物产量水平等生物学特点，为了充分挖掘和发挥超级杂交水稻组合的增产潜力，各地开展了相应栽培技术的研究与集成应用。湖南杂交水稻研究中心在引进强化栽培技术基础上开展超高产配套技术的系统研究，结合本地实际，建立了“超级杂交水稻改良型强化栽培技术体系”。在湖南、海南、广东、四川等省开展研究与示范，在超级杂交水稻各期示范中发挥作用，展示了良种的增产潜力和良种加良法的增产效果。该体系在分析现有研究结果的基础上，以优化集成为核心，以示范研究为补充，强调合理稀植，以充分发挥个体优势，建立良好的质量群体。在后来的攻关与示范中，袁隆平提出“良种、良法、良田、良态”结合配套的理念并指导实践，丰富和完善了超级杂交水稻栽培技术体系。除湖南省外，浙江、四川、江苏等省（自治区、直辖市）都建立了各具特色的、符合当地生产实际的强化栽培技术体系。

中国水稻研究所组织国内超级稻典型生态区的科研院校开展超级稻栽培技术攻关，重点研究了超级稻高产共性规律与关键技术，结合区域特点开展区域化集成应用，并在中国主要稻区高产攻关示范以及在大面积生产中应用，取得了显著成效。

各地针对超级杂交水稻的单个具体组合，在推广前都及时切入栽培和种子生产技术研究，形成单个组合在多种环境下的栽培技术体系，促进了超级杂交水稻的发展。

四、超级杂交水稻研究与科技成果

经过20多年的不懈努力，超级杂交水稻研究与应用取得了丰硕的成果，产生了重大的影响。2000—2017 年，涉及超级杂交水稻研究与应用的成果先后获得国家级科技奖励 15 项，其中，国家技术发明奖 3 项，国家科技进步奖 12 项（包括国家科技进步奖创新团队奖 1 项）。

这些奖项中，“两系法杂交水稻技术研究与应用”于 2013 年获得国家科技进步奖特等奖，这是继“籼型杂交水稻”于 1981 年获得国家技术发明奖特等奖之后，水稻领域又一次荣获国家级特等科技奖励。两系法杂交水稻技术在实现中国超级杂交水稻第一、第二、第三、第四期育种目标中发挥了重要作用。“袁隆平杂交水稻创新团队”于 2017 年荣获国家科技进步奖创新团队奖，这也是迄今中国水稻领域唯一的国家级创新团队奖。

现将这些获奖成果（团队）的名称、获奖等级及时间列述如下。

1. 国家技术发明奖（3 项）

（1）两系法超级杂交水稻两优培九的育成与应用技术体系，二等奖，2004 年。

（2）后期功能型超级杂交稻育种技术与应用，二等奖，2011 年。

（3）水稻两用核不育系 C815S 选育及种子生产新技术，二等奖，2012 年。

2. 国家科技进步奖（12 项）

（1）两系法杂交水稻技术研究与应用，特等奖，2013 年。

（2）水稻两用核不育系“培矮 64S”选育及其应用研究，一等奖，2001 年。

（3）印水型水稻不育胞质的发掘及应用，一等奖，2005 年。

（4）籼型优质不育系金 23A 选育与应用研究，二等奖，2002 年。

（5）高配合力优良杂交水稻恢复系蜀恢 162 选育与应用，二等奖，2003 年。

（6）优质多抗高产中籼扬稻 6 号（9311）及其应用，二等奖，2003 年。

（7）超级稻协优 9308 选育、超高产生埋基础研究及生产集成技术示范推广，二等奖，2004 年。

（8）水稻耐热、高配合力籼粳交恢复系泸恢 17 的创制与应用，二等奖，2005 年。

（9）骨干亲本蜀恢 527 及重穗型杂交水稻的选育与应用，二等奖，2009 年。

（10）超级稻高产栽培关键技术及区域化集成应用，二等奖，2014 年。

（11）江西双季超级稻新品种选育与示范推广，二等奖，2016 年。

（12）袁隆平杂交水稻创新团队，创新团队奖，2017 年。

五、超级杂交水稻研究新进展

近年来，超级杂交水稻研究持续发力，向更高的目标进军，主要在以下几方面取得了新的进展。

（一）超级杂交水稻育种新模式的提出

1. 超高产杂交水稻育种的株型发展模式

水稻超高产育种不断取得新的突破后，如何继续挖掘水稻增产潜力，实现更高的产量目标，袁隆平于 2012 年发表了《选育超高产杂交水稻的进一步设想》，提出了超级杂交水稻株型育种新模式：在保持现有水稻收获指数的基础上，逐步提升植株高度以提高生物学产量的株型发展模式（图 3-16）。该新模式的特点是形态优良、松紧适度、分蘖力较强、主穗与分蘖穗差异不大；秆高：矮秆→半矮秆→半高秆→高秆（新株型）→超高秆，生物学产量亦随之逐步提高，收获指数保持在 0.5 以上，从而实现稻谷产量的逐步提升。

	（实际）	（实际）	（实际）	（实际）	（预计）	（预计）
收获指数	≈0.3	>0.5	>0.5	>0.5	>0.5	>0.5
产量水平	3～5 t/hm^2	6～8 t/hm^2	8～12 t/hm^2	12～18 t/hm^2	18～20 t/hm^2	>20 t/hm^2

图 3-16　水稻的株型发展模式（王精敏　提供）

2. 未来超级杂交水稻分子设计模型

2016 年，钱前、李家洋等提出了理想株型与杂种优势相结合的未来超级杂交水稻分子设计模型。根据这一模型，未来超级杂交水稻育种将基于籼粳杂交，通过精准分子设计与全基因组分子标记辅助选育，组合亚种间已知以及待发现的优良等位基因，培育具有籼粳杂种优势与理想株型的高产、优质、抗病虫的新品种。

（二）育种新技术与新材料的利用

湖南杂交水稻研究中心利用遗传工程技术培育出水稻的遗传工程雄性不育系，该不育系配制的苗头组合于 2018 年在湖南长沙小面积初步试验中显露锋芒，偏籼型的双季晚稻杂交组合产量潜力为 15 t/hm^2 左右，偏粳型的一季稻杂交组合产量潜力为 18 t/hm^2 左右。袁隆平把以遗传工程雄性不育系为遗传工具的杂交水稻称为第 3 代杂交水稻，而把以细胞质雄性不育系为遗传工具的三系法杂交水稻、以光温敏核雄性不育系为遗传工具的两系法杂交水稻分别称为第 1 代、第 2 代杂交水稻；第 4 代杂交水稻则应是正在研究中的碳四（C_4）型杂交水稻，即利用 C_4 植物高光合效率基因的杂交水稻。C_4 型杂交水稻研究已取得一定进展，例如，湖南杂交水稻研究中心与香港中文大学合作，采用转基因技术，将玉米 C_4 途径中的 3 个光合基因克隆并转入超级杂交水稻的亲本。经初步测定，个别含有 C_4 基因的亲本植株，叶片光合效率比对照高 10%～30%。

（三）超级杂交水稻新组合的示范

近 3 年，我国继续开展超级杂交水稻新组合的选育与高产攻关示范，目标产量是超过 16 t/hm^2。随着良种、良法、良田、良态，即“四良”配套技术的运用和日臻完善，超级杂交水稻新组合的超高产潜力进一步显现，示范产量逐年提高。2016 年，河北邯郸市永年区一季稻湘两优 900 百亩片平均产量 16.23 t/hm^2，创中国北方稻区水稻高产纪录和世界高纬度地区水稻高产纪录；云南个旧市一季稻湘两优 900 百亩片平均产量 16.32 t/hm^2，刷新水稻大面积（百亩片）单产世界纪录。2017 年，河北邯郸市永年区一季稻湘两优 900 的 6.93 hm^2 示范，经河北省科技厅组织专家组测产验收，平均产量高达 17.23 t/hm^2，创水稻单产新高。2018 年 9 月 2 日，超级杂交水稻云南个旧示范基地湘两优 900 百亩示范片，经有多位院士参加的专家组现场测产验收，平均产量达到 17.28 t/hm^2，再次刷新水稻大面积（百亩片）单产世界纪录。

第五节　超级杂交水稻的推广应用

第一期超级杂交水稻育成以后，即投入生产示范和推广应用。虽然农业部从 2005 年才开始认定超级稻品种，但诸多被认定的杂交组合早在几年前就已经在生产上大面积推广应用，其中，最早推广的Ⅱ优 162 于 1997 年便推广了 1.67 万 hm^2，协优 9308 在 1998 年推广了 0.8 万 hm^2。之后，大批超级杂交水稻新组合陆续投入生产应用，这些组合覆盖了中国主要水稻产区，取得了巨大的社会效益和经济效益，为中国粮食十多年连续丰产和农民增收发挥了重要作用。据统计，1997—2015 年，全国超级杂交水稻累计种植超过 4 638 万 hm^2，大面积生产平均增产 800 ~ 1 000 kg/hm^2，累计增产稻谷约 420 亿 kg，增收 1 000 余亿元。在经过农业结构调整、全国水稻及杂交水稻播种面积下降的几年之后，水稻播种面积恢复性扩大，超级杂交水稻面积随之回升，如 2017 年全国种植超级杂交水稻接近 450 万 hm^2，约占水稻播种总面积的 15%，增产稻谷约 40 亿 kg。

湖南杂交水稻研究中心对农业部每年发布的超级稻认定公告和全国农业技术推广服务中心每年印制的《全国农作物主要品种推广情况统计表》进行了综合整理和统计分析，截至 2015 年的部分结果如下。

一、全国超级杂交水稻历年推广情况

1997—2015 年，中国超级杂交水稻累计推广面积达到 4 638.46 万 hm^2；其中，2012 年推广面积最大，为 428.27 万 hm^2（表 3-7）。

表 3-7　全国超级杂交水稻历年推广面积

年份	超级杂交水稻	三系法超级杂交水稻		两系法超级杂交水稻		籼型超级杂交水稻		籼粳型超级杂交水稻	
	面积 / 万 hm^2	面积 / 万 hm^2	占比 / %	面积 / 万 hm^2	占比 / %	面积 / 万 hm^2	占比 / %	面积 / 万 hm^2	占比 / %
1997	1.67	1.67	100.00	0.00	0.00	1.67	100.00	0.00	0.00
1998	2.87	2.87	100.00	0.00	0.00	2.87	100.00	0.00	0.00
1999	2.40	2.40	100.00	0.00	0.00	2.40	100.00	0.00	0.00
2000	58.73	26.26	44.72	32.47	55.28	58.73	100.00	0.00	0.00
2001	105.20	46.93	44.61	58.27	55.39	105.20	100.00	0.00	0.00
2002	153.73	71.20	46.31	82.53	53.69	151.00	98.22	2.73	1.78
2003	174.00	100.93	58.01	73.07	41.99	170.93	98.24	3.07	1.76
2004	198.20	131.07	66.13	67.13	33.87	195.13	98.45	3.07	1.55
2005	207.27	128.53	62.01	78.74	37.99	202.60	97.75	4.67	2.25
2006	280.33	156.67	55.89	123.66	44.11	276.53	98.64	3.80	1.36
2007	316.40	181.47	57.35	134.93	42.65	311.53	98.46	4.87	1.54
2008	332.53	192.27	57.82	140.26	42.18	326.80	98.28	5.73	1.72
2009	371.70	221.00	59.44	150.80	40.56	367.47	98.83	4.33	1.17

续表

年份	超级杂交水稻	三系法超级杂交水稻		两系法超级杂交水稻		籼型超级杂交水稻		籼粳型超级杂交水稻	
	面积/万 hm^2	面积/万 hm^2	占比/%	面积/万 hm^2	占比/%	面积/万 hm^2	占比/%	面积/万 hm^2	占比/%
2010	410.53	256.53	62.49	154.00	37.51	406.33	98.98	4.20	1.02
2011	378.73	212.93	56.22	165.80	43.78	373.40	98.59	5.33	1.41
2012	428.27	247.87	57.88	180.40	42.12	421.13	98.33	7.14	1.66
2013	424.33	236.06	55.63	188.27	44.37	413.33	97.41	11.00	2.59
2014	415.80	224.47	53.98	191.33	46.02	401.27	96.50	14.53	3.50
2015	375.67	195.80	52.12	179.87	47.88	359.93	95.81	15.74	4.19
合计	4 638.46	2 636.93	56.85	2 001.53	43.15	4 548.25	98.06	90.21	1.94

从表 3-7 可以看出以下问题。①超级杂交水稻推广面积的总趋势是逐年递增的，但在 2013—2015 年农业结构调整、全国杂交水稻种植面积下降的大背景下，超级杂交水稻年推广面积出现下降，其中，2015 年降幅较大。② 1999 年及以前，超级杂交水稻推广应用的全是三系法超级杂交水稻。2000 年，两优培九首年推广 32.47 万 hm^2，使两系法超级杂交水稻推广面积首次超过三系法超级杂交水稻，占比达到 55.29%。2000—2002 年，两系法超级杂交水稻年推广面积高于三系法超级杂交水稻；2003—2015 年，两系法超级杂交水稻年推广面积低于三系法超级杂交水稻，而两系法超级杂交水稻年推广面积占比总体呈现上升趋势，2015 年占比达到 47.88%。③从籼、粳类型考量，超级杂交水稻推广面积中绝大多数为籼稻。2002 年，籼粳型超级杂交水稻开始推广，其年推广面积一直很小，发展缓慢；2013 年，随着甬优 12、甬优 15 的大面积推广，籼粳型超级杂交水稻年推广面积首次突破 10 万 hm^2，2015 年最高达到 15.73 万 hm^2，但占比仅为 4.19%，仍不足 5%。可见，超级杂交粳稻的选育与应用相对滞后，其挖掘潜力和发展的空间较大。

二、超级杂交水稻主要组合推广情况

1997—2015 年，共有 97 个超级杂交水稻组合得到大面积（年种植面积在 0.67 万 hm^2 以上）推广应用（表 3-8）。

表 3-8　超级杂交水稻主要组合推广面积

排名	组合名称	面积 / 万 hm^2	排名	组合名称	面积 / 万 hm^2
1	两优培九	603.13	34	广两优香 66	37.80
2	扬两优 6 号	266.87	35	深优 9516	36.67
3	Y 两优 1 号	215.33	36	德香 4103	34.47
4	新两优 6 号	206.00	37	培杂泰丰	33.07
5	天优 998	174.67	38	特优航 1 号	31.53
6	D 优 527	164.00	39	天优 122	30.20
7	Ⅱ优 084	144.80	40	协优 9308	29.20
8	中浙优 1 号	140.80	41	新两优 6380	29.13
9	Q 优 6 号	140.20	42	Y 两优 5867	29.00
10	Ⅱ优明 86	137.07	43	内 2 优 6 号	28.60
11	五优 308	132.93	44	甬优 6 号	28.00
12	深两优 5814	115.20	45	宜香优 2115	24.87
13	天优华占	108.47	46	Ⅱ优航 2 号	21.33
14	Ⅱ优 7 号	99.00	47	H 优 518	21.07
15	丰两优香 1 号	97.00	48	甬优 12	20.33
16	丰源优 299	90.60	49	天优 3301	19.47
17	Ⅱ优 162	88.33	50	准两优 608	19.27
18	丰两优 4 号	82.67	51	F 优 498	18.80
19	Ⅱ优航 1 号	69.07	52	培两优 3076	17.40
20	淦鑫 688	67.07	53	陵两优 268	17.33
21	Ⅱ优 7954	65.00	54	甬优 15	16.80
22	两优 287	62.73	55	D 优 202	16.47
23	淦鑫 203	61.20	56	五丰优 615	14.87
24	五丰优 T025	60.60	57	C 两优华占	14.73
25	准两优 527	55.27	58	Y 两优 2 号	14.53
26	金优 458	50.53	59	内 5 优 8105	13.87
27	珞优 8 号	49.20	60	Ⅲ优 98	13.40
28	国稻 1 号	47.93	61	协优 527	13.07
29	株两优 819	47.80	62	徽两优 6 号	13.00
30	金优 527	43.13	63	国稻 3 号	11.80
31	Ⅱ优 602	41.07	64	桂两优 2 号	11.40
32	宜优 673	40.13	65	徽两优 996	10.80
33	荣优 255	38.93	66	五优 662	10.60

续表

排名	组合名称	面积 / 万 hm²	排名	组合名称	面积 / 万 hm²
67	特优 582	10.13	83	广两优 272	3.20
68	金优 299	8.13	84	深两优 870	2.73
69	中 9 优 8012	8.00	85	春优 84	2.67
70	H 两优 991	7.93	86	吉优 225	2.53
71	新丰优 22	7.73	87	辽优 5218	2.53
72	天优 3618	7.60	88	两优 038	2.40
73	春光 1 号	6.67	89	准两优 1141	2.20
74	宜香 4245	6.60	90	盛泰优 722	1.93
75	Y 两优 087	5.73	91	五丰优 286	1.93
76	03 优 66	5.53	92	隆两优华占	1.60
77	甬优 538	5.47	93	五优航 1573	1.27
78	Q 优 8 号	4.93	94	Y 两优 900	1.20
79	陆两优 819	4.60	95	吉丰优 1002	1.00
80	德优 4727	3.80	96	辽优 1052	1.00
81	一丰 8 号	3.60	97	丰田优 553	0.67
82	两优 616	3.53			

注：受统计口径不同的影响，此表中数据为不完全统计数据，实际面积可能大于表中数据。

从表 3-8 可以得知以下几点。①累计推广面积最大的超级杂交水稻组合是两优培九，达到 603.13 万 hm²，遥遥领先于其他组合；其次是扬两优 6 号、Y 两优 1 号、新两优 6 号，累计推广面积均在 200 万 hm² 以上。并且累计推广面积前四名都是两系法超级杂交水稻组合。②累计推广面积最大的三系法超级杂交水稻组合是天优 998，达到 174.67 万 hm²，另有 D 优 527、Ⅱ优 084、中浙优 1 号、Q 优 6 号、Ⅱ优明 86、五优 308、天优华占等 7 个三系法超级杂交水稻组合的累计推广面积均达到 100 万 hm² 以上。③截至 2015 年底，冠名“超级稻”的杂交水稻组合中，尚有 10 个没有得到大面积推广应用，即年种植面积都在 0.67 万 hm² 以下。

三、各省（自治区、直辖市）超级杂交水稻推广情况

中国超级杂交水稻主要分布在江苏、浙江、福建、安徽、江西、河南、湖北、湖南、广东、广西、重庆、四川、贵州、云南、陕西等 15 个省（自治区、直辖市），其种植面积见表 3-9。

表 3-9 各省（自治区、直辖市）超级杂交水稻推广面积

单位：万 hm^2

年份	江苏	浙江	福建	安徽	江西	河南	湖北	湖南	广东	广西	重庆	四川	贵州	云南	陕西
1997	0.00	0.00	0.00	0.00	0.00	0.00	0.00	0.00	0.00	0.00	0.00	1.67	0.00	0.00	0.00
1998	0.00	0.80	0.00	0.00	0.00	0.00	0.00	0.00	0.00	0.00	0.00	2.07	0.00	0.00	0.00
1999	0.00	1.47	0.00	0.00	0.00	0.00	0.00	0.00	0.00	0.00	0.93	0.00	0.00	0.00	0.00
2000	1.47	5.47	0.67	3.13	4.00	4.40	19.13	3.47	0.13	0.00	2.00	14.87	0.00	0.00	0.00
2001	8.27	9.40	1.80	0.87	18.00	8.87	18.27	9.67	0.00	0.00	7.33	20.67	2.07	0.00	0.00
2002	12.67	11.40	10.40	18.60	16.47	6.33	21.33	13.20	0.73	1.27	9.67	27.33	1.47	1.33	1.47
2003	12.13	4.93	10.60	22.60	14.07	4.13	24.00	13.40	0.00	2.80	14.33	36.67	3.33	0.67	2.33
2004	15.87	13.60	10.20	33.73	17.47	5.00	25.13	15.00	1.00	2.67	12.07	39.33	4.87	0.00	2.33
2005	17.40	15.67	10.73	32.93	19.67	2.67	38.07	12.80	7.20	1.87	10.20	34.07	4.07	0.00	0.00
2006	18.20	22.47	10.60	42.53	26.67	5.40	50.93	18.80	12.67	10.33	9.13	40.87	10.67	0.00	0.00
2007	16.13	23.40	13.13	45.27	49.33	18.20	55.13	24.60	18.80	21.00	6.07	17.93	4.67	0.87	0.47
2008	14.27	23.20	10.67	40.93	47.67	16.40	58.67	27.87	23.53	31.00	5.40	15.80	5.40	1.33	0.53
2009	14.73	19.07	16.20	54.53	72.87	14.27	61.13	28.80	21.40	37.07	5.33	17.80	6.73	1.33	0.33
2010	12.13	16.07	16.80	55.93	79.27	18.67	60.40	42.47	18.13	52.07	6.67	24.13	7.00	1.53	0.27
2011	10.27	14.93	16.53	54.27	72.80	21.00	63.27	47.40	20.33	32.27	6.07	15.93	2.87	1.33	0.00
2012	7.93	6.20	15.67	53.73	66.87	19.27	60.93	60.67	30.80	72.53	6.67	19.53	3.73	2.40	1.00
2013	7.80	17.67	19.47	48.00	70.80	17.87	62.67	56.53	30.67	56.93	8.07	19.27	3.33	2.40	1.20
2014	7.07	14.80	17.07	36.60	63.13	21.07	63.73	65.73	28.27	50.60	9.40	27.47	2.87	2.20	0.13
2015	5.47	13.80	19.60	35.93	47.67	35.67	45.67	66.53	26.47	27.00	9.27	36.53	4.00	2.53	0.33
合计	181.81	234.35	200.14	579.58	686.76	219.22	728.46	506.94	240.13	399.41	128.61	411.94	67.08	17.92	10.39

上述 15 省（自治区、直辖市）超级杂交水稻累计推广面积都在 10 万 hm^2 以上。其中，湖北省累计推广面积最大，达到 728.46 万 hm^2；第 2、第 3、第 4 依次为江西省（686.76 万 hm^2）、安徽省（579.58 万 hm^2）、湖南省（506.94 万 hm^2）；广西壮族自治区、四川省的累计推广面积也较大，为 400 万 hm^2 左右；广东、浙江、河南、福建等 4 省的累计推广面积均在 200 万 hm^2 以上；江苏省、重庆市的累计推广面积均在 100 万 hm^2 以上；贵州省的累计推广面积较小，为 50 万 ~ 100 万 hm^2；云南省、陕西省的累计推广面积最小，为 10 万 ~ 20 万 hm^2。其他省（自治区、直辖市）也有种植超级杂交水稻的，但面积很小，没有列入表中。

值得指出的是，湖南省的超级杂交水稻累计推广面积排名第 4，居湖北省、江西省、安徽省之后；但 2014 年和 2015 年，湖南省的超级杂交水稻年推广面积分别达到 65.73 万 hm^2 和 66.53 万 hm^2，超越前 3 名，跃居全国第一位。并且在超级杂交水稻累计推广面积较大的 6 个省中，只有湖南省的超级杂交水稻年推广面积从 2000—2015 年总体上保持了持续增长。湖南省超级杂交水稻发展的良好势头，与湖南省于 2007 年开始实施的超级杂交水稻“种三产四”丰产工程、2013 年开始实施的“三分田养活一个人”粮食高产工程密不可分。

“超级杂交稻‘种三产四’丰产工程”由袁隆平于 2006 年提出，即“运用超级杂交稻的技术成果，用 3 hm^2 地产出现有 4 hm^2 的粮食，大幅度提高水稻的单产和总产，增加农民种粮的经济效益，确保国家粮食安全”，并提出最高年推广面积达到 100 万 hm^2，相当于 133.3 万 hm^2 所产粮食的目标。这一建议得到湖南省委、省政府的高度关注和大力支持，从 2007 年开始，“湖南省超级杂交稻‘种三产四’丰产工程”财政重大专项设立，在全省实施。至 2017 年末，11 年间全省累计有 466 个县（市、区）次实施，分别种植超级杂交早稻、中稻、晚稻或早晚双季超级杂交稻，累计实施面积 563.89 万 hm^2（其中，2017 年最大，达 105.92 万 hm^2），累计增产稻谷 954.67 万 t。

“种三产四”丰产工程主要在中低产田实施。2013 年，袁隆平提出在南方高产区实施超级杂交水稻“三分田养活一个人”粮食高产工程，即研究并推广应用以超级杂交水稻为主体的粮食周年高产模式及其配套技术，周年亩产 1 200 kg（每公顷 18 t），实现 3 分田（0.02 hm^2）养活 1 个人的产量目标（按每人每年需要 360 kg 稻谷的国家粮食安全指标）。该工程于当年在湖南省启动，计划到 2020 年底在湖南省推广 33.33 万 hm^2（周年生产粮食 600 万 t，可供养 1 667 万人口），其中，双季超级杂交水稻 30 万 hm^2 左右，春玉米加超级杂交晚稻 1.33 万 hm^2 左右，马铃薯加一季超级杂交中稻 2 万 hm^2 左右。自开始至今在全省多个县（市、区）实施（2018 年达到 18 个），并逐年扩大实施面积，效果良好。

（撰写：罗闰良　杨益善　胡忠孝　审稿：程式华　邓启云）

第四章

杂交水稻新技术

第一节　第三代杂交水稻技术

杂种优势是指在生物界中，两个遗传基础不同的品种间或相近物种间进行杂交，其杂交子一代在生长势、生活力、适应性和产量等性状上优于双亲的现象（邓兴旺等，2013）。自 20 世纪 30 年代成功应用于杂交玉米的大规模生产以来，杂种优势现象已经被广泛地应用到农作物及家禽家畜的品种培育和生产实践中。

20 世纪 70 年代，杂交水稻开始在中国大规模种植，为保证国家粮食安全做出了重要贡献。基于核质互作雄性不育的“三系法”与光温敏核不育的“两系法”已经在水稻等主要作物的杂交制种中获得了广泛应用（Cheng S H，2007），胞质雄性不育系通过相应的保持系来繁种，而光温敏雄性不育系要在特定的环境条件下进行自交繁殖。

三系法杂交育种主要由胞质雄性不育系、保持系和恢复系组成（Chen L，2014）。20 世纪 70 年代，胞质雄性不育系开始用于商业育种，到 2012 年其栽培面积占水稻栽培面积的 40%（Huang J Z，2014）。尽管三系法得到大面积推广，但 CMS 存在固有的问题，包括可用的恢复系少，CMS 与恢复系间遗传差异小，在特定环境条件下雄性不育性不稳定。这些问题限制了三系法的进一步推广应用，也是过去 20 年来 CMS 品种产量停滞不前的原因。

光温敏雄性不育系（即 PTGMS）的育性在不同环境条件下是可逆转的，这使 PTGMS 在特定环境条件下可通过自花授粉来繁殖，而在抑制雄性可育基因表达条件下可以与恢复系进行杂交配组，用来生产杂交种（Zhou H，2012）。因为PTGMS的育性特点是由隐性核基因控制的，并且育性可由正常的水稻栽培种恢复（Zhou H，2014），因此PTGMS可以利用更广泛的遗传资源，来获得强大的杂种优势。PTGMS在1995年首次应用，之后其推广面积迅速增加，到2012年，覆盖中国20%的水稻耕作区。但是，PTGMS育性受环境条件影响较大，繁种与制种都需要严格的环境条件。此外，育性转换的临界温度在几个世代的繁殖后也会改变，因此在生产过程中，必须严格执行PTGMS的原种生产程序。此外，临界温度还受遗传背景影响，这极大地增加了培育新的PTGMS的难度和不确定性。

三系法一直是我国推广杂交水稻以来普遍采用的方法，但是三系法的育种程序和生产环节较复杂，存在选育新组合的周期长、效率较低的问题；两系法配组虽然自主性比较强，但制种和繁种要严格控制温度，温度过高或者过低都会造成繁殖或制种的失败。将普通核不育水稻通过基因工程育成的遗传工程雄性不育系，兼有两系法不育系配组自由和三系法不育系育性稳定的优点，同时克服了两系法不育系可能“打摆子”及繁殖产量低，以及三系法不育系配组受局限等缺点（袁隆平，2016）。

20世纪60年代，育种家们相继发现了许多隐性核不育水稻材料。这类不育系的优点是不育性稳定、制种安全，易于配制高产、优质、多抗组合；缺点是无法实现不育系的大量生产。科学家们一直在研究利用分子设计方法，解决不育系繁殖的难题。针对解决隐性雄性核不育材料的繁殖问题，1993年6月，Plant Genetic System公司提出了一项PCT专利申请（Williams M，1993）。该专利的技术构想如下：雄性不育株中转入三连锁的育性恢复基因、花粉败育基因以及用于筛选的标记基因，可以获得该雄性不育植株的保持系，保持系通过自交就可以实现不育系和保持系的繁殖。2002年，Perez-Prat提出，除了利用上述三套元件的构想可以实现不育系创制和繁殖，还可以通过在纯合的雄性不育植株中转入连锁的育性恢复基因和用于筛选的标记基因两套元件，也可以获得该雄性不育植株的保持系，并进一步繁殖不育系。这些研究解决了隐性雄性核不育基因及不育材料的应用问题，为开展杂交水稻分子育种提供了新的思路。

2006年，美国杜邦先锋公司利用三元件构想，率先在玉米中实现了基于核不育突变材料的种子生产技术，并命名为Seed Production Technology（SPT）技术，这种新的生物技术可以用来繁殖隐性核不育突变材料，其基本原理是将花粉育性恢复基因、花粉失活（败育）基因和标记筛选基因作为紧密连锁的元件导入隐性雄性核不育突变体中，获得核雄性不育突变体的保持材料，并用于生产制种（Albertsen M C，2006）。

2010 年 9 月，在科技部“国家高技术研究发展计划”的支持下，水稻隐性核不育系繁殖技术由邓兴旺团队在水稻中率先应用开发并取得成功（邓兴旺等，2013），被称为“智能不育杂交育种技术”，或“第三代杂交水稻技术”。即利用可以稳定遗传的隐性雄性核不育材料，通过转入育性恢复基因恢复花粉育性，同时使用花粉失活败育基因使含转基因成分的花粉败育，并利用荧光分选技术快速分离不育系与保持系的种子（图 4-1）。2016 年，邓兴旺团队报道了第一个第三代不育系圳 18A 的成功培育和配组应用（图 4-2）。邓兴旺团队在杜邦先锋公司提出的玉米 SPT 技术基础上，吸收再创新，将水稻的核隐性不育基因与控制花粉活性的基因 *ZMAA* 进行连锁，同时利用红色荧光基因作为报告基因，利用遗传转化将三连锁基因导入对应的育性基因突变体中，恢复其育性，并利用报告基因区分保持系和不育系。此保持系自交结实就会产生不育系和保持系，利用相应的色选仪即可区分含有红色荧光的保持系和无色的不育系，利用一个命名为 *OsNP1* 的核基因（Chang Z Y，2016），构建了水稻雄性不育系。*OsNP1* 编码一个假定的葡萄糖 - 调节绒毡层和花粉外壁形成的甲醇胆碱氧化还原酶，它在绒毡层和小孢子中是特异表达的。*OsNP1* 突变体植株表现为正常营养生长，但对环境条件不敏感的完全雄性不育。*OsNP1* 与使转基因花粉败育的 α - 淀粉酶基因和标记转基因种子的红色荧光蛋白（*DsRed*）基因连锁，转化 *OsNP1* 突变体。携带半合子转基因的植株自交，可按 1∶1 的比例产生非转基因雄性不育种子和转基因的可育种子，基于 *DsRed* 编码的红色荧光而被挑选出来。用不育系与大约 120 个水稻种质资源杂交进行测试，大约 85% 的 F_1 代单株产量超过亲本，并且 10% 的产量超出了最好的地方品种，表明该技术在杂交水稻育种和生产中有广阔前景。

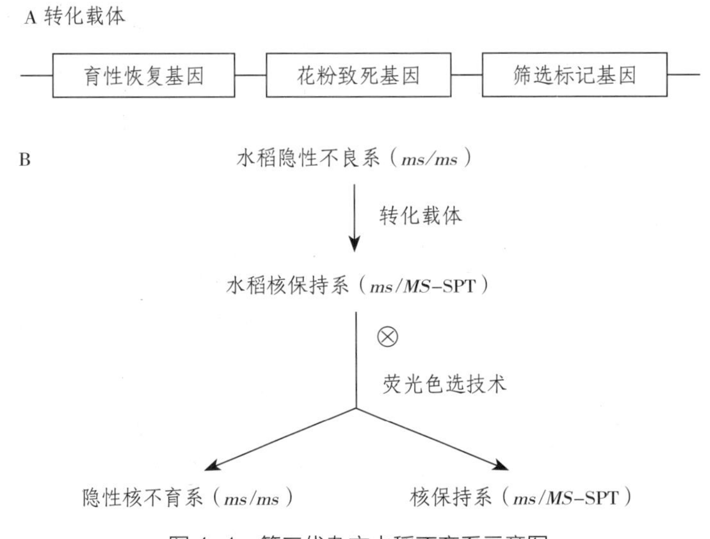

图 4-1　第三代杂交水稻不育系示意图

图 4-2　圳 18A 鉴定会（2018）（唐晓艳　提供）

第三代不育系兼有三系法不育系育性稳定和两系法不育系配组自由的优点，在国内外受到广泛关注。2019 年 4 月 11 日在第三届中国（三亚）国际水稻论坛上，袁隆平院士在报告中指出研究成功的第三代杂交稻“初露锋芒”，克服了三系法杂交水稻配组难度大和两系法杂交水稻育性不稳定的弱点，双季晚稻单产超 15 000 kg/hm^2，是今后的发展方向。

第二节　水稻无融合生殖

大多数植物的生殖方式是有性生殖即雌雄配子结合产生后代，但有些植物如柑橘属、蒲公英和龙须草等在进化过程中为了生存而绕过受精作用，直接产生后代即无融合生殖。无融合生殖和有性生殖是两种截然相反的生殖方式，但是两者不会相互排斥，相反，两者可以共存，如兼性无融合生殖。从进化的角度来讲，无融合生殖是植物进化过程中有性生殖方式的变异。

一、无融合生殖概念

被子植物的无融合生殖指在生物体胚珠内，不需要经过雌、雄配子的结合过程而产生种子的生殖方式。严格地讲，植物无融合生殖指的是发生在生殖器官中，不经雌雄配子结合，但有胚胎发生与发育，以种子进行繁殖的生殖方式。所谓的“无融合生殖”一般是专指二倍性无融合生殖，即指发生在被子植物胚珠中的不经减数分裂和受精作用而产生胚（种子）的生殖方式。

自从 20 世纪 20 年代玉米杂交种成功应用于生产以来，全球范围内掀起了一场通过充分利用杂种优势效应进一步挖掘农作物产量潜力的植物育种学革命。大量的研究结果和生产实践已经证实了作物杂种优势的客观性和实用性。然而，随着有关杂种优势方面的研究不断深入，育种学界迫切需要寻找一种有效的方法或途径来固定杂种优势。

通常二倍性无融合生殖没有经过正常的减数分裂和受精作用，因此，其后代的遗传背景相对简单，其后代群体表现型一致，在母体植物胚珠中所产生的种胚基因型与母体的基因型完全相同，没有性状分离的现象，对生物的杂种优势固定有特殊的意义。因此，育种家才会越来越关注无融合生殖，利用它来固定杂种优势，并将此作为作物育种的重要目标。

无融合生殖的优势在其他方面也有所体现。如，可以缩短育种的周期，常规的杂交育种往往需要 8 代以上，而利用无融合生殖来育种仅需要 2～3 代；不需要像有性生殖那样进行烦琐的杂交和选育，缩减了育种的时间和成本，为作物育种提供新的途径；还减少了常见的病害传播等。无融合生殖技术如果能在遗传育种与作物改良方面得到成功应用，必将带来巨大的经济效益。截至目前，各国都非常看好无融合生殖的发展前景，并投入了大量的财力、人力和物力，希望能尽快将无融合生殖应用于实际生产中。早在 20 世纪 70 年代，我国学者就建议利用无融合生殖的育种特性，袁隆平院士提出了利用水稻无融合生殖来实现一系法杂交水稻的设想（1987），并在“863”课题中立题研究。1992 年 1 月，洛克菲勒基金会和湖南杂交水稻研究中心在长沙共同举办了“水稻无融合生殖国际学术研讨会”（图 4-3、图 4-4）。

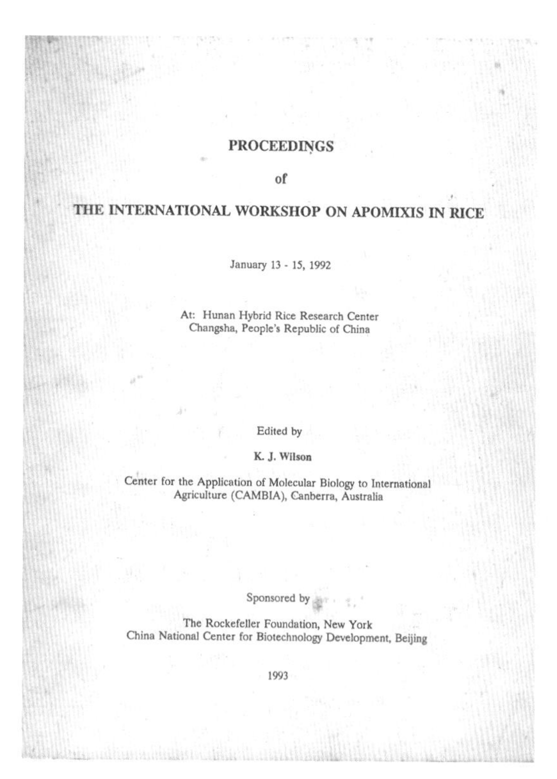

PROCEEDINGS

of

THE INTERNATIONAL WORKSHOP ON APOMIXIS IN RICE

January 13 - 15, 1992

At: Hunan Hybrid Rice Research Center
Changsha, People's Republic of China

Edited by

K. J. Wilson

Center for the Application of Molecular Biology to International
Agriculture (CAMBIA), Canberra, Australia

Sponsored by

The Rockefeller Foundation, New York
China National Center for Biotechnology Development, Beijing

1993

图 4-3　水稻无融合生殖国际学术研讨会论文集（杨耀松　提供）

图 4-4　水稻无融合生殖国际学术研讨会合影（1992 年 1 月于长沙）（李继明　提供）

二、无融合生殖类型

1. 按照生殖类型分类

无融合生殖的类型有专性和兼性两种。

（1）专性无融合生殖体：所有植物个体的胚形成都是自发进行的，不需要受精作用，因此，其子代遗传基础跟母本完全一致。在禾本科中，属于专性无融合生殖的材料并不多，主要有狼尾草属、蒲草属、黍属、臂形草属、早熟禾属等属内的少数物种，而雀稗属内专性无融合生殖种类相对较多。

（2）兼性无融合生殖体：指胚珠同时具有性生殖和无融合生殖的能力。因此，兼性无融合生殖的后代个体之间在遗传基础上是不一致的。大多数禾本科的无融合生殖属于兼性无融合生殖，如冰草属、草地早熟禾、大黍等。果树的无融合生殖也多属于兼性无融合生殖。

专性无融合生殖和兼性无融合生殖并无绝对的界限，在一定条件下专性无融合体后代有时会出现兼性无融合体，而且兼性无融合生殖体的有性胚囊和无性胚囊的比例也会受光周期、温度、无机盐及营养水平的影响。

2. 按无性幼胚起源细胞发生的部位和幼胚的发育方式分类

周新安将无融合生殖分为：①无孢子生殖；②二倍性孢子生殖；③不定胚生殖；④单性生殖；⑤特殊类型（包括雄核单性发育和半受精等）。

3. 按子代中无融合生殖体所占的比例分类

将只能产生无融合生殖胚的方式称为专性无融合生殖；兼能产生无融合生殖胚和有性胚的称为兼性无融合生殖。

4. 根据繁殖过程中是否产生种子分类

无融合生殖可分为营养体生殖与无融合结籽两种类型。通常所说无融合生殖是指无融合结籽。从遗传上讲，这两种类型并无实质的差别，它们所产生的后代，其遗传组成都与母本完全相同。

5. 根据无融合结籽是否需要授粉分类

在一些无融合生殖系中结籽无须授粉，为自主型无融合生殖，而另外一些卵虽不受精，但种子需要接受花粉的诱导才能正常发育，为诱导型无融合生殖。例如，苎麻为专性自主型无融合生殖。

三、无融合生殖的发现

最早发现无融合生殖现象的是孟德尔，但是他未能对此现象做出合理的解释。1841 年，

Smith 首次报道雌、雄异株的三稔莒属植物 *Alchornea ilicifolia* 不经传粉产生种子的现象，这是最早的关于无融合生殖的胚胎学研究。直到 1908 年，Winker 正式提出了无融合生殖这一术语。在随后的一百多年里，植物科学家们陆续在多种植物中发现此现象。在 25 万种有花植物中，只有 400 多种具有无融合生殖现象，且多集中在禾本科、蔷薇科、菊科、芸香科、豆科、胡桃科、十字花科等类群中。其中，禾本科数量最多，已鉴定的有 42 属 166 种。

利用植物无融合生殖固定杂种优势的研究引起了国内外育种家的普遍关注。目前，全球有 200 多个实验室从事无融合生殖的研究。国外的研究者在玉米、珍珠粟、高粱、甜菜、马铃薯等植物中都已经获得了无融合生殖类型。“国际无融合研究协作网”于 1992 年在法国召开了首届会议，1993 年国际水稻研究所制订了水稻无融合生殖研究计划。我国也在 1987 年将利用无融合生殖来固定水稻杂种优势研究列入国家“863”计划。

影响植物无融合生殖形成和表达的因素很多，主要是物种的倍性水平和环境因素。在已报道的无融合生殖植物种类中，除了少数几个种的无融合生殖体是二倍体外，绝大多数是多倍体，但并非所有的多倍体植物都进行无融合生殖。

雀稗属所有的二倍体种类都是有性生殖的，而多倍体种类有些进行无融合生殖，有些进行有性生殖。狼尾草四倍体种群存在专性无融合生殖类型，还存在二倍体有性生殖的类群，通过秋水仙素处理二倍体材料，染色体加倍后得到的四倍体类群还是进行有性生殖。Quarin 通过对巴西南部雀稗的不同居群的调查，发现一个居群为二倍体，一个居群为四倍体，一个居群为六倍体。通过观察它们的大孢子母细胞减数分裂行为和胚囊发育过程，研究人员发现其中只有二倍体居群大孢子母细胞减数分裂正常，形成有性胚囊。四倍体和六倍体居群的大孢子母细胞减数分裂期间染色体配对不正常，大孢子四分体退化降解，不能形成正常有性胚囊，取而代之的是多个珠心细胞特化为无孢子生殖胚囊起始细胞，形成无孢子生殖胚囊。在无融合生殖程度有差异的百喜草四个不同居群中，1 个二倍体居群全部为有性生殖，2 个四倍体居群的大部分胚囊为无孢子生殖，还有 1 个五倍体居群为专性无融合生殖。可见，植物的倍性水平明显影响无融合生殖物种内不同种群产生无融合生殖和无融合生殖发生的程度。

除此之外，许多环境因子也影响植物的无融合生殖的程度。散粉时的环境、光周期以及温度都能影响有性生殖发生的比例，甚至无机盐和营养液浓度也能改变植物无融合生殖的程度。这些结果表明，无融合生殖是一个由环境因子影响的复杂过程。然而，这些因子是如何作用于植物，从而影响无融合生殖的程度，仍是人们未知的。

四、植物无融合生殖遗传机制

（一）无融合生殖的细胞胚胎学机制

无融合生殖现象如此普遍，但是无融合生殖产生的机制到底是什么样的呢？人类对无融合生殖现象的研究超过了 170 年，早在 1841 年，Smith 就对雌、雄异株的三稔菖属植物 *Alchornea ilicifolia* 不经传粉产生种子的现象进行了观察和描述。1857 年，Braun 进一步证实了在 *Alchornea* 中存在无融合生殖现象，同时还发现在 *Chara crinita* 中存在不受精可以结籽的现象。这是最早的关于无融合生殖的胚胎学研究。此后，众多学者从胚胎发育方面对植物无融合生殖现象进行了大量研究，发现了多种无融合生殖发生的细胞胚胎学机制。

1. 无融合生殖的细胞发育

被子植物（以单孢蓼型胚囊为例）的有性生殖包括一系列过程，即胚珠中的大孢子母细胞经过减数分裂产生大孢子四分体，随后功能大孢子经有丝分裂，发育分化为具细胞核的成熟胚囊，其内的卵细胞和中央细胞的极核分别与精子受精（双受精）形成种子的胚和胚乳。被子植物产生有活力的种子和有利于种子撒播的果实，需要上述有性生殖的过程严格按照发育的时间进程和顺序完成，而无融合生殖植物形成种子和果实则避开了减数分裂和受精过程。植物无融合生殖分为配子体无融合生殖和孢子体无融合生殖。如果无融合生殖起始细胞启动分裂发生在胚珠发育早期，通常会进行配子体无融合生殖，通过有丝分裂形成未减数胚囊。配子体无融合生殖根据未减数胚囊的来源，分为二倍体孢子生殖和无孢子生殖两种类型。

二倍体孢子生殖：大孢子母细胞分裂时，不经染色体配对和减数，在分裂后期染色体不规则地分散在纺锤体上，不能形成两群，最终形成八核胚囊；或者大孢子母细胞有丝分裂形成二分体，合点端的二分体细胞产生胚囊，而珠孔端细胞退化，最后，二倍性孢子经过有丝分裂产生八核胚囊。

无孢子生殖：如果未减数胚囊的起始细胞是在大孢子母细胞以外的位置发育分化，在胚珠中的大孢子母细胞分裂之前或分裂时，某些珠心细胞特化为无孢子生殖起始细胞，经几次有丝分裂直接形成未减数的无孢子生殖胚囊。在黍属和山柳菊属中，无融合生殖起始细胞的发育导致相伴的有性生殖过程丧失。

2. 孢子体无融合生殖的不定胚生殖

如果无融合生殖起始细胞直接发育形成胚胎，这个过程就叫不定胚发育，它是在胚珠发育后由珠心或珠被细胞等体细胞发育而来的。不定胚的成活通常取决于有性胚囊的成功受精，正常发育则依赖于有性胚囊内胚乳的营养正常供给。通常一个胚珠中多于一个细胞启动不定胚的发育，而且有性胚可以同时发育或中途败育，如柑橘属等。如果胚珠不能正常受精，不定胚暂时从退化的珠心和珠被细胞获取营养，但往往在发育后期夭折。

（二）无融合生殖的遗传学机制

20 世纪 70 年代，科学家们开始利用分子遗传学探索无融合生殖机制，并开始由有性作物转入无融合生殖特性的研究工作。

植物无融合生殖的遗传学机制主要有两种：一种模型认为植物无融合生殖是由单基因控制的；另一种模型认为植物无融合生殖是由多基因控制的。

Pauers 认为，无融合生殖植物受一个或几个隐性基因控制。Nogler 和 Savidan 早期的研究证明，植物的无融合生殖是受基因控制的可遗传性状，但这些性状的表达受环境和修饰因子的影响。Grossniklaus 总结了前人的无融合生殖遗传学研究结果，认为配子体无融合生殖是由显性单基因或少数位点控制。Yves Savidan 根据一些禾本科植物无融合生殖胚胎学与遗传学研究结果提出一对基因控制模型。其中雀稗属、大黍的无融合生殖都符合一对基因控制模型，而另外一些无融合生殖植物，如二倍体孢子生殖的蒲公英和飞蓬，其二倍体孢子生殖、卵细胞的孤雌生殖和功能胚乳形成是独立遗传的，表明这些植物无融合生殖的完整表达可能是由多个独立位点控制的，而且每个无融合生殖的事件可能涉及多个基因。Hans de Jong 发现，蒲公英的无融合生殖过程至少受 3 对基因控制。Asker S.（1980）提出了植物的无融合生殖是隐性遗传的观点。

虽然前人对无融合生殖的遗传进行了一些研究，但结果不尽一致。这主要是由于控制配子体无融合生殖的各个时期的基因表现出剂量效应，在很大程度上受遗传背景和修饰因子的影响，甚至细胞质因子在一定程度上也影响无融合生殖的表达。此外，无融合生殖遗传可能还涉及每一个细胞学现象的生化机制。因此可以说，目前人们仍然没有弄清楚无融合生殖的遗传学基础，而这些研究是揭示无融合生殖遗传调控的关键。同时，遗传基础研究在植物育种和基因工程中的作用也是显而易见的。

（三）无融合生殖产生机制假说

1. 杂交起源假说

20 世纪初，假设无融合生殖起源于近缘种的杂交，这个理论基于几乎所有的自然无融合生殖植物都是多倍体和高度杂合的事实。但许多种类二倍体无融合生殖通常是多单倍体的后代特性的恢复，说明多倍体并不是无融合生殖的先决条件，而是无融合生殖的结果。Kojima 指出，无融合生殖起源于具有不同生殖特性的生态型或近缘种的杂交，这个杂种被假定含两套来自不同基因组的与雌性生殖有关的基因位点，它们的不同步表达可能导致早熟胚囊的发育和胚胎发生的启动。对这个理论的支持，来自于两个有性亲本杂交的后代有时表现出无融合生殖特性，以及在一些异源多倍性和古多倍性植物中常出现不正常的生殖现象。杂交起源学说的要点是无融合生殖的发生仅依赖于基因本身表达的添加效应，而不是有性生殖过程中基因的突变。

2. 突变假说

对已经建立的一个或几个位点突变产生的无融合生殖模型的遗传分析表明，无融合生殖受少数几个位点控制。多年来，很多研究者基于对无融合生殖和有性生殖发育过程的认识，认为当控制有性生殖的基因发生突变时，植物便产生无融合生殖。据最新研究，如山柳菊有性生殖和无融合生殖个体的 *FLS* 基因表达的原位杂交结果显示，分裂的无孢子生殖原始细胞，具有有性生殖的功能大孢子的特征。两种生殖过程不是相互排斥的，控制无融合生殖的基因被认为是有性生殖的等位基因的异常表达。在这种假设下，控制无融合生殖的基因并没有真正地具备编码这种异常功能，而是在错误的细胞类型或错误的时间，激活了野生型的发育。例如，控制胚囊启动发育的野生型基因在珠心细胞中的表达，可以引起无孢子生殖的发生。

3. 表观遗传假说

近年来，随着对植物发育分子生物学研究的深入，人们对无融合生殖的起源和进化有了新的认识。Chandler 提出，控制无融合生殖的基因可能不是突变的等位基因，而是在基因表达时表观遗传改变的结果，主要是在转录水平上通过甲基化或染色质结构的改变而产生。无融合生殖的表观遗传改变模式已引起研究者极大的兴趣。首先，它综合了无融合生殖的突变和杂交理论。因为表观等位基因的遗传特性类似于突变，杂交后在基因表达水平上出现表观遗传改变，因此，人们认为表观遗传的改变可能是杂交的结果，或者是杂交种倍性的改变引起的，类似于在有性生殖模式植物拟南芥诱导多倍体化之后观察到的表观遗传改变，而且这种变化是稳定的，甚至在倍性降低后还可以保持。其次，植物需要几个特征协同进化，才能产生有功能的无融合生殖，包括无减数分裂，孤雌生殖和功能胚乳的形成，而这些性状对植物本身并不是有利的。无融合生殖的形成需要几个基因同时突变，这似乎不大可能，据此，人们提出了单个主调控基因的模式。不过，正如前面所述，有些种类的无融合生殖是受几个独立的基因控制的。如果在自然界中，表观遗传改变导致无融合生殖的形成存在多个表观突变，而不是基因突变出现在同一个植物祖先中是可能的。与基因突变不同的是，表观遗传改变由于杂交或多倍体化而可以快速出现，或者发生的频率很高，从而增加了形成无融合生殖的概率。此外，表观遗传改变还可以解释无融合生殖多基因控制理论的多源起源假说，几个基因突变同时出现在一个植物祖先的情况非常少，特别是很难出现多次。这些改变如果是表观遗传现象，那么无融合生殖要件的积累是可能的，它的产生或许是大量表观改变的结果。这种假说有利于解释无融合生殖高度多样性的分子机制。

五、植物无融合生殖的利用策略

生物学研究表明，如果一个物种只能通过无融合生殖进行繁殖，则难以获得通过减数分裂和配子结合的杂种优势重组，对物种的进化是不利的。无融合生殖是植物为逃避败育而进化的手段。冰草和箱根野青茅等植物因无法进行有性生殖而只能进行无融合生殖，形成了一个适应花粉败育的繁殖机制。而在画眉草亚科和黍亚科的一些植物入侵种类通过无融合生殖方式成为优势种群，在一定程度上也证明无融合生殖方式是物种对地球史变化的一种适应能力。

从系统演化来看，禾本科植物染色体基数有减少的趋势，而导致多倍体种类的增加。在进化地位较高的黍亚科内，多倍体种类普遍存在，同时无融合生殖种类也有明显增加的趋势，反映了禾本科植物系统进化中的遗传基础和无融合生殖特征。从细胞胚胎学角度来看，禾本科植物无融合生殖类型和发生程度相当复杂。从染色体倍性来看，无融合生殖似乎只出现于多倍体类群中，但并不是所有多倍体都是无融合生殖植物，同一种类的不同染色体水平，往往表现不同的生殖方式。从生态学角度来看，环境因子对无融合生殖的影响使问题更加复杂化。

令人遗憾的是，至今没有在栽培作物中筛选出可以直接利用的无融合生殖材料。

水稻是中国主要的粮食作物之一，水稻生产是关系国计民生的大事。20 世纪 70 年代，袁隆平育成的“三系”杂交水稻使中国水稻单产提高到一个新水平。随后中国水稻单产一直徘徊不前，而且杂交稻品种更新换代缓慢，杂交水稻越来越显示出它的局限性。如由于遗传单一和连年栽培，其抗病虫害的能力下降，一旦病虫害大流行，就可能带来毁灭性的后果。1977 年，赵世绪明确提出利用无融合生殖固定水稻杂种优势的设想。袁隆平提出杂交水稻育种三系法→两系法→一系法三个战略发展阶段，其中“一系法”就是将水稻杂种优势的利用范围，从品种间到亚种间，再到远缘物种间，杂种优势通过无融合生殖途径实现固定。

六、水稻无融合生殖研究进展

今天距离发现无融合生殖现象已有 170 余年，但截至目前，人们仍没有完全将无融合生殖的来源和遗传机制研究清楚。制约无融合生殖研究发展的因素如下：①无融合生殖在植物中的发生大多是通过杂交和多倍体化实现的，因而遗传背景非常复杂；②无融合生殖研究的主要途径是远缘杂交和不同倍性间的杂交，而亲本间具有巨大的遗传差异以及生殖隔离情况，这严重地干扰了遗传分析。因此，寻找和利用遗传背景相对简单及亲缘关系较近的无融合生殖研究材料，是取得突破的关键。

尽管多年来学者一直努力尝试将无融合生殖的特性转入作物，但是禾本科植物特别是小麦、玉米和水稻等主要农作物本身并不存在无融合生殖的遗传背景。此外，遗传隔离和分离、倍性和表观遗传障碍等也是阻碍研究成功的重要原因。

中国水稻无融合生殖研究从 1979 年开始，由于无融合生殖植物有多胚与多胚苗特性，因此研究者期望从水稻多胚苗中筛选到无融合生殖种质。袁隆平、蔡得田等指出，用于固定水稻杂种优势的无融合生殖基因必须同时满足 3 个基本条件：简单遗传、显性遗传及专性无融合生殖。我国水稻无融合生殖研究的一项重要内容是筛选和鉴定多胚苗水稻。颜秋生等用高度无融合生殖的大黍与粳型水稻 02428 体细胞杂交，获得再生植株。这是无融合生殖物种与水稻体细胞杂交成功的首例。“七五”后期，中国科学家先后对 4 份有代表性的水稻无融合生殖材料 SAR-1、C101、APW 和 HDAR 进行了细胞胚胎学鉴定，结果表明这 4 份材料在生殖方式上都有一定特点。由于 SAR-1、C101、APW 的所有卵细胞都是经过减数分裂形成的，因此，它们在固定杂种优势上没有利用价值。HDAR 虽有低频率的大孢子母细胞减数分裂不正常，且有双胚囊现象出现，但其绝大多数胚囊的卵细胞是经过减数分裂形成的，因此也无法直接用于杂种优势的固定。

目前发现与无融合生殖相关的基因有 *FIS* 类基因、*rolB* 基因、*BBM* 基因、*SERK1* 基因等。在这些基因中，*FIS* 类基因与胚乳的产生有关，其余的基因与胚的产生有关。

（一）*FIS* 类基因

目前已发现 3 个 *FIS* 类基因，*FIS1*、*FIS2*（*MEA*）和 *FIS3*（*FIE*）。任何一个 *FIS* 类基因突变均导致在不受精的情况下，拟南芥胚乳自发产生。*FIS* 突变体授粉后，它们的胚均败育。因为在极核没有受精的情况下，即使胚乳能自发产生，胚仍然不能发育。所以，*FIS* 类基因可协调有性生殖过程中胚和胚乳的发育。

FIS1 编码的蛋白质与果蝇 Zeste 增强子（enhancer of zeste）基因编码的蛋白质有序列相似性。*FIS2* 和 *FIS3* 编码一种锌指蛋白，该蛋白质与果蝇、人类中多梳组蛋白（polycomb-group）中的 Su（Z）12 有同源性，改变染色体的结构可以抑制基因活性，调节基因的表达。Koltunow 等研究 *FIS* 类基因在山柳菊中的表达时发现，山柳菊的生殖方式有 2 种：有性生殖和无融合生殖。Tucker（2003）把拟南芥中的 *FIS2* 基因和 β－葡糖醛酸糖苷酶（*GUS*）基因连在一起，导入有性生殖和无融合生殖的山柳菊中，同时也导入有

性生殖的拟南芥中，发现 *AtFIS2*：*GUS* 在有性生殖的山柳菊和拟南芥中的表达并不完全一致：在山柳菊中，功能大孢子的核一分裂，*AtFIS2*：*GUS* 就表达；在拟南芥中，在八核阶段的成熟胚囊中 *AtFIS2*：*GUS* 表达，说明在拟南芥中，*AtFIS2*：*GUS* 的表达晚一些。另外，*AtFIS2*：*GUS* 在有性生殖山柳菊的 3 个要退化的大孢子中也表达。在无融合生殖的山柳菊中，*AtFIS2*：*GUS* 在要退化的 4 个大孢子及其周围的细胞中表达；而在无孢子生殖原始细胞中 *AtFIS2*：*GUS* 不表达，仅在它们进行第一次核分裂后才表达，与有性生殖中合点端的功能大孢子类似。这说明控制有性生殖和无融合生殖的基因有一些是相同的。

自发的胚乳发育是一些植物无融合生殖的特征之一。*FIS* 类基因的突变也导致胚乳自发发育，但这些突变不足以完成无融合生殖种子的发育。因为在受精的情况下，*FIS* 类基因突变体的胚不发育，种子一直是卷缩状，并且体积极小，几乎看不见。这说明在无融合生殖的种子发育过程中，胚和胚乳的发育受不同基因控制，表现多基因控制的性状。

（二）*rolB* 基因

rolB 基因是发根农杆菌（*Agrobacterium rhizogenes*）转化植物的决定因子，具有类似生长素的生理效应，可诱导根原基发端和根的伸长，维持顶端优势。Koltunow 等将 *rolB* 基因导入山柳菊后，发现这些基因引起植物形成异位分生组织，改变胚珠形成，从而高频率产生无融合生殖。

（三）*BBM* 基因

Boutilier 等离体培养油菜（*Brassica napus*）未成熟花粉，诱导出体细胞胚，再利用抑制消减杂交，发现了 *BBM* 基因。它与转录因子 AP2/ERF 家族有同源性，主要在胚和种子中表达。*BBM* 在拟南芥和油菜中的异位表达可导致体细胞胚的形成。此外，*BBM* 的表达还可以使外植体在没有激素的条件下再生，使叶片和花的形态方式改变，这说明 *BBM* 基因可以促进细胞分裂和体细胞胚胎的形态发生变化。

（四）*SERK1* 基因

SERK1 是在拟南芥中发现的与胚产生有关的基因。Tucker 等把该基因导入山柳菊中，*AtSERK1*：*GUS* 在有性生殖和无融合生殖的山柳菊的胚珠和种子发育上都有表达，说明 *SERK1* 与胚的产生有关。

七、展望

近十年来无融合生殖的理论和应用研究取得了较大进展，人们对许多关键的发育问题有了比较清楚的认识，这些成果得益于研究方法手段的改进和研究植物模式体系的建立，人们已经看到了转移无融合生殖特性到二倍体作物中的曙光。虽然还有很多难题困扰着研究者，比如，多倍体与无融合生殖形成的关系、无融合生殖的进化、无融合生殖的多样性、无融合生殖基因的分离等，但对此已经有了假说和思路等待研究和实验验证。值得提出的是，这几年间得出的一个重要的结论就是无融合生殖是有性生殖过程中几个关键发育事件改变所引起的。有了这个理论基础，人们就可以采用“合成”无融合生殖的几个要素到有性生殖植物中的方法来生产无性种子。这项研究的深入对更好地理解有性生殖的发育过程也具有深远的意义，为有性生殖研究提供了一个新的视点。

但是将无融合生殖性状转移到目标作物中，并使之产生可控制的、有商业价值的无性种子，并不是容易实现的目标，还有许多难关需要攻克。人们对无融合生殖植物的某些细胞从有性生殖向无融合生殖途径转换的分子机制还缺乏认识。无融合生殖植物中，胚和胚乳发育的相互关系尚不明确，人们对控制无融合生殖的表观因子的作用也知之甚少，虽然有性生殖和无融合生殖胚珠中一些事件的分子信号具有相似性，为比较和揭示有性生殖和无融合生殖的发育过程提供了许多线索，但学术界对无融合生殖植物中这些事件的本质和作用还缺乏研究。相信随着对自然的无融合生殖和有性生殖植物研究的不断深入，人们将揭示控制无融合生殖形成的分子机制的真相，并最终在有花植物中实现生殖过程的调控，生产出遗传上同母本一致的作物种子，从而固定杂种优势，为人类造福。

第三节　耐盐碱杂交水稻

水稻是一种对盐中度敏感的作物，盐胁迫是影响水稻高产的重要原因之一。地球环境的异常变化和人为不合理的灌溉导致全球盐碱地的面积大幅增加，土地盐碱化已成为影响水稻生产进一步稳定发展的重大制约因素之一。因此，创制水稻耐盐新种质，对于盐碱稻作的开发利用是最经济有效的手段。耐盐碱水稻的研究已有数十年的历史，但大多数研究是针对常规水稻品种的，而对耐盐碱杂交水稻的研究则较少。杂交水稻在增产潜力、品种抗逆性上具有更明显的杂种优势，杂交稻选育是未来提高水稻耐盐碱性及生产力的重要手段。

一、耐盐碱水稻育种历史

世界范围内的水稻耐盐品种培育已有70多年的历史，传统的育种方法，如地方品种的引进和选择、系谱法、改良混合系谱法、诱变和穿梭育种方法在印度、菲律宾等国家大量开展，培育出了CSR1、CSR10、CSR27和PSBRc88等耐盐水稻品种。1939年，斯里兰卡育成世界第一个强耐（抗）盐水稻品种Pokkali，1945年获得推广。自此之后，国际上陆续选育出一些耐盐水稻品种。1960年，我国开始研究耐盐碱水稻，在东部沿海地区，东部沿海相关农业科研单位利用独特的地理位置以及土壤含盐量相对较高的特点，采用常规育种手段，在盐胁迫条件下进行耐盐种质筛选和品种选育，成效显著。另外，随着组织培养和转基因等现代生物技术的进步，育种家逐渐将这些先进技术应用到耐盐水稻育种中，并取得了显著的成效。但水稻耐盐性是多种耐盐生理生化反应的综合表现，是由多个基因控制的数量性状，遗传基础复杂，改良水稻耐盐性的难度较大，加上盐碱地类型多样，分布于不同的气候区域，因此在盐碱地水稻生产上，常规品种增产难度较大，且成本较高，种植收益甚微。

二、杂交水稻的优势

杂交水稻在遗传特性上相比常规水稻具有多方面的优势。

（1）杂交使分散在不同亲本中控制不同有利性状的基因重新组合在一起，形成具有不同亲本优点的后代，达到优缺点互补的目的。

（2）通过基因效应的累加，育种专家可从后代中选出受微效多基因控制的某些数量性状超过亲本的个体，如抗逆性、生育期长短、分蘖多少、穗型大小、千粒重高低、稻米品质优劣等，起到调和或互补的作用。

（3）通过非等位基因之间的相互作用，不同于双亲的新的优良性状产生。生产上推广应用的籼型杂交水稻组合，都具有父母本多种优良性状的互补作用，表现出明显的杂种优势。

三、耐盐碱杂交水稻的选育策略

（一）选育耐盐碱恢复系

通过优良恢复系耐盐碱筛选、耐盐碱基因导入、诱变创新种质等方法，借助分子标记辅助育种手段，可获得耐盐碱水稻恢复系。

（二）选育耐盐碱不育系

不育系为三系、两系杂交稻的核心，培育耐盐碱杂交水稻，可以为获得大量的耐盐组合提供基础，降低耐盐杂交水稻选育成本。

（三）耐盐碱杂交稻新组合筛选

杂交组合除了根据耐盐碱鉴定标准分级确定耐盐碱级别，筛选强耐盐材料外，最主要的评判标准是盐碱地种植的实际生产力。选育出产量高，稻米品质优良的品种，才是有效利用盐碱地获得高收益的重点。

恢复系、不育系以及耐盐碱杂交水稻的选育可以从以下几个方面着手：①利用籼粳亚种间的杂种优势；②采用分子育种技术，将耐盐碱植物中的有利基因转移到杂交稻亲本中，可以大幅提高其耐盐碱性；③利用国内外优异的种质资源，作为亲本培育亚种间强优势杂交组合；④针对耐盐碱杂交水稻的特点，研究配套的栽培技术模式，充分发挥其耐盐碱潜力。

四、耐盐碱杂交水稻的未来价值

土壤盐碱化是限制农作物生产发展的重要逆境因子。根据联合国教科文组织和粮农组织不完全统计，全世界盐碱地的面积为 9.54 亿 hm^2，其中我国盐碱地面积 0.99 亿 hm^2。除去滨海滩涂部分，盐渍土面积为 0.35 亿 hm^2，其中盐土 0.16 亿 hm^2，碱土 86.66 万 hm^2，各类盐化、碱化土壤为 0.18 亿 hm^2。已开垦种植的有 0.07 亿 hm^2 左右。据估计，我国尚有 0.17 亿 hm^2 左右潜在盐渍化土壤，这类土壤若灌溉耕作等措施不当则极易发生次生盐渍化。

面对地少人多的国情和保证国家发展以及粮食安全的需要，我国日益重视利用增加可耕地面积来增加粮食总产。我国有 15 亿亩荒芜的盐碱地，是国家重要的后备耕地资源。培育和推广耐盐碱的水稻品种，是利用好盐碱地经济有效的措施之一。袁隆平院士提出了我国发展耐盐碱水稻的现阶段目标：“在 10 年内，选育出耐盐度 0.3%~0.6%、耐碱度 pH 9 以上的耐盐碱水稻品种，且年推广面积达 1 亿亩，平均亩产 300 kg，这样每年就可增产 3 000 万 t 粮食，可以多养活近 8 000 万人口。”

近 10 多年来，耐盐碱水稻（俗称“海水稻”）的研究和开发已经取得了可喜进展。特别是 2017 年 9 月 28 日，“海水稻”在山东省青岛市白泥地基地测产，强耐盐碱杂交水稻组合 YC0045 理论测产结果为每亩 620.95 kg；2020 年 4 月 28 日，海南三亚用 0.3% 的咸水灌溉的“超优千号”耐盐碱水稻测产平均 7 626 kg/hm^2，高产丘块达到 8 212.5 kg/hm^2。这些测产结果证明，中国耐盐碱水稻育种成果正在走向产业应用的新阶段。

盐碱危害妨碍作物的正常生长，严重限制作物产量潜力的正常发挥。大力研发耐盐（碱）

水稻品种，在我国广阔的盐碱地、滩涂地上种植水稻，提高盐碱地农业生产力，是提升我国粮食总量、保障粮食安全、改善生态环境的最新最重要的措施，也是实现“藏粮于地、藏粮于技”的主要途径。盐碱地农业高效利用对提升我国耕地农业生产能力，增加耕地数量，保障国家粮食安全，坚守 1.2 亿 hm^2 耕地红线，具有重要现实意义和长远战略意义。

我国一些科研院所和企业正在加强耐盐碱水稻遗传育种研究和试验推广。青岛海水稻研究发展中心从 2016 年 12 月开始每年举办“国际海水稻论坛”（图 4-5 至图 4-8）。同时，从 2017 年开始在北方粳稻、黄淮粳稻以及南方籼稻盐碱地区域，进行国家耐盐碱水稻区域试验和生产试验，为耐盐碱水稻的研发和产业化搭建了一个有效的从区试到品种审定的平台。2020 年在南方籼稻组有 4 个耐盐碱籼稻品种（组合）率先通过国家水稻品种审定。

图 4-5　第一届国际海水稻论坛（2016 年）（李继明　提供）

图 4-6　第二届国际海水稻论坛（2017 年）（李继明　提供）

图 4-7　第三届国际海水稻论坛（2018 年）（李继明　提供）

图 4-8　第四届国际海水稻论坛（2019 年）（李继明　提供）

迄今为止，我国在矮秆水稻培育、杂交水稻研究、超级稻培育和推广上有了巨大突破，启动耐盐碱杂交稻选育，有效利用广袤的盐碱地，提高粮食生产力，为世界多养活 8 000 万甚至更多的人口，它的实现将是水稻种植史上的又一次重大突破。

第四节　杂交水稻种子的机械化生产技术

一、杂交水稻种子生产的步骤

杂交水稻种子生产有三个步骤：①亲本原种生产；②亲本良种繁殖；③杂交制种。水稻三系法不育系的原种生产和良种繁殖、杂交水稻制种属于水稻异交结实的种子生产；水稻两系法不育系和恢复系原种生产及良种繁殖属于水稻自交结实的种子生产。杂交种子和水稻三系法不育系繁殖的异交结实种子机械化生产是关键技术。

二、杂交水稻制种技术特点

1. 技术环节繁多

杂交水稻制种和三系法不育系繁殖技术包括稻田耕作平整、育秧移栽、施肥植保、水分管理、收割等，还有其特有的技术环节：①适宜的制种生态气候（基地与季节）选择技术；②确定父母本播种期、播差期和花期预测及调节的花期相遇技术；③父母本行比、栽插密度和偏施肥等父母本群体培养技术；④以喷施赤霉素为主、辅助割叶的异交态势改良技术；⑤辅助授粉技术；⑥防杂保纯技术；⑦种子收割脱粒和干燥技术。

2. 技术要求高、技术操作时效性强

为确保制种父母本花期相遇，培养适宜的父母本异交栽培群体，获得高质量种子，必须根据田块的实际情况制定出明确的技术指标和参数；同时所有的技术措施必须按时实施、操作到位，如播种、移栽、施肥、灌水等必须按规定时间（前后不得超过 2 d）实施到位；喷施赤霉素更需要在适宜喷施期内及时按量喷施；种子收割必须在适宜的收获期内收割完毕，脱粒后的种子必须快速摊晒或进入烘干机干燥，才能确保种子活力。

3. 用工多、劳动强度高

杂交水稻制种因父母本生育期的差异，常常父母本不能同时播种、同时移栽；因对父母本群体培养的目标差异，父母本栽插密度、施肥量与次数有差异，父本需要偏施肥、深施肥；制种季节并非亲本正季种植，且亲本多易感病虫草害，需要增加防治次数和用药量；赤霉素要求连续喷施 2～3 次，多数父本还要单独喷施；辅助授粉需要在上午父本开花时连续 10 d 每天授粉 3～4 次；种子需要抢收抢晒等。与普通水稻种植相比，杂交水稻制种用工增加 1 倍以上，劳动强度也大幅提高。

基于以上特点，以不育系和恢复系异交结实为特征的杂交水稻种子生产，实现机械化的难度相当大。

三、杂交水稻种子机械化生产的关键技术

杂交水稻制种需要在稻田耕作平整、播种栽插、植保施药、施肥、水分管理、喷施赤霉素、辅助授粉、种子收获和干燥等各个环节实现机械化作业，即全程机械化。杂交水稻全程机械化制种应有 8 个方面的机械化技术：①耕作平整机械化；②父本和母本种植机械化；③植保施药和喷施赤霉素机械化；④施肥机械化；⑤水分管理化自动化；⑥授粉机械化；⑦收割机械化；⑧种子干燥机械化。

21 世纪以来，中国的稻作机械化快速发展，至 2018 年基本上实现了从稻田耕作平整、机插机播、植保施药、收割和干燥的全程机械化种植，其中稻田耕作和收割的机械化程度几乎达到了 100%。杂交水稻制种在稻田耕作和收割两个环节机械化程度也接近 100%，但在种植、田间管理、种子干燥方面还只有部分基地实现了机械化，机械化程度较低，特别是授粉和喷施赤霉素的机械化方面进展缓慢。

四、杂交水稻机械化制种技术研究

20 世纪 70 年代后期，中国杂交水稻技术的研究和应用就已成功，当时中国仍未解决温饱问题，农村劳动力丰富，因而形成了劳动力密集型的杂交水稻种子生产技术。该制种技术采用父母本小行比（1～2）:（8～12）相间种植（图 4-9），父母本育秧栽插、田间施肥施药、辅助授粉、收割、晒种等均是人工的精耕细作，保障了杂交水稻制种的产量与质量，实现我国杂交水稻的快速推广应用。

1. 授粉机械的研制

20 世纪 90 年代，中国就开始了杂交水稻制种授粉机械设备和技术的研究，主要有机械采粉集中授粉法、授粉风机及授粉装置、背负式授粉机等。1982 年，湖南师范大学生物系开始进行水稻花粉贮存研究，衍生出机械采粉集中喷粉的辅助授粉技术。这种辅助授粉方法的父母本可以集中分片种植，在父本盛花期机械采粉、低温贮藏，在母本盛花期将花粉取出，回醒 8～12 h，然后连同花粉培养基一起稀释后喷雾授粉。这种方法能有效地解决父母本花期、花

图 4-9 人工授粉的父母本小行比种植方式（刘爱民 提供）

时不遇的问题，但水稻为三核花粉，低温贮藏易丧失活力且萌发率较低，故这种方法难以实际应用。

风机辅助授粉制种的父母本种植方式与传统人工辅助授粉的父母本种植方式一样。1995年，湖北农学院（现属长江大学）研究发明了一种主要由风机、导粉膜、固膜板、卷膜筒、撼粉绳、授粉管和手柄组成的授粉器，后经改进，2002 年成功研制了“杂交水稻制种授粉机”，授粉管长 20 m，机组操作人员 2 人，作业人员可携带授粉机在制种田间行走完成授粉作业。2011 年，湖南农业大学汤楚宙等发明了一种背负式风机授粉机械。但作业人员背负风机在田间行走困难，操作不便，授粉效率低，因而没有得到推广。

2. 混植法机械化制种

杂交水稻种子生产机械化技术的难点还是授粉机械及其配套技术，多年来受授粉机械和技术的局限，中国的水稻育种家们提出了父母本混植法的机械化制种技术。

（1）选育出制种父本和母本在颖壳颜色或种皮荧光色有显著差异的杂交组合，混播混收，通过光电色选机或荧光分选机将父本稻谷与母本杂交种子彻底分选。

（2）选育出制种父本和母本在谷粒大小、形状有显著差异的杂交组合，混播混收，通过筛选机将父本稻谷与母本杂交种子彻底分选。

（3）选育对某种除草剂敏感致死恢复系父本，在授粉结束时喷施某种特定除草剂杀死父本，收获时仅保留母本杂交种子。

上述 3 个技术设想，育种家通过实践，取得了一定的进展，已选育出了专用的亲本及组合。如湖南农业大学培育出了千粒重 14 g 的水稻光温敏不育系卓 S，选配出了系列组合，形成了父母本混播混收、种子筛板分选的机械化种子生产技术；又如，湖南杂交水稻研究中心选育出了红色颖壳的恢复系，与水稻光温敏不育系隆科 638S 配制出强优势两系品种，探索父母本混播混收、种子颜色分选的机械化种子生产技术。安徽农业科学院培育出了对除草剂苯达松敏感致死的恢复系（mc256），选配了优势杂交组合混制 1 号（绿三 A/mc256），进行父母本混播和分植的机械化制种技术研究，但父本会有部分早开花的谷粒已具有发芽能力，而难以用除草剂完全灭除，这会影响种子纯度。

3. 杂交水稻全程机械化制种技术

混植法机械化种子生产，除在选育强优势、优质、多抗杂交稻品种上存在局限性外，在种子生产上还有诸多限制，如父母本生育期相差小、父本不能采取单独的栽培措施（偏施肥、稀植）、难以进行花期调节、杂交种子与父本稻谷不能彻底分选等。所以能广泛应用、限制性弱的机械化制种技术还是以传统的父母本分植法为好。

自 2012 年开始，袁隆平农业高科技股份有限公司（简称“隆平高科”）牵头组织华南农业大学、湖南杂交水稻研究中心、湖南农业大学以及有关植保无人机、插秧机、谷物烘干机等农机企业，开展了杂交水稻全程机械化制种关键技术的研究，系统研究了父母本大行比种植下的植保无人机辅助授粉效果和效率（图 4-10）、父母本大行比种植模式的父本和母本机械化育插秧技术、植保无人机全程施药效果和效率、植保无人机喷施赤霉素的效果、不同类型谷物烘干机烘干杂交稻种子的效果及其烘干特性。

（1）农用植保无人机辅助授粉效率研究。实现杂交水稻制种全程机械化制种的关键，在于改变人工授粉方法下的父母本小行比种植方式为大行比种植方式，植保无人机飞行时旋翼产生的风力大，可以将父本花粉传播得更远，可以大幅扩大父母本相间种植行比。

自 2012 年开始，科研人员先后试用了燃油动力的单旋翼无人机，电池动力的单旋翼、四旋翼、六旋翼等植保无人机进行授粉，设计了 4∶20、4∶30、6∶30、6∶40、6∶50、6∶60、8∶50、8∶60 等父母本大行比处理，分别在湖南君山、武冈、绥宁、溆浦，海南三亚、乐东，江苏大丰等制种基地进行试验。试验结果表明，父母本大行比下植保无人机辅助制种授粉的结实率与产量与小行比人工授粉相当，在行比为 6∶40，父本种植厢宽 1.8 m，母

图 4-10　无人机授粉的父母本大行比种植（刘爱民　提供）

本种植厢宽 7～9 m，自然风速在 0～4 m/s 条件下不影响授粉效果。

（2）母本机械化种植技术研究。①母本机插秧：自 2000 年以来，制种母本机插技术一直在试验探索中，但未能得到大面积推广应用。究其原因，关键在于机插秧机械化盘育秧技术和制种田耕整平整及水浆管理没有配套。隆平高科研发团队自 2011 年开始，开展了机插秧秧龄期对生育期影响的试验，研究不同不育系母本在不同机插密度下的群体生育期、抽穗开花特性、穗粒构成等方面的表现，探索了细土、细土 + 基质、泥浆、基质等多种盘土的育秧方法，开发了母本机插秧制种的关键技术，即缩短播差期、控制秧龄期、控制播种量和栽插基本苗、平整好制种田等，总结出“泥浆（或基质）+ 基质 + 无纺布（或遮阳网）”的育秧技术（图 4-11、图 4-12）。②母本直播制种：母本直播是一种轻简的水稻制种栽培技术，有人工或机械撒直播、机械条直播、机械精量穴直播三种，经多年试验与实践，已开发了母本直播制种技术，主要技术要点有：处理好落田谷成苗、延长播差期、控制播种量、平整好制种田、搞好化学除草等。母本直播制种技术已大面积推广应用，但落田谷成苗造成的混杂问题普遍，影响了其推广应用规模。所以应用母本直播制种技术必须先解决好落田谷成苗问题（图 4-13、图 4-14）。

图 4-11　轻简型高密度插秧机栽插母本（刘爱民　提供）

图 4-12　高速插秧机栽插母本（刘爱民　提供）

图 4-13　水稻精量穴直播机直播母本（刘爱民　提供）

图 4-14　人工撒直播母本制种（刘爱民　提供）

（3）父本机插秧。父母本大行比种植，方便制种父本机插秧和植保无人机授粉。父本机插秧技术需要考虑两个方面的问题：①为延长花期，制种父本群体需分期播种，机插秧父本只能一次性移栽，机插秧父本的生育期会随着盘育秧秧龄期的影响而延长，因此父本机插秧分两期播种的播差期不宜过大；②制种父本群体宜稀植，制种母本宜密植，父母本不能选用相同密度的插秧机。通过对播差期、秧龄期及施肥方法对父本生育期和抽穗开花历期、穗粒构成的试验研究，开发了父本机插秧技术，其要点是选择能稀植的低密度插秧机或宽窄行栽插，相对人工移栽缩短播差期 2 d，控制播种量、秧龄期和基本苗等（图 4-15、图 4-16、图 4-17）。

图 4-15　父本宽窄行机插（刘爱民　提供）

图 4-16 父本宽窄行机插后（刘爱民 提供）

图 4-17 父本等行距机插（刘爱民 提供）

（4）植保无人机全程植保施药和喷施赤霉素。多年的实践表明，杂交制种完全可以选择植保无人机全程飞防施药。植保无人机喷施农药具有雾滴直径小（150～200 μm）、兑水量极少、药液浓度高（每公顷药液量 12 000～18 000 mL）的特点，可以多种农药混合喷施防治水稻病虫害，但要求混合后不能发生絮状或胶状反应，不能喷施粉剂农药，所以植保无人机施药宜选择飞防植保专用农药和助剂。

喷施赤霉素的试验结果表明，植保无人机喷施赤霉素后，穗粒外露率和全外露穗率均高于人工喷施，而包颈粒率和植株高度要略低于人工喷施，说明植保无人机喷施赤霉素的效果要优于人工喷施。植保无人机喷施赤霉素的时期与用药量和人工喷施一致，可以适当减少10%～20% 用药量，用药液量为每公顷 15 000～18 000 mL（图 4-18、图 4-19）。

图 4-18　单旋翼无人机喷施赤霉素（刘爱民　提供）

（5）杂交水稻种子机械化干燥技术。我国已研制出横流循环立式烘干机（图 4-20）、混流循环立式烘干机、静态卧式（箱式）烘干机（图 4-21）、混流静态房式烘干机应用于杂交水稻种子的烘干，只要烘干前种子保持良好的活力，在适宜的烘干温度下，各类烘干机烘干的种子就都能保持原有的活力；在我国福建建宁县及湖南湘西南的烤烟种植区制种，通过改建烤

图 4-19　六旋翼无人机喷施赤霉素（刘爱民　提供）

图 4-20　横流循环立式烘干机（刘爱民　提供）

图 4-21　静态卧式（箱式）烘干机（刘爱民　提供）

烟房来烘干种子同样可以获得良好的烘干效果。

通过对不同类型烘干机烘干杂交水稻种子的效果、效率和烘干特性的研究，烘干工艺可以分为持续式干燥和间歇式干燥两种方式。循环立式烘干机属于间歇式干燥，静态卧式（箱式）烘干机属于持续式干燥。持续式干燥的烘干效率高、脱水速度快，而间歇式干燥的烘干效率低、脱水速度慢。

刚收割脱粒的杂交水稻种子具有水分高（30%左右）、空秕粒和毛草秸秆等杂质多、种子易发生劣变等特性，同时需在适宜的收割期及时收割、快速烘干，干燥过程中需防止混杂等。杂交水稻种子机械化干燥应达到5个目标：①安全，烘干种子的发芽能力达到自然晾晒的水平；②快速，能够在20～24 h完成干燥，每小时脱水速率在0.8%以上；③基本无破损，破损粒率或碎粒率在0.1%以下；④低成本；⑤灰尘少、低污染。

对各类烘干机的测试和烘干实践表明，宜首选混流静态房式烘干机、静态卧式（箱式）烘干机和改建烤烟房，次选混流循环立式烘干机，不宜选择横流循环立式且带搅拢的烘干机。

确保杂交水稻种子高活力的机械烘干技术要点：在适宜收获期及时收割，脱粒后的种子尽快进入烘干机烘干，控制好烘干温度，烘干过程中定时观测风温、种温和水分的变化，种子水分烘干至11%～12%。

五、杂交水稻全程机械化制种技术的示范应用

1. 制种技术集成与示范

将父母本大行比群体培养技术、父本机插秧技术、母本机插秧技术、植保无人机全程施药技术和喷施赤霉素技术、植保无人机辅助授粉技术、种子机械烘干技术等集成，再结合已推广应用的稻田机械耕整平整和机械化收割技术，就实现了杂交水稻制种全程机械化作业，这一系列技术统称为“杂交水稻全程机械化制种技术体系”。在传统的父母本小行比种植、人工辅助授粉制种模式中，也可应用母本机插秧技术、植保无人机施药和喷施赤霉素技术、种子机械烘干技术，提高制种机械化程度。

2016—2018年，杂交水稻全程机械化制种技术分别在湖南武冈、绥宁、溆浦、芷江、攸县，江苏盐城大丰，海南乐东、东方，福建建宁等制种基地进行示范，获得了令人满意的成效。

2016年，在湖南绥宁武阳镇农科所技术示范14 hm^2，传统人工授粉制种技术作为对照，制种组合为Y两优302，对该示范片和对照区测产验收，技术示范区入库种子平均3 175.5 kg/hm^2，人工制种对照区测产2 746.5 kg/hm^2，机械化技术制种区比传统人工

方法制种增产15.6%。对制种成本的调查分析表明，全程机械化制种技术比人工方法制种要减少约2 750元/hm^2，另外全程机械化制种可机收父本稻谷，收入约1 200 kg/hm^2。2018年，在江苏盐城大丰区刘庄镇良好区示范0.55 hm^2，制种组合为晶两优534，对示范区和人工授粉制种区分别测产验收，技术示范区入库种子平均2 890.5 kg/hm^2，人工制种对照区测产2 769 kg/hm^2，机械化技术制种区与传统人工方法制种相当。

2. 杂交水稻机械化制种技术的条件

应用杂交水稻机械化制种技术需要满足以下4个基础条件：①要有适合机械作业的制种基地，如地势平坦、稻田田园化、机耕道和灌排水沟渠齐备等；②要有配套的农机装备及农机专业化服务组织；③基地通过土地流转，实行规模化、集约化制种；④有高质量亲本种子和适宜机械化种植特性的亲本，如亲本种子的纯度达到99.8%以上，发芽率达到85%以上。因此，需要加强建设与机械化制种相配套的基地高标准农田设施和生产组织模式。

（撰写：刘爱民　邹丹丹　单贞　顾晓振　审稿：邓兴旺　张海清　蔡得田）

第五章

湖南杂交水稻研究（1985—2000）

1964 年，袁隆平首次提出通过“三系”利用水稻杂种优势的设想，1973 年成功实现“三系”配套，袁隆平等培育出了具有强大生长和产量优势的南优 2 号等一批优良杂交稻组合，宣告我国籼型杂交水稻培育成功。自 20 世纪 80 年代以来，在“杂交水稻之父”袁隆平的率领下，通过杂交水稻科技工作者共同努力，我国杂交水稻科研事业朝气蓬勃，一直位居世界领先地位。

一、杂交水稻育种理论的发展

袁隆平于 20 世纪 60 年代开创的三系法水稻杂种优势利用途径，一直在提高水稻单产上起着主导作用，但也存在一些不足之处，主要表现在受恢、保关系限制，配组不自由，种子生产程序较为复杂。1986 年，袁隆平提出“由三系法到两系法，再到一系法，由品种间杂种优势利用到亚种间杂种优势利用，再到远缘杂种优势利用”的杂交水稻育种的战略设想。1987 年，“水稻两系法杂种优势利用”课题列入了国家“863 计划”攻关课题。

在袁隆平的指导下，湖南省安江农业学校邓华凤等于 1987 年 7 月育成我国第一个通过审定的温敏不育系安农 S-1。1989 年 7 月，衡阳市农业科学研究所周庭波等育成温光敏不育系衡农 S-1。1990 年，湖南杂交水稻研究中心罗孝和等选育成培矮 64S。1994 年，尹华奇和袁隆平等育成香 125S，同年，郭名奇等选育成安湘 S。随后，安江农业学校邓华凤等育成 810S，株洲市农业科学研究所杨远柱等育成株 1S 和陆 18S。

1994 年，湖南杂交水稻研究中心罗孝和等用培矮 64S 与特青配组选育成两系新组合培两优特青，是全国第一个通过审定的两系法杂交水稻组合。1994 年，湖南杂交水稻研究中心尹华奇等用香 125S 与 91-81 配组选育成我国长江流域第一个优质高产早稻两系组合香两优 68。1992 年，安江农业学校邓华凤等育成两系法中熟杂交早籼组合八两优 100。1995 年，湖南农业大学陈立云等用培矮 64S 与 288 配组，选育成两系法杂交晚籼组合培两优 288。1995 年，湖南农业大学刘建丰、康春林等用培矮 64S 与晚籼品种余红 1 号育成两系法杂交迟熟晚籼组合培两优余红。

与此同时，国内其他地区也选育出一批两系法亚种间杂交水稻新组合，单产比三系法品种间杂交水稻的对照显著增产。1995 年，袁隆平宣布：两系法杂交水稻研究基本成功。

1997 年 12 月，袁隆平在《杂交水稻》上发表《杂交水稻超高产育种》一文，“超级杂交稻育种理论”从此诞生。其理论中心是“以增源为核心的叶片长、直、窄、凹、厚，冠层高但重心低的优良株叶形态加杂种优势利用”，袁隆平提出了选育超级杂交水稻的三条途径：一是利用亚种间杂种优势；二是利用野生稻中的有利基因；三是利用新株型超级稻。“九五”期间，育种指标是每公顷日产稻谷 100 kg。

根据袁隆平提出的杂交稻超高产稻株模式，湖南杂交水稻研究中心和江苏农业科学院于 1999 年用培矮 64S 配 9311，选育成功全国第一个超级杂交稻组合两优培九，2000 年在湖南栽培面积 1.87 万 hm^2，在全国已达 32.47 万 hm^2。

二、国家杂交水稻工程技术研究中心的组建和科研力量的壮大

1994 年 12 月 16 日，国务院总理视察湖南杂交水稻研究中心，批准在该中心的基础上组建国家杂交水稻工程技术研究中心。1995 年 5 月通过科技部论证，正式开始组建。实际总投资 2 800 万元，其中，总理基金 1 000 万元，科技部 300 万元，省政府 500 万元，国家开发银行贷款 500 万元，自筹 500 万元。同年 12 月 16 日举行成立大会，袁隆平院士任主任。1999 年 10 月通过国家验收，获准正式命名。该中心下设科学研究部、工程化开发部和办公室。2000 年底有院士 1 名、研究员 6 名、副研究员 28 名、助理研究员 34 名，其中博士 9 名、硕士 8 名，国内（含香港）和美、澳客座研究员 9 名，拥有湖南长沙和海南三亚两个试验基地，成为集育种、繁殖、推广，“产、供、销”一体的中国第一个杂交水稻专业权威研究机构。

自 1985 年以来，湖南杂交水稻科研力量不断壮大。除了湖南杂交水稻研究中心外，湖南省水稻研究所、湖南农业大学、安江农业学校、湖南师范大学、衡阳市农业科学研究所、株

洲市农业科学研究所、常德市农业科学研究所等单位是湖南省杂交水稻科研的骨干队伍。至2000年，湖南省共有科技人员500人，实验工人300人参与了杂交水稻研究。

三、强优亲本及组合选育

1985—2000年，湖南省共认定三系、两系不育系和广亲和系14个，选育三系、两系法新组合58个。

1. 威优46

1982—1988年湖南杂交水稻研究中心黎垣庆等用V20A与密阳46配组育成迟熟晚籼组合。该组合苗期分蘖能力较强，成穗率高，较耐肥抗倒，后期不死秆，不早衰。株高86.2 cm，每穗总粒数106.1粒，结实率80%左右，千粒重29.8 g，糙米率82.8%，精米率71.8%，整精米率68.5%，食味较好。中抗苗、叶稻瘟，高抗穗颈稻瘟，中抗白叶枯病。1986—1987年，省区试中每公顷产量分别为7 743 kg和7 050 kg，分别比对照威优64和威优6号增产6.0%（达极显著水平）和3.6%，均居参试组合的第一位。同期在全国籼型杂交晚稻区试中平均每公顷产量分别为6 974.55 kg和6 466.5 kg，分别比对照汕优2号增产10.98%和10.65%（达极显著水平），均居参试组合的第一位。它取代了威优6号等迟熟组合，成为湖南省双季晚稻和一季中稻的主栽品种。

2. 威优647

1986—1994年湖南杂交水稻研究中心邓小林等用V20A与647配组育成强优势晚籼组合。父本647是通过籼粳复式杂交方式育成的，带有部分粳稻血缘。1990—1991年该组合参加省晚稻区试，比对照威优6号和威优64分别增产1.7%和8.8%；1991—1992年参加全国区试，平均比对照威优64增产11.8%。株高85～90 cm，每公顷有效穗330万～360万穗，每穗总粒数110～120粒，结实率80%左右，千粒重27.5 g，做一季中稻栽培全生育期130 d左右，做晚稻栽培118 d左右。抗性较强，米质好，出糙率82%～84%，精米率68.5%～71.6%，整精米率44%～54%，食味佳，是全省主栽品种之一。

3. 新香优80

1992年湖南农业大学陈立云等用湖南杂交水稻研究中心培育的新香A与本校培育的恢复系R80配组育成三系法杂交中熟晚籼组合。株高91 cm，茎秆坚韧，根系发达，耐肥抗倒；叶片中长直立，叶色较浓绿，叶鞘紫色，株叶形态好。分蘖力强，单株平均分蘖数14个，单株成穗数8.3个，群体成穗率67%，每公顷有效穗330万穗，穗镰形，每穗总粒数

110 粒，每穗实粒 90 粒，结实率 80%，谷粒长 6.93 mm，长宽比 3∶1，千粒重 27 g，谷色多黄，稃尖紫色，籽粒饱满，部分有芒，做晚稻栽培，6 月 23 日播种，10 月 17 日成熟，全生育期 116 d。中抗稻瘟病（苗、穗瘟均为 5 级），感白叶枯病（7 级），较抗纹枯病，后期抗寒性较强，出糙率 82.5%，精米率 74.2%，整精米率 58.7%，垩白粒率 33%，垩白度 6.5%，精米长 6.4 mm，蛋白质含量 8.7%，直链淀粉含量 21.1%，碱消值 6 级，胶稠度 87 mm，米饭有香味，被评为三等优质稻品种，是湖南省主栽品种之一。

4. 金优 207

1990—1997 年湖南杂交水稻研究中心王三良等，以金 23A 为母本，先恢 207 为父本配制成中熟杂交晚籼组合。全生育期 114 d，比威优 64 长 1～2 d。1996—1997 年参加省晚稻区试，每公顷产量分别为 6 748.5 kg 和 7 375.5 kg，比对照威优 64 增产 3.71% 和 8.2%，株高 95～100 cm，株型稍紧凑，分蘖力稍弱，剑叶直立，每公顷有效穗 270 万～300 万穗，每穗 130 粒左右，结实率 80% 以上，千粒重 26 g 左右。经鉴定，中抗稻瘟病，不抗白叶枯病，米质好。经中国水稻研究所分析，出糙率 79.98%，精米率 73.31%，整精米率 61.98%，长宽比 3.1∶1，垩白粒率 67%，垩白度 12.5%，胶稠度 34 mm，直链淀粉含量 22.0%，蛋白质含量 10.6%。1998 年被评为省三等优质米。在大面积生产中表现秧龄弹性大，适应性广，较耐肥抗倒，后期耐寒力强，熟色好。它取代了威优晚 3、威优 77 等组合，成为湖南省主栽品种。

5. 培矮 64S

1985—1991 年湖南杂交水稻研究中心罗孝和等，以农垦 58S 为供体，广亲和的培矮 64 为受体，通过杂交、隔代回交和低温条件下多代系选育成低温敏核不育系。农艺性状整齐一致，3 月 30 日—7 月 20 日在湖南播种，播始历期 75～100 d，属中熟中稻类型。株高 75～85 cm，每穗颖花数 150 粒左右，千粒重 21～22 g。叶片较长、挺拔，叶色浓绿，剑叶呈瓦状，内凹。基部节间短，耐肥抗倒。具“IR8”类型的株型，易配出高产、优质、多抗的两系法组合。同时也具有广谱亲和性，能配制出亚种间组合。培矮 64S 经多年人工气候室和多点生态鉴定，在 13.5 h 光照条件下，不育系起点温度在 23.5 ℃左右。在 1989 年、1993 年、1996 年、1999 年等低温年份，正常季节播种，表现不育性稳定，不育株率 100%，套袋自交结实率为 0，花粉不育度在 99% 以上，稳定不育期在一个月以上。1994—2000 年，全国已用该不育系配出两优培九、培两优特青、培杂山青、培两优 559 等 9 个两系法组合，到 2000 年所配组合推广面积已超过 66.7 万 hm^2。

四、原种生产与繁殖制种

1.“三系”原种生产技术的发展

杂交水稻“三系”及 F_1 代杂交种，由于受机械混杂、生物学混杂和自然变异的影响，而混杂退化，进而影响繁殖、制种产量及杂种优势的发挥。因此“三系”原种生产日显重要。

1979 年，袁隆平等提出“三系原种生产要缩短周期，简化程序，注重实效”的观点。1983—1984 年，湖南省种子公司受中国种子公司委托，在贺家山原种场和石门县对全国 7 种提纯方法生产的“三系的亲本及 F_1 种子”进行鉴定，结果证明“简易提纯法”能保证三系原种的种子质量和 F_1 代种子纯度及杂种优势。1985 年 4 月，由湖南省农业厅提出，孙汝南、赵龙国等起草，采用“一选三圃法”进行提纯，重颁了《湖南省杂交水稻三系原种生产技术操作规程》企业标准。1998 年 4 月，由全国种子总站主持，湖南省农业厅的赵龙国、黄桂荪等人起草，颁布了 GB/T17314—1998《籼型杂交水稻“三系”原种生产技术操作规程》，在湖南省及全国实施。

2.“三系”繁殖制种

全省杂交水稻“三系”繁殖制种在经历了 1973—1978 年的摸索阶段（每公顷产量在 450 kg 左右），1979—1983 年的完善阶段（每公顷产量 1 500 kg 左右）后，从 1984 年开始，以许世觉为代表的科技人员，研究杂交水稻超高产制种技术，取得了突破性进展，全省制种单产由此上升至 3 000 kg/hm^2 以上。1995 年，资兴市制种 666. 67 hm^2，单产 4 584 kg/hm^2，成为全国首次制种单产过 4 500 kg/hm^2 的市（县）。该市彭市乡农户何月生制种 0. 11 hm^2，单产 7 386 kg/hm^2，创全国最高纪录。

杂交稻超高产制种技术的关键为“十二改”：一是改秋季制种为春、夏季制种；二是改父本二、三期为一期；三是改父本一段育秧为两段育秧；四是改父本插单株为多株；五是改母本大田攻苗为秧田攻蘖，单本为多本；六是改父母本小行比为大行比；七是改高氮低磷钾为适氮高磷钾；八是改父本早于母本始穗为母本早于父本始穗；九是改大剂量喷施“九二〇”为低量高效喷施；十是改割叶、剥苞为不割叶、不剥苞；十一是改多次赶粉，为适时赶粉；十二是改单一防治为综合防治稻粒黑粉病。

3.“两系”原种生产与繁殖制种

“两系”杂交水稻原种生产及繁殖制种，是在“三系法”基础上针对两系法特点，通过较短时期攻关，探索出的一整套技术，它解决了生产操作中的难题，保证了亲本纯度，基本达到了三系法制种单产的水平。

光温敏核不育系，其育性转换起点温度（或光照长度）的遗传漂移，导致其育性变化，一个新育成的两用核不育系，如果不育转换起点温度较低，而且群体育性较紧齐，经2~3代的繁殖，就有可能变为不合格的不育系。1991年，罗孝和发明“两用核不育系繁殖冷水串灌技术”，解决了育性转换起点温度较低的难题。

1994年，袁隆平提出光温敏核不育系原种生产程序与技术，即单株选择→人工气候室长日照低温处理→再生苗自交结实留种（核心种子）→海南冬繁（原种）→低温短日照繁殖（原种一代）→制种。1997年，湖南省种子站提出了两用核不育杂交稻制种要注重育性转换安全期和扬花授粉安全期，“两系高产保纯制种技术”通过省级技术鉴定。

五、国际交流、培训与合作研究

1985—2000年，湖南省共派出30余名专家，赴国外指导杂交水稻技术和合作研究。其间也有数十名国外学者、专家来湖南交流杂交水稻研究方面的经验与进展。

1985年2月，袁隆平、邓鸿德、周广治等专家应国际水稻研究所邀请，到菲律宾为遗传评价与利用培训班的学员讲授杂交水稻育种、栽培及基础理论等课程。

1986年10月6—10日，湖南省科学技术协会、湖南杂交水稻研究中心和国际水稻研究所在长沙共同举办了“首届国际杂交水稻学术讨论会”。来自五大洲21个国家的244名专家、学者出席了会议。大会收到学术论文150余篇，会上宣读84篇，大会就杂交水稻选育、栽培、繁殖制种及基础理论等方面进行了广泛深入的交流和探讨。国际水稻研究所所长向湖南省杂交水稻研究中心赠送了纪念匾。

1987年6—10月，应美国卡捷尔公司菲律宾分公司的邀请，周承恕和孙梅元赴菲律宾指导杂交水稻技术应用。

1991年8月，应日本政府邀请，袁隆平赴日本做两系法杂交水稻研究新进展学术报告。

1992年11月，湖南杂交水稻研究中心与美国洛克菲勒基金会在长沙组织召开“国际水稻无融合生殖学术讨论会”。

1992年4月，袁隆平率中国代表团赴菲律宾参加“第二届国际杂交水稻学术讨论会”。

1993年4月，袁隆平赴美国休斯敦与美国水稻技术公司草签合作开发两系法杂交水稻协议，同时，张慧廉和李继明赴美国水稻技术公司进行技术合作研究。

1993年3月—1994年4月，尹华奇和周承恕以联合国粮食及农业组织顾问身份赴越南指导杂交水稻技术应用。

1994年，经国家批准，湖南省种子公司与越南第一种子公司于1月28日签订了《中越合作生产经营杂交水稻种子协议书》，湖南省农业厅先后派刘丁山、李明玉等赴越南考察。同年5—11月，张德明等赴越南执行合作计划。

1995年，湖南杂交水稻研究中心与美国康奈尔大学合作，肖金华和李继明等用分子标记方法，结合田间试验，在野生水稻中发现了两个重要的QTL基因位点，分别位于1号和2号染色体上，每一基因位点具有比杂交水稻增产18%的效应。

1996年6月—1997年10月，应美国水稻技术公司的邀请，周承恕赴美指导杂交水稻技术应用。

1996年11月，袁隆平率中国代表团赴印度海得拉巴参加“第三届国际杂交水稻学术讨论会”。

1997年3—12月，袁隆平率毛昌祥、邓应德、郭名奇以联合国粮食与农业组织顾问身份，赴缅甸指导杂交水稻技术应用。

1997年3月，受联合国粮食与农业组织委托，尹华奇以联合国粮食与农业组织援助项目TCP/VIE/6614顾问身份，赴越南指导杂交水稻技术应用。

1997年4月，颜应成应日本滋贺县县立大学校长高敏隆教授之邀，赴日合作研究高秆强优亚种间组合香125S/零轮的抗倒高产栽培技术。

1997年5月，应联合国粮食与农业组织和孟加拉国政府之邀，周坤炉、武小金赴孟加拉国担任政府杂交水稻项目顾问。

1997年9月，湖南杂交水稻研究中心主办召开了“首届农作物两系法杂种优势利用国际学术讨论会”，来自美国、日本、国际半干旱作物热带地区作物研究所等8个国家、国际机构的20多名代表及国内60多名专家参加了会议。

1998年1月，应美国水稻技术公司邀请，邓小林赴美国开展合作研究。

1999年8月—2000年5月，彭既明、刘爱明相继赴缅甸指导杂交水稻制种和示范技术应用。

1999年9月—2000年底，张绍东、白德朗赴菲律宾农业技术公司指导杂交水稻技术应用。

1999年9月—2000年底，湖南杂交水稻研究中心与香港中文大学合作，肖国樱、袁定阳、武小金、段美娟、唐俐先后赴香港开展杂交水稻品质和抗性育种。

2000年7—12月，湖南省水稻研究所与乌拉圭甘德里亚公司合作，王联芳、王子平等赴乌拉圭合作研究杂交水稻。

2000年10—11月，廖伏明、邓启云以联合国粮食与农业组织顾问身份，赴印度指导杂交水稻技术应用。

1985—2000 年，湖南省农业科学院、湖南杂交水稻研究中心与联合国粮食与农业组织、国际水稻研究所先后举办国际杂交水稻培训班 13 期，为越南、印度、印尼、菲律宾、孟加拉国、斯里兰卡、缅甸、巴基斯坦、泰国、韩国、朝鲜、尼泊尔、伊朗、伊拉克、老挝、文莱、巴布亚新几内亚、沙特阿拉伯、蒙古、科特迪瓦、乌干达、科摩罗、多哥、马达加斯加、尼日尔、布隆迪、斐济、苏丹、卢旺达、尼日利亚、埃及、墨西哥、哥伦比亚等 30 多个国家，培训杂交水稻学员 310 多名。

六、重大科技成果

自 1985 年以来，湖南省杂交水稻研究屡获突破，硕果累累，共获国家最高科学技术奖 1 项，国家发明奖三等奖 1 项，国家科学技术进步奖三等奖 6 项，湖南省科技进步奖一等奖 9 项、二等奖 22 项，农业部科技进步奖二等奖 1 项（附名单）。

作为“杂交水稻之父”，袁隆平把杂交水稻推向世界，为各国提高水稻产量，解决粮食安全问题做出了杰出贡献，获得了各国及地区政府、基金会、国际组织的嘉奖。1985 年 10 月，获世界知识产权组织“发明和创造奖”金质奖章和荣誉证书；1987 年 11 月，获联合国教科文组织 1986—1987 年度科学奖；1988 年 3 月，获英国让克基金会“农学营养奖”奖章、证书、奖金 2 万英镑；1993 年 4 月，“籼型杂交水稻杂种优势利用研究”获美国菲因斯特基金会“拯救饥饿荣誉奖”；1994 年，获中国香港何梁何利基金会生物学基金奖；1995 年 10 月，获联合国粮食与农业组织“粮食安全保障荣誉奖章”；1996 年，获“日经亚洲大奖”；1997 年，获“杂种优势利用杰出先驱”称号；1998 年，获“日本越光国际水稻奖”；等等。

附件
重大科技成果名单：杂交水稻获 1986—2000 年国家级、部省级科技项目（二等奖以上）

一、袁隆平获 2000 年度首届国家最高科学技术奖

二、获国家发明奖项目

安农 S-1 籼型水稻温敏雄性核不育系的研究

获奖时间、等级：1999 年　三等

获奖单位：湖南省安江农业学校、湖南师范大学、湖南杂交水稻研究中心

获奖人员：邓华凤、李必湖、周广洽、郭名奇、尹华奇、陈良碧

三、获国家科学技术进步奖项目

1. 籼型杂交水稻制种高产技术的研究

获奖时间、等级：1987 年　三等

获奖单位：湖南省种子公司、隆回县种子公司、湖南省贺家山原种场、慈利县种子公司、石门县种子公司

获奖人员：许世觉、钱诗忠、袁振兴、吴放其、卓如志

2. 杂交水稻新品种威优 64

获奖时间、等级：1991 年　三等

获奖单位：湖南省安江农业学校、湖南杂交水稻研究中心

获奖人员：袁隆平、孙梅元

3. 杂交稻双两大栽培技术

获奖时间、等级：1992 年　三等

获奖单位：常德市农业科学研究所、常德地区粮油作物站、慈利县农业科学研究所

获奖人员：骆正鑫、柳合盘、文良卿、易荣富

4. 优良杂交水稻威优 46

获奖时间、等级：1995 年　三等

获奖单位：湖南杂交水稻研究中心

获奖人员：黎垣庆、张健、陈秋香、王成和

5.《杂交水稻育种栽培学》

获奖时间、等级：1996 年　三等

获奖单位：湖南科学技术出版社

获奖人员：袁隆平、熊穆葛（编辑）

6. 双季杂交晚籼汕优晚 3 的选育

获奖时间、等级：1998 年　三等

获奖单位：湖南杂交水稻研究中心

获奖人员：何顺武、唐传道、黄志强、龙和平、袁光杰

四、获湖南省科技进步奖项目

1. 籼型杂交水稻制种高产技术的研究

获奖时间、等级：1986 年　一等

获奖单位：湖南省种子公司、湖南省贺家山原种场、隆回县种子公司、慈利县种子公司、

石门县种子公司、桂阳县种子公司

获奖人员：许世觉、钱诗忠、袁振兴、吴放其、卓如志

2. 杂交稻双两大栽培技术

获奖时间、等级：1988 年　二等

获奖单位：常德地区农业科学研究所、常德地区粮油作物站、慈利县农业科学研究所

获奖人员：骆正鑫、柳合盘、文良卿、易荣富

3. 籼型杂交水稻威优 64 繁殖制种技术的推广

获奖时间、等级：1988 年　二等

获奖单位：湖南省种子公司、怀化地区种子公司、黔阳县种子公司、郴州地区种子公司、宜章县种子公司

获奖人员：黄桂荪、向福田、申亿如、熊显南、陈昌景、傅秀玉、姚先辉

4. 早熟、高产、多抗杂交水稻新组合威优 35

获奖时间、等级：1989 年　二等

获奖单位：湖南杂交水稻研究中心、湖南省水稻研究所、湖南省贺家山原种场

获奖人员：周坤炉、曾先进、李厚云、胡楚明、陈千喜、黄志强、曹技良

5. 杂交水稻威优 64 配套栽培技术的推广

获奖时间、等级：1989 年　二等

获奖单位：湖南省粮油生产局、怀化地区农业局、常德地区农业局、郴州地区农业局、岳阳市农业局

获奖人员：覃明周、刘彰松、封晋、陈耀武、陈先柏、熊创亚、唐英正

6. 湘北地区杂交晚稻的推广

获奖时间、等级：1989 年　二等

获奖单位：益阳地区粮油生产站、常德市农业局粮油站、长沙市农业局粮油作物站、湖南省粮油生产局

获奖人员：周永和、唐英正、杨时杰、蔡智、毛先统、吕万友、孟明瑞

7. 多效唑在杂交水稻上的应用

获奖时间、等级：1992 年　二等

获奖单位：湖南省粮油生产局、长沙市农业局粮油科、岳阳市农业粮油站、常德市农业局粮油站、邵阳市农业局粮油站

获奖人员：熊创亚、吕万友、李传毅、彭亮、陈先柏、张才高、曾增琪

8. 双季杂交早稻威优 49 的选育及应用

获奖时间、等级：1992 年　二等

获奖单位：湖南省安江农业学校、湖南杂交水稻研究中心

获奖人员：邓小林、袁隆平

9. 杂交稻父本散粉高峰期的发现及其应用

获奖时间、等级：1992 年　二等

获奖单位：零陵地区种子公司、道县种子公司、东安县种子公司、祁阳县种子公司

获奖人员：黄培劲、程机、孙玉珩、陈伦南、何明仁、席建民、龚建梅

10. 籼型杂交水稻制种高产技术的推广

获奖时间、等级：1992 年　一等

获奖单位：湖南省种子公司、邵阳市种子公司、郴州地区种子公司、湖南省贺家山原种场、桂阳县种子公司

获奖人员：黄桂荪、潘旺林、尹中华、熊显南、胡前毅、荣冶粗、雷伯洋

11. 杂交水稻超高产制种技术的研究

获奖时间、等级：1993 年　一等

获奖单位：湖南省种子公司、湖南省贺家山原种场、郴县种子公司、隆回县种子公司、慈利县种子公司

获奖人员：许世觉、潘旺林、邹建平、钱诗忠、肖立一、杨孚初、袁振兴

12. 优良杂交稻威优 46

获奖时间、等级：1994 年　一等

获奖单位：湖南杂交水稻研究中心

获奖人员：黎垣庆、张健、陈秋香、王成和

13. 双季杂交早籼威优 1126

获奖时间、等级：1994 年　二等

获奖单位：湖南杂交水稻研究中心

获奖人员：王三良、许可、张健

14. 双季杂交早籼威优辐 26 的选育

获奖时间、等级：1995 年　二等

获奖单位：湖南杂交水稻研究中心

获奖人员：何顺武、唐传道、黄志强、龙和平、廖瑞靖、张健、毛昌祥

15. 优 IA 的选育

获奖时间、等级：1996 年　二等

获奖单位：湖南杂交水稻研究中心

获奖人员：张慧廉、邓应德

16. 低温敏核不育系“培矮 64S”

获奖时间、等级：1995 年　二等

获奖单位：湖南杂交水稻研究中心

获奖人员：罗孝和、罗治斌、邱趾忠、李任华

17. 双季杂交晚籼汕优晚 3 的选育

获奖时间、等级：1997 年　二等

获奖单位：湖南杂交水稻研究中心

获奖人员：何顺武、唐传道、黄志强、龙和平、袁光杰、谭志军、张桂芳

18. 籼型优质米新不育系金 23A 的选育

获奖时间、等级：1997 年　二等

获奖单位：常德市农业科学研究所

获奖人员：李伊良、夏胜平、贾先勇、徐春芳、骆正鑫、李文华、黄桂荪

19. 两系法杂交水稻培两优 288 的选育

获奖时间、等级：1998 年　一等

获奖单位：湖南农业大学、湖南杂交水稻研究中心

获奖人员：陈立云、李国泰、刘国华、肖层林、罗孝和、张光舜、温圣贤、刘本春、邓白平

20. 两系杂交水稻高产保纯制种技术的研究

获奖时间、等级：1998 年　二等

获奖单位：湖南省种子管理站、湖南农业大学、湖南省安江农业学校、慈利县种子公司、长沙市种子公司

获奖人员：许世觉、唐建初、肖层林、刘爱民、许琨、王伟成、邢芳超

21. 培两优特青选育

获奖时间、等级：1998 年　一等

获奖单位：湖南杂交水稻研究中心

获奖人员：罗孝和、邱趾忠、李任华、白德朗、陈佩玺、罗治斌、周承恕、廖翠猛、卢志龙

22. 光温敏核不育水稻育性稳定性及其鉴定技术研究

获奖时间、等级：1998 年　二等

获奖单位：湖南杂交水稻研究中心

获奖人员：袁隆平、邓启云、欧爱辉、符习勤、朱全仁、李继明、赵炳然

23. 安农 S-1 籼型水稻温敏核不育系研究

获奖时间、等级：1998 年　一等

获奖单位：湖南省安江农业学校

获奖人员：邓华凤、李必湖、颜学明、周广洽、郭名奇、尹华奇、陈良碧、肖层林、刘爱民

24. 籼型杂交水稻威优 402 的选育与应用研究

获奖时间、等级：1998 年　二等

获奖单位：湖南省安江农业学校

获奖人员：唐显岩、李必湖、刘爱民、舒福北、张中型、毛勋、张德宁

25. 亚亚种间三系杂交中晚稻新组合汕优 198 的选育

获奖时间、等级：1998 年　一等

获奖单位：湖南农业大学水稻科学研究所

获奖人员：严钦泉、周清明、程乐根、周文新、王奎武、赵介仁、严秋平、吉昌武、陈友云

26. 两系杂交水稻基础理论研究

获奖时间、等级：1999 年　二等

获奖单位：湖南师范大学、湖南农业大学

获奖人员：周广洽、陈良碧、卢向阳、李训贞、徐孟亮、罗泽民、谭周磁

27. 优质食用稻“三高一少”技术体系研究与应用

获奖时间、等级：2000 年　二等

获奖单位：湖南省水稻研究所

获奖人员：张玉烛、黎用朝、马国辉、戴平安、黄志农、徐叔云、竺锡武

28. 威优 647 的选育

获奖时间、等级：2000 年　二等

获奖单位：湖南杂交水稻研究中心

获奖人员：邓小林、黄大辉、刘建宾、廖翠猛、郭名奇、张健

29. 水稻盘育抛秧适应性技术研究与应用推广

获奖时间、等级：2000 年 一等

获奖单位：湖南省粮油生产局、湖南省农技推广总站、湖南省农业科学院

获奖人员：青先国、唐秋澄、史湘玉、杨光立、冉家庆、戴魁根、鲁国基、余午蛟、漆达中

30. 优质不育系金 23A 及金优系列组合推广应用

获奖时间、等级：2000 年 二等

获奖单位：常德市农科所、湖南省种子公司、常德市农业局

获奖人员：夏胜平、杨年春、丁新才、聂明建、曾鸽期、李娓、王泽斌

31. 优质高产三系杂交水稻新香优 80 的选育

获奖时间、等级：2000 年 二等

获奖单位：湖南农业大学

获奖人员：陈立云、李国泰、刘国华、肖层林、唐文邦、许琨、刘建丰

五、获农业部科技进步奖项目

威优 64 的选育

获奖时间、等级：1987 年 二等

获奖单位：湖南省安江农业学校

获奖人员：袁隆平、孙梅元

（撰写：彭既明 审稿：李继明）

References

参考文献

[1] 施永祛. 浅谈水稻三系的选育及其杂种优势的利用[J]. 农业与技术, 2014, 34(8): 131-132.

[2] 蔡立湘, 黄金华, 邓定武, 等. 中国水稻杂种优势利用的成就与展望[J]. 科技导报, 1995(1): 42-45.

[3] 罗闰良. 水稻杂种优势利用的成就与展望[J]. 湖南农业科学, 2002(z1): 11-14.

[4] 朱英国, 李绍清, 李阳生, 等. 杂交水稻研究的回顾与发展[C]// 中国作物学会2006年学术年会论文集. 北京: 中国作物学会, 2006: 9-17.

[5] 任光俊, 颜龙安, 谢华安. 三系杂交水稻育种研究的回顾与展望[J]. 科学通报, 2016, 61(35): 3748-3760.

[6] 颜龙安, 蔡耀辉, 谢红卫. 籼型三系杂交水稻的选育与思考[M]// 杂交水稻发展战略研究. 武汉: 湖北科学技术出版社, 2016: 3-40.

[7] 四川农学院农学系水稻研究室. 冈型杂交水稻的选育和利用[M]// 四川稻作. 成都: 四川科学技术出版社, 1994: 234-236.

[8] 周开达, 黎汉云, 李仁端. D型杂交水稻的选育和利用[J]. 杂交水稻, 1987, 2: 1-15.

[9] 张慧廉, 邓应德. 高异交率优质不育系优ⅠA的选育及应用[J]. 杂交水稻, 1996, 1: 4-6.

[10] 范树国, 梁承邺, 刘鸿先. 水稻雄性不育系及雄性不育突变体筛选研究进展[J]. 植物学通报, 1998(S1): 8-18.

[11] 李泽炳. 杂交水稻的研究与实践[M]. 上海: 上海科学技术出版社, 1982.

[12] 蔡俊迈, 李维明. 进一步提高水稻雄性不育异交率的育种潜势[J]. 福建省农科院学报, 1987, 17(2): 69-78.

[13] 陈万生. 杂交早稻恢复系的选育[J]. 作物研究, 1988(02): 17-19.

[14] 王才林, 汤玉庚, 刘云松, 等. BT型粳稻不育系六千辛A育性稳定性的初步研究[J]. 江苏农业科学, 1989(7): 1-4.

[15] 王才林, 汤玉庚, 汤述翥, 等. 六优杂交粳稻的混杂原因及其防止途径[J]. 江苏农业科学, 1988(4): 10-12.

[16] 李成荃, 王守海, 王德正, 等. 安徽省杂交粳稻研究回顾与展望[J]. 安徽农业科学, 2005, 33(1): 1-4, 26.

[17] 全立勇, 胡惠根, 李福兴, 等. 杂交粳稻中不育株形成原因及减少不育株的对策[J]. 杂交水稻, 2001, 16(4): 32-33.

[18] 迟克生, 华泽田, 杨振玉, 等. 北方杂交粳稻不育系选育和提纯[J]. 辽宁农业科学, 1995(06): 41-43.

[19] 罗盛财, 杨聚宝. BT型光身不育系: 包珍兰A选育初报[J]. 杂交水稻, 1989(04): 18-19.

[20] 道卓. 提高水稻“三系”结实率的措施[J]. 新农业, 1977(11): 12-13.

[21] 荣冶粗, 龚绍文, 罗闰良. 我国杂交水稻繁殖制种的现状与发展战略探讨[J]. 中国稻米, 1995(04): 1-2, 6.

[22] 朱英国. 红莲型杂交水稻的研究与发展[M]// 杂交水稻发展战略研究. 武汉: 湖北科学技术出版社, 2016: 41-48.

[23] 任光俊，陆贤军. 三系杂交籼稻及其亲本系谱[M]// 中国水稻遗传育种与品种系谱（1986—2005）. 北京：中国农业出版社，2010：473-547.

[24] 周坤炉. 籼型杂交水稻三系不育系选育[J]. 杂交水稻，1994，9：22-26.

[25] 朱仁山，刘文军，李绍清，等. 红莲型杂交稻不育系络红 3A 及其组合络优 8 号的选育与利用[J] 武汉大学学报（理学版），2013，59（1）：29-32.

[26] 朱仁山，黄文超，胡骏，等. 红莲型杂交稻新不育系络红 4A 的选育[J]. 武汉大学学报（理学版），2013，59（1）：33-36.

[27] 王文明，文宏灿，袁国良，等. K 型杂交水稻的选育与研究[J]. 杂交水稻，1996，11：11-16.

[28] 朱英国，余金洪，徐树华，等. 中国水稻农家品种马尾黏败育株细胞质雄性不育系（马协 A）研究[J]. 武汉大学学报（自然科学版），1993，39：111-115.

[29] 游年顺，雷捷成，黄利兴，等. 水稻 KV 型细胞质雄性不育系的选育及其胞质效应研究初报[J]. 杂交水稻，1993，8：1-4.

[30] 谢华安，郑家团，张受刚. 籼型杂交水稻汕优 63 及其恢复系明恢 63 的选育研究[J]. 福建省农业学报，1987，2. 1 6.

[31] 吴方喜，张建福，谢华安. 籼型杂交水稻恢复系的创制与应用[M]// 杂交水稻发展战略研究. 武汉：湖北科学技术出版社，2016：8-32.

[32] 许可，王三良. 恢复系 207 的选育和利用[J]. 湖南农业科学，1997（3）：15-16.

[33] 蒋小勇，郭爱军，蒋逊平，等. 优质中熟杂交晚籼新组合鑫优 9113 的选育与应用[J]. 杂交水稻，2013，18（6）：18-20.

[34] 汗青. 我院函授学员发现“安农 S-1A”[J]. 湖南农学院学报，1988，4：18.

[35] 石明松. 晚粳自然两用系选育及应用初报[J]. 湖北农业科学，1981（7）：1-3.

[36] 石明松. 对光照长度敏感的隐性雄性不育水稻的发现与初步研究[J]. 中国农业科学，1985（2）：44-48.

[37] 石明松，邓景扬. 湖北光感核不育水稻的发现、鉴定及其利用途径[J]. 遗传学报，1986，13（2）：107-112.

[38] 邓华凤，舒福北，袁定阳. 安农 S-1 的研究及其利用概况[J]. 杂交水稻，1999，14（3）：1-3.

[39] 牟同敏. 中国两系法杂交水稻研究进展和展望[J]. 科学通报，2016，61（35）：3761-3769.

[40] 杨远柱. 水稻广亲和温敏不育系株 1S 的选育及应用[J]. 杂交水稻，2000，15（2）：6-7，9.

[41] 韦善富. 广西农科院建成全国第二座两系杂交水稻专用人工气候室[J]. 杂交水稻，1997，12（3）：28.

[42] 廖亦龙，王丰，李传国，等. 两用核不育水稻的选育与利用研究进展[J]. 作物研究，2002（5）：216-219.

[43] 何强，蔡义东，徐耀武，等. 水稻光温敏核不育系利用中存在的问题与对策[J]. 杂交水稻，2004，19（1）：1-5.

[44] 斯华敏，付亚萍，刘文真，等. 水稻光温敏雄性核不育系的系谱分析[J]. 作物学报，2012，38（3）：394-407.

[45] 徐孟亮，李传熹. 两系法杂交水稻应用研究概述[J]. 中国农学通报，2001，17（4）：57-59.

[46] 张华丽，陈晓阳，黄建中，等. 中国两系杂交水稻光温敏核不育基因的鉴定与演化分析[J]. 中国农业科学，2015，48（1）：1-9.

[47] 张景龙，乔金玲，田红刚，等. 浅谈两系法杂交水稻在黑龙江省的应用前景[J]. 黑龙江农业科学，2013（2）：144-146.

[48] 吕川根. 江苏省两系法杂交水稻研究现状与发展对策[C]// 科技部，农业部，湖南省人民政府. 第一届中国杂交水稻大会论文集，2010：35-40.

[49] 张红林，刘海平，李云，等. 两系法杂交水稻研究现状与发展趋势[J]. 江西农业学报 1998，10(4)：76-80.

[50] 陈立云，雷东阳，唐文邦，等. 两系法杂交水稻研究和应用中若干问题的思与行[J]. 中国水稻科学，2010，24(6)：641-646.

[51] 李继明.863 计划两系杂交水稻专题研讨会暨 1996 年海南年会会议纪要[J]. 杂交水稻，1996(3)：43.

[52] 福建农业科学院.《两系法杂交水稻技术研究与应用》获国家科技进步特等奖[J]. 福建农业科技，2014(2)：21.

[53] 李继明.863-101-01 两系法杂交水稻专题研讨会在扬州召开[J]. 杂交水稻，1994(6)：43.

[54] 李继明.863-101-01 专题两系法杂交水稻新组合示范现场会在湖北召开[J]. 杂交水稻，1993(4)：42.

[55] 罗闰良. 湖南两系法杂交水稻发展的成就、问题及对策[J]. 湖南经济，2000(8)：34-35.

[56] 尹华奇. 两系法杂交水稻技术讲座：第一讲两系法杂交水稻的由来及其意义[J]. 湖南农业，1997(5)：8.

[57]《杂交水稻》杂志社. 全国两系法杂交水稻示范现场会分别在河南信阳和四川双流召开[J]. 杂交水稻，1997，12(5)：39.

[58] 杨善清，曹仲学. 我国两系杂交水稻基本培育成功[J]. 湖南农业科学，1995(4)：48.

[59] 曾鸽旗，周中林. 我省两系法杂交水稻开发成效显著[J]. 湖南农业，1996(2)：15.

[60] 陈亿毅，张银海. 我省两系法杂交水稻选育与应用的进展及展望[J]. 湖北农业科学，1996(增刊)：8-11，17.

[61] 龙彭年. 中国两系法杂交水稻研发成就和发展策略[J]. 世界农业，2002(8)：36-38.

[62] 胡忠孝，田妍，徐秋生. 中国杂交水稻推广历程及现状分析[J]. 杂交水稻，2016，31(2)：1-8.

[63] 仇贵才，滕友仁，刘标. 对盐城两系杂交水稻制种产业可持续发展的思考[J]. 中国种业，2010(4)：31-32.

[64] 黄乃崇. 广西两系法杂交水稻种子生产存在的问题及发展对策[J]. 种子，2012，31(4)：99-101.

[65] 陈金节，张从合，周桂香，等. 提高两系杂交水稻种子质量的对策[J]. 杂交水稻，2009，24(4)：1-4.

[66] 何强. 两系法杂交水稻技术："领跑" 世界技术成果[J]. 中国农村科技，2016(6)：14-17.

[67] 罗孝和，白德朗. 两系法杂交水稻研究Ⅲ两系杂交水稻的选育[J]. 湖南农业科学，1996(2)：5-8.

[68] 袁隆平，李继明. 两系法杂交水稻研究Ⅰ 1991—1995 年研究概况[J]. 湖南农业科学，1995(6)：4-5.

[69] 袁隆平. 两系法杂交水稻研究的进展[J]. 中国农业科学，1990，23(3)：1-6.

[70] 孙宗修，于永红，胡国成，等. 两系杂交水稻研究现状与对策[J]. 科技通报，2000，16(1)：1-7.

[71] 周小燕. 浅谈两系杂交水稻育种[J]. 大麦与谷类科学，2009(3)：16-18.

[72] 尹华奇. 我国两系法杂交水稻研究的进展[J]. 湖南农业科学，1999(1)：12-13.

[73] 卢兴桂. 我国两系法杂交水稻研究与发展现状[J]. 湖北农业科学，1996(S1)5-7.

[74] 陈家彬，林纲，赵德明，等. 我国两系杂交水稻选育进展[J]. 中国种业，2016(5)：8-10.

[75] 斯华敏，刘文真，付亚萍，等. 我国两系杂交水稻发展的现状和建议 [J]. 中国水稻科学，2011，25（5）：544-552.

[76] 盛玲. “东方魔稻”再突破：“超优千号”单产创世界纪录 [J]. 中国农村科技，2017（271）：34-35.

[77] 曾波. 近 30 年来我国水稻主要品种更新换代历程浅析 [J]. 作物杂志，2018（3）：1-7.

[78] 曾波，孙世贤，王洁. 我国水稻主要品种近 30 年来审定及推广应用概况 [J]. 作物杂志，2018（2）：1-5.

[79] 程式华. 中国超级稻育种 [M]. 北京：科学出版社，2010：33-58.

[80] 邓华凤，何强. 长江流域广适型超级杂交稻株型模式研究 [M]. 北京：中国农业出版社，2013：6-13.

[81] 刘永柱，肖武名，王慧，等. 两系超级杂交稻新组合 Y 两优 1173 的选育与应用 [J]. 杂交水稻，2018，33（1）：17-19，24.

[82] 马荣荣，王晓燕，陆永法，等. 晚粳不育系甬粳 2 号 A 及其籼粳杂交晚稻组合的选育及应用 [C]// 科技部，农业部，湖南省人民政府. 第一届中国杂交水稻大会论文集，2010：185-189.

[83] 彭既明，袁隆平. 大力开展“种三产四”推动湖南水稻持续发展 [J]. 杂交水稻，2018，33（1）：1-5.

[84] 武小金. 提高水稻杂种优势水平的可能途径 [J]. 中国水稻科学，2000，14（1）：61-64.

[85] 袁隆平. 杂交水稻超高产育种探讨 [J]. 杂交水稻，1997（6）：1-8.

[86] 袁隆平. 从育种角度展望我国水稻的增产潜力 [J]. 杂交水稻，1996，11（4）：1-2.

[87] 袁隆平. 杂交水稻超高产育种 [J]. 杂交水稻，1997，12（6）：1-6.

[88] 袁隆平. 超级杂交稻研究 [M]. 上海：上海科学技术出版社，2006：150-161，288-296.

[89] 袁隆平. 袁隆平论文集 [M]. 北京：科学出版社，2010：267-270.

[90] 袁隆平. 选育超高产杂交水稻的进一步设想 [J]. 杂交水稻，2012，27（6）：1-2.

[91] 袁隆平. 杂交水稻发展的战略 [J]. 杂交水稻，2018，33（5）：1-2.

[92] 张桂权，卢永根. 粳型亲籼系的选育及其在杂交水稻超高产育种上的利用 [J]. 杂交水稻，1999，14（6）：5-7，13.

[93] 周开达，马玉清，刘太清，等. 杂交水稻亚种间重穗型组合的选育：杂交水稻超高产育种的理论与实践 [J]. 四川农业大学学报，1995，13（4）：403-407.

[94] 袁隆平. 发展超级杂交水稻　保障国家粮食安全 [J]. 杂交水稻，2015，30（3）：1-2.

[95] 邓兴旺，王海洋，唐晓艳，等. 杂交水稻育种将迎来新时代 [J]. 中国科学（生命科学），2013，43（10）：864-868.

[96] 袁隆平. 第三代杂交水稻初步研究成功 [J]. 科学通报，2016，61（31）：3404.

[97] 孙敬三，刘永胜，辛化伟. 被子植物的无融合生殖 [J]. 植物学通报，1996，13（01）：2-9.

[98] 黄群策，孙敬三，Times New Roman. 被子植物多胚苗的研究进展 [J]. 植物学报，1998，15（2）：1-7.

[99] 赵世绪. 如何固定杂种优势 [J]. 遗传与育种，1977（3）：21-22.

[100] 蔡得田，陈冬玲. 论无融合生殖固定水稻杂种优势的策略 [J]. 杂交水稻，1989（6）：1-3，22.

[101] 潘晓飚，谢留杰，黄善军，等. 杂交水稻不同生育阶段的耐盐性及育种策略 [J]. 江苏农业科

学，2017，45（6）：56-60.

［102］章禄标，潘晓飚，张建，等．全生育期耐盐恢复系在正常灌溉条件下性状表现及耐盐杂交稻的选育［J］．作物学报，2012，38（10）：1782-1790.

［103］袁隆平，唐传道．杂交水稻选育的回顾、现状与展望［J］．中国稻米，1999（4）：3-6.

［104］季申清．杂交稻制种利用机械采粉新途径［J］．杂交水稻，1990（1）：27-30.

［105］李青茂．杂交水稻在美国实行机械化制种的要求和前景［J］．杂交水稻，1990（2）：45-47.

［106］黄育忠．杂交水稻机械化制种技术初探［J］．种子，1995（6）：43-45.

［107］湖北农学．杂交水稻制种授粉方法及实现该方法的授粉器：中国，CN92102 720.6［P］.1992-11-11.

［108］李训贞，周广洽．机械采粉、授粉对水稻花粉活力和异交结实的影响［J］．作物学报，1996，22（3）：353.

［109］袁隆平．杂交水稻学［M］．北京：中国农业出版社，2002.

［110］张德文．杂交水稻混播制种技术研究［D］．安徽：安徽农业大学，2007.

［111］王仕梅，朱启升，王婉林，等．苯达松敏感基因在杂交水稻制种技术上的应用研究［J］．农业科学与技术（英文版），2008，9（1）：99-103，145.

［112］贾志成，吴小伟，茹煜．直升机植保技术研究综述［C］// 中国林业机械协会，北京林业大学．新形势下林业机械发展论坛论文集，2010：37-40.

［113］刘爱民，廖翠猛，杨文星．杂交水稻种子生产面临的问题与技术创新［C］// 科技部，农业部，湖南省人民政府．第一届中国杂交水稻大会论文集，2010：459-461.

［114］刘爱民，佘雪晴，彭炎，等．杂交水稻制种直播母本特征特性研究［C］// 科技部，农业部，湖南省人民政府．第一届中国杂交水稻大会论文集，2010：474-478.

［115］胡继银，蒋艾青．美国杂交水稻现状及发展前景［J］．杂交水稻，2011，26（1）：81-83，90.

［116］谭长乐，王宝和，薛良鹏，等．杂交水稻机械化制种现状与技术思路［J］．江苏农业科学，2011，39（6）：98-100.

［117］汤楚宙，王慧敏，李明，等．杂交水稻制种机械授粉研究现状及发展对策［J］．农业工程学报，2012，28（4）：1-7.

［118］刘爱民，佘雪晴，易图华，等．杂交水稻母本机插秧制种技术研究初报［J］．杂交水稻，2012，27（1）：31-33.

［119］刘延斌．小粒水稻两用核不育系的特征特性及其应用研究［D］．湖南：湖南农业大学，2013.

［120］刘爱民，佘雪晴，王在满，等．杂交水稻母本机械穴直播制种技术试验总结［J］．杂交水稻，2013，28（6）：21-23.

［121］熊朝，吴辉，刘钊，等．杂交水稻制种父本群体培养技术进展［J］．作物研究，2014，28（2）：207-210.

［122］刘爱民，肖层林，龙和平，等．杂交水稻全程机械化制种技术研究初步进展［J］．杂交水稻，2014，29（2）：6-8.

［123］吴辉，熊朝，刘爱民，等．杂交水稻机械化制种辅助授粉技术研究现状与设想［J］．作物研究，2014，28（3）：321-323，327.

［124］蒋天智，刘爱民，周武承，等．两系杂交早稻陵两优 104 母本机插秧制种技术［J］．杂交水稻，2015，30（2）：17-19.

［125］刘爱民，佘雪晴，易图华，等．杂交水稻制种母本机插秧特性研究［J］．杂交水稻，2015，30（1）：19-24.

［126］刘爱民，张海清，廖翠猛，等．单旋翼农用

无人机辅助杂交水稻制种授粉效果研究[J]. 杂交水稻, 2016, 31(6): 19-23.

[127] 杨永标, 刘爱民, 张海清, 等. 机插密度对杂交水稻制种母本群体生长发育特性的影响[J]. 作物研究, 2017, 31(4): 342-348, 372.

[128] 陈勇, 张海清, 刘爱民, 等. 杂交水稻制种父本机插秧与施肥方式对其群体生长发育的影响[J]. 作物研究, 2017, 31(4): 355-359, 376.

[129] 刘付仁, 刘爱民, 贺长青, 等. 杂交水稻全程机械化制种关键技术示范[J]. 杂交水稻, 2017, 32(1): 34-36.

[130] 刘俊龙, 刘爱民, 张海清, 等. 杂交水稻种子机械烘干特性初步研究[J]. 杂交水稻, 2018, 33(2): 31-35.

[131] 编辑部.18 国水稻专家齐聚三亚热议优质稻与全球化[J]. 四川农业科技, 2019(4): 12.

[132] QIAN Q, GUO L B, SMITH S M, et al. Breeding high-yield superior quality hybrid super rice by rational design[J]. National Science Review, 2016, 3(3): 283-294.

[133] CHENG S H, ZHUANG J Y, FAN Y Y. Progress in research and development on hybrid rice: A super-domesticate in China[J]. Ann Bot (Lond), 2007, 100(5): 959-966.

[134] CHEN L, LIU Y G. Male sterility and fertility restoration in crops[J]. Annu Rev Plant Biol, 2014, 65: 579-606.

[135] HUANG J Z, ZHANG H L, SHU Q Y, et al. Workable male sterility systems for hybrid rice: Genetics, biochemistry, molecular biology, and utilization[J]. Rice (NY), 2014, 7(1): 13.

[136] CHEN L, LEI D, TANG W, et al. Thoughts and practice on some problems about research and application of two-line hybrid rice[J]. Chin J Rice Sci, 2011, 18(2): 79-85.

[137] DING J, QING L, OUYANG Y D, et al. A long noncoding RNA regulates photoperiod-sensitive male sterility, an essential component of hybrid rice[J]. Proc Natl Acad Sci USA, 2012, 109(7): 2654-2659.

[138] ZHOU H, LIU Q J, LI J, et al. Photoperiod-and thermo-sensitive genic male sterility in rice are caused by a point mutation in a novel noncoding RNA that produces a small RNA[J]. Cell Res, 2012, 22(4): 649-660.

[139] ZHOU H, ZHOU M, YANG Y Z, et al. RNase Z(S1) processes UbL 40 mRNAs and controls thermosensitive genic male sterility in rice[J]. Nat Commun, 2014, 5: 4884.

[140] WILLIAMS M, LEEMANS J. Maintenance of male-sterile plants[P]. Patent No. W093/25 695, 1993.

[141] PEREZ-PRAT E, VAN LOOKEREN CAMPAGNE M M. Hybrid seed production and the challenge of propagating male-sterile plants[J]. Trends Plant SCi, 2002, 7: 199-203.

[142] ALBERTSEN M C, FOX T W, HERSHEY H P, et al. Nucleotide sequences mediating plant male fertility and method of using same[P]. Patent No. W02007002267, 2006.

[143] CHANG Z Y, CHEN Z F, WANG N, et al. Construction of a male sterility system for hybrid rice breeding and seed production using a nuclear male sterility gene[J]. Proceedings of the National Academy of Sciences of the United States of America, 2016, 113(49): 14145-14150.

下篇

国外杂交水稻发展

1964年，“杂交水稻之父”袁隆平院士在我国率先开展杂交水稻研究。1976年，杂交水稻在我国开始大面积推广应用，从而使中国成为世界上第一个成功利用水稻杂种优势的国家。由于单产比常规水稻大幅度增加，杂交水稻又被称为“东方魔稻”，并引起了国际社会的广泛重视。

1980年，杂交水稻作为我国出口的第一项农业科研成果转让给美国，拉开了杂交水稻国际化的序幕。20世纪90年代初，联合国粮农组织（FAO）将推广杂交水稻列为解决发展中国家粮食短缺问题的首选战略措施，率先在印度、越南等水稻种植国实施，取得了良好的效果。印度和越南成为继中国之后大面积成功应用杂交水稻技术的国家。在联合国粮农组织、联合国开发计划署、亚洲开发银行、国际水稻研究所（IRRI）等国际组织和中国政府、研究机构、企业的支持和帮助下，目前杂交水稻的国际推广取得了较大的进展，杂交水稻已在全球40多个国家成功试验示范，在亚洲、美洲、非洲等10多个国家实现了商业化生产应用。

全世界种植水稻的国家有113个，国外每年水稻种植面积有1.3亿hm^2。据专家预测，随着杂交水稻不断走向世界，2025年国外杂交水稻种植面积将达到5 000万hm^2，按每公顷平均增收2 t稻谷计算，可增收1亿t稻谷，可以多养活2亿多人。近年来，越来越多的缺粮国家迫切需要引进中国的杂交水稻技术以解决其粮食自给难题，这给杂交水稻的国际推广提供了良好的机遇和广阔的市场。

第六章

亚洲杂交水稻的发展

亚洲共有 48 个国家，水稻收获面积超过 10 万 hm^2 的有 20 个国家，其中位于东亚的有中国、日本、韩国和朝鲜等 4 个国家；位于东南亚的有印度尼西亚、泰国、越南、缅甸、菲律宾、柬埔寨、老挝、马来西亚等 8 个国家；位于南亚的有印度、孟加拉国、巴基斯坦、尼泊尔和斯里兰卡等 5 个国家；位于西亚的有伊朗、阿富汗和土耳其等 3 个国家。

亚洲是全球杂交水稻推广面积最大的地区。除中国外，亚洲杂交水稻发展较好的国家有印度、越南、菲律宾、巴基斯坦、印度尼西亚、缅甸等。

第一节　印度

一、杂交水稻推广历程

从 1980 年开始，印度杂交水稻研究与推广经历了 4 个阶段。

第一阶段从 1980 年到 1993 年，主要是研究杂交水稻的基础技术和性状遗传，如不育系的质源和遗传、恢复系的筛选和遗传等。1981 年，印度引进中国和 IRRI 的不育系 V20A、珍汕 97A、P203A、IR48483A、IR46830A 等进行研究，发现中国的不育系不能适应印度的气候条件。1989 年 12 月，印度农业研究委员会（ICAR）启动了杂交水稻推广应用国家计划，组建了印度杂交水稻研究协作网和种子生产协作网。该计划在 1991 年得到联合国开发计划署的资金支持以及 IRRI 和 FAO 的技术支持后进展很快。一些公益机构及私营公司也积极参与商业化种子生产及杂交水稻推广中。研究协作网由位于海得拉巴的国家水稻研究所牵头，共 12 家研究单位参加，主要研究目标是：选育适合灌溉生态条件下种植的优良杂交水稻组合；优化制种技术；研究成套高产栽培技术；选育适合低洼多雨地区种植的亲本以及供出口用的亲本；开展基础理论研究。

第二阶段从 1994 年至 2001 年。1994 年，杂交水稻在印度选育成功，根据多点品比和生产试验的表现，这一年共有 4 个杂交水稻组合通过审定。这些杂交水稻组合的平均单产为 6.85 t/hm^2，比当时主栽品种高 32.9%。至 2001 年，印度审定的杂交水稻组合达 16 个，年推广面积近 20 万 hm^2。这一阶段推广的组合，其不育系以 IR58025A、IR62829A 为主。IR58025A 配合力较好，制种产量较高，但所配组合直链淀粉含量低，不易被印度老百姓所接受。IR62829A 配合力较好，制种产量高，但育性不太稳定。由于这些初期品种存在米质差、抗病性差、制种产量偏低等明显的缺陷，杂交水稻一直无法大面积推广。但在这一阶段，许多种子公司开始启动杂交水稻研发工作。

第三阶段从 2002 年至 2012 年。2002 年，印度制定了第 10 个五年计划（2002—2007），计划在全国发展 300 万～400 万 hm^2 杂交水稻，提高制种产量至 2.5 t/hm^2，提高杂交水稻米质和抗性。此后，一批农艺特性改良后的杂交水稻新品种开始应用于生产。同时，国家相关研究机构和种业公司合作，逐步完善了商业化机制，使杂交水稻进入了一个快速发展时期。全国杂交水稻种植面积逐年增加，由 2002 年的 20 万 hm^2 上升到 2012 年的 250 万 hm^2。

第四阶段从 2012 年开始，杂交水稻发展遇到了新的瓶颈。老品种的缺陷没有得到根本性解决，如制种产量低、种子质量及米质差等问题依然存在，导致杂交水稻种植面积徘徊不前。与此同时，也出现了一些新的问题，如耕作方式的改变和气候变化对作物产量的影响，常规水稻品种产量的提高也降低了农民种植杂交水稻的积极性，这些因素对杂交水稻的进一步推广形成了巨大的压力。此外，一个重要的变化是印度国家科研机构和大学基本上已退出杂交水稻育种方面的研究，本国种业和跨国种业公司已成为印度杂交水稻品种研发的中坚力量。目前，具备杂交水稻自主研发能力的公司有 30 多家，而从事杂交水稻种子生产和销售的公司有 200 多家。尽管如此，杂交水稻面积仍在逐年扩大，2016 年，印度杂交水稻推广面积已经超过 300 万 hm^2。

二、杂交水稻品种选育、推广现状和趋势

在以袁隆平院士为首的中国专家以及费马尼（S. S. Virmani）博士、池桥宏博士等的

帮助下，大批印度科学家在中国以及 IRRI 接受了杂交水稻课堂培训及现场教学，使他们在杂交水稻研究与种子生产方面具备了一定的基础知识，这加速了印度杂交水稻的研究发展。在各方共同努力下，印度成为继中国之后第二个实现杂交水稻大面积商业化生产的国家。

（一）品种选育情况（图 6-1）

至 2017 年，印度共审定了 97 个杂交水稻品种，其中 33 个来自公益机构，64 个来自私营企业（表 6-1 及表 6-2 列出了目前已有种子生产的部分杂交水稻品种名录），这些品种绝大多数为三系杂交水稻品种。私营企业在印度杂交水稻研究和推广中发挥了重要作用。

图 6-1　印度杂交水稻品种选育（杨耀松　提供）

表 6-1　印度在推杂交水稻品种（公益机构选育）

序号	品名	生育期 /d	审定年份	选育单位	审定邦
1	KRH-2	130～135	1996	ZARS，VC Farm，Mandya（UAS，Bengaluru）	Pondicherry，Bihar，Karnataka，Tamil Nadu，Tripura，Maharashtra，Haryana，Orissa，Uttarakhand，Rajasthan，West Bengal
2	Pusa RH-10	120～125	2001	IARI，New Delhi	Haryana，Delhi，Uttar Pradesh，Uttarakhand
3	PSD-3	125～130	2004	GBPUA&T，Pantnagar	Uttarakhand

续表

序号	品名	生育期 /d	审定年份	选育单位	审定邦
4	DRRH-2	112～116	2005	DRR，Hyderabad	Haryana，Uttarakhand，West Bengal，Tamil Nadu
5	Rajlaxmi	130～135	2005	CRRI，Cuttack	Orissa，Boro areas of Assam
6	Ajay	130～135	2005	CRRI，Cuttack	Orissa
7	CORH-3	130～135	2006	TNAU，Coimbatore	Tamil Nadu
8	Indira Sona	125～130	2006	IGKVV，Raipur	Chhattisgarh
9	JRH-4	110～115	2007	JNKVV，Jabalpur	Madhya Pradesh
10	JRH-5	110～115	2007	JNKVV，Jabalpur	Madhya Pradesh
11	Sahyadri-4	128	2008	RARS，Karjat	Maharashtra，Uttar Pradesh，Punjab，Haryana，West Bengal
12	JRH-8	115～120	2008	JNKVV，Jabalpur	Madhya Pradesh
13	DRRH-3	130～135	2009	DRR，Hyderabad	Andhra Pradesh，Orissa，Gujarat，Madhya Pradesh，Uttar Pradesh
14	CRHR-32	140～145	2010	CRRI，Cuttack	Late-irrigated/shallow lowlands of Bihar and Gujarat
15	TNAU Rice Hybrid CO4	130～135	2011	TNAU，Coimbatore	Tamil Nadu，Gujarat，Maharashtra
16	Sahyadri-5	140～145	2012	RARS，Karjat	Maharashtra

表 6-2　印度在推杂交水稻品种（私营企业选育）

序号	品名	生育期 /d	审定年份	选育单位	审定邦
1	PHB-71	120～125	1997	Pioneer Overseas Corp.，Hyderabad	Haryana，Uttar Pradesh，Tamil Nadu，Andhra Pradesh，Karnataka
2	PA6201	125～130	2000	Bayer Crop Science AG，Hyderabad	Andhra Pradesh，Karnataka，Tamil Nadu，Bihar，Orissa，Tripura，Uttar Pradesh，West Bengal，Madhya Pradesh
3	H6444	135～140	2001	Bayer Crop Science AG，Hyderabad	Uttar Pradesh，Tripura，Orissa，Andhra Pradesh，Karnataka，Maharashtra，Uttarakhand
4	Suruchi	130～135	2004	Mahyco Pvt.Ltd.，Aurangabad	Haryana，Andhra Pradesh，Gujarat，Chhattisgarh，Karnataka，Maharashtra

续表 1

序号	品名	生育期 /d	审定年份	选育单位	审定邦
5	JKRH-401	135 ~ 140	2006	JK Agri Genetics Ltd., Hyderabad	West Bengal, Bihar, Orissa, Uttar Pradesh
6	PA6129	120	2007	Bayer Crop Science AG, Hyderabad	Punjab, Tamil Nadu, Pondicherry
7	GK5003	128	2008	Ganga Kaveri seeds Pvt.Ltd., Hyderabad	Andhra Pradesh, Karnataka
8	DRH775	125 ~ 130	2009	Metahelix Life Sciences Pvt.Ltd., Hyderabad	Jharkhand, Chhattisgarh, West Bengal
9	HRI-157	130 ~ 135	2009	Bayer Crop Science AG, Hyderabad	Uttar Pradesh, Madhya Pradesh, Bihar, Jharkhand, Tripura, Chhattisgarh, Orissa, Maharashtra, Gujarat, Andhra Pradesh, Karnataka, Tamil Nadu
10	PAC835	130 ~ 135	2009	Advanta India Ltd., Hyderabad	Orissa, Gujarat
11	PAC837	130 ~ 135	2009	Advanta India Ltd., Hyderabad	Western Gujarat, Uttar Pradesh, Eastern Chhattisgarh, Northwestern J&K, Andhra Pradesh, Karnataka
12	NK5251	125 ~ 130	2012	Syngenta India Ltd., Secunderabad	Tamil Nadu, Karnataka, Andhra Pradesh, Maharashtra, Gujarat
13	US312	125 ~ 130	2010	Seed Works International Pvt. Ltd., Hyderabad	Tamil Nadu, Karnataka, Andhra Pradesh, Bihar, Uttar Pradesh, West Bengal
14	INDAM200-017	125 ~ 130	2010	Indo-American Hybrid Seeds Pvt. Ltd., Hyderabad	Maharashtra, Andhra Pradesh
15	27P11	135 ~ 140	2011	PHI Seeds Pvt.Ltd., Hyderabad	Karnataka, Maharashtra
16	VNR202	130 ~ 135	2011	VNR Seeds Pvt. Ltd., Raipur	Uttar Pradesh, Uttarakhand, West Bengal, Maharashtra, Tamil Nadu
17	VNR204	120 ~ 125	2011	VNR Seeds Pvt. Ltd., Raipur	Chhattisgarh, Tamil Nadu
18	US382	120 ~ 125	2012	Seed Works International Pvt. Ltd., Hyderabad	Tripura, Madhya Pradesh, Karnataka
19	27P31	125 ~ 130	2012	PHI Seeds Pvt.Ltd., Hyderabad	Jharkhand, Karnataka, Tamil Nadu

续表 2

序号	品名	生育期 /d	审定年份	选育单位	审定邦
20	HRI-169	120 ~ 125	2012	Bayer Crop Science AG, Hyderabad	Bihar, Chhattisgarh, Gujarat, Andhra Pradesh, Tamil Nadu, Jharkhand
21	RH1531	120 ~ 125	2012	Devgen Seeds & Crop Technology Pvt.Ltd., Secunderabad	Major hybrid rice growing regions
22	PNPH-24	125 ~ 130	2012	Prabhat Agri Biotech Ltd., Hyderabad	Bihar, West Bengal, Orissa
23	25P25	115 ~ 120	2012	PHI Seeds Pvt.Ltd., Hyderabad	Uttarakhand, Jharkhand, Karnataka
24	27P61	130 ~ 135	2012	PHI Seeds Pvt.Ltd., Hyderabad	Chhattisgarh, Gujarat, Andhra Pradesh, Karnataka
25	JKRH-3333	135 ~ 140	2012	JK Agri Genetics Ltd., Hyderabad	West Bengal, Bihar, Chhattisgarh, Gujarat, Andhra Pradesh
26	NPH-924-1	135 ~ 140	2012	Nuziveedu Seeds Pvt.Ltd., Hyderabad	West Bengal, Assam (Boro areas)
27	27P52	130 ~ 135	2013	PHI Seeds Pvt.Ltd., Hyderabad	Uttarakhand, Chhattisgarh, Orissa, Gujarat, Andhra Pradesh
28	27P63	130 ~ 135	2013	PHI Seeds Pvt.Ltd., Hyderabad	Chhattisgarh, Uttar Pradesh, Karnataka, Andhra Pradesh
29	KPH-199	125 ~ 130	2013	Kaveri Seed Company Ltd., Secunderabad	Chhattisgarh, Madhya Pradesh, Andhra Pradesh
30	KPH-371	125 ~ 130	2013	Kaveri Seed Company Ltd., Secunderabad	Chhattisgarh, Jharkhand, Karnataka, Kerala
31	US305	130 ~ 135	2013	Seed Works International Pvt. Ltd., Hyderabad	Andhra Pradesh, Tamil Nadu, Maharashtra
32	US314	115 ~ 120	2013	Seed Works International Pvt. Ltd., Hyderabad	West Bengal, Bihar, Andhra Pradesh, Uttarakhand
33	VNR2375	130 ~ 135	2013	VNR Seeds Pvt. Ltd., Raipur	Uttarakhand, Punjab, Maharashtra, Bihar, Karnataka
34	PAC801	120 ~ 125	2014	Advanta India Ltd., Hyderabad	Chhattisgarh
35	PAC807	—	—	Advanta India Ltd., Hyderabad	Chhattisgarh
36	ARRH-7434	—	2014	Ankur Seeds Pvt. Ltd., Nagpur	Chhattisgarh

为适应不同生态区水稻生产的需求，印度科学家在杂交水稻亲本选育上也开展了大量的研究工作，选育出了 RTN-5A、RTN-6A、CRMS32A 以及 CRMS35A 等不育系，对现有的来自 IRRI 的保持系进行了改良并选育出了一批表现良好的恢复系。此外还开展了两系亲本材料及品种的研究。

（二）杂交水稻推广情况（图 6-2）

从 1995 年到 2003 年，印度杂交水稻推广面积虽然不大，但逐年稳定增长。从 2004 年开始，由于杂交水稻品种选育突破，印度杂交水稻推广面积增长加快，从 1995 年的 1 万 hm^2 至 2006 年突破 100 万 hm^2。过去 10 多年来，由于杂交水稻在印度北方邦东部（Eastern Uttar Pradesh）、比哈尔邦（Bihar）、贾坎德邦（Jharkhand）、中央邦（Madhya Pradesh）以及恰蒂斯加尔邦（Chhattisgarh）等地种植得到普及，种植面积稳步增长，约 80% 的杂交水稻种植在这些地区，其他还有少量的杂交水稻种植在阿萨姆邦（Assam）、旁遮普邦（Punjab）和哈里亚纳邦（Haryana）。2014 年，印度杂交水稻面积超过 250 万 hm^2。2016 年，杂交水稻种植面积为 303 万 hm^2（约占水稻种植面积的 7%）。主要推广品种有 Arize-6444、PHB-71、KRH-2、Pusa RH-10、JKRH-2000、PAC837、DRRH-2、PA6129、Sahyadri 和 Suruchi。

图 6-2　印度大面积推广杂交水稻（杨耀松　提供）

（三）杂交水稻种子生产（图 6-3）

开发经济有效的种子生产技术是充分利用杂交水稻技术的前提，也是实现育种家和农民利益的基础。种子生产涉及许多技术环节，只有掌握了这些技术环节并加强管理，才能获得满意的种子产量（2 t/hm^2）。为实现种子的标准化生产，印度各部门共同研究制定了一个种子生产技术规范（表 6-3），采用这一规范，可获得 1.5～2.5 t/hm^2 的种子产量。

图 6-3　印度大面积杂交水稻种子生产（杨耀松　提供）

在印度，公益机构主要开展杂交水稻生产技术的优化及技术人员的培训。2015 年，印度杂交水稻种子产量超过 55 000 t，95% 以上的杂交水稻种子是由私营企业生产的。目前从事种子生产的公司主要有：拜尔生物科学公司、PHI 种子公司、先锋海外公司、种业国际公司、Mahyco 公司、先正达印度公司、Savannah 公司、阿凡达印度公司、Nuziveedu 种子公司、Nath 生物基因公司、印 - 美杂交种子公司、JK 农业遗传公司、Metahelix 生命科学公司和 Ganga　Kaveri 种子公司，其中从事两系杂交水稻种子生产的主要是 Savannah 公司。涉及种子生产的公益机构有马哈拉施特拉邦、卡纳塔克邦、北方邦等邦立种子公司以及国家种子公司，这些公司杂交水稻种子产量较少。印度刚开始生产种子时单产很低（0.3～0.5 t/hm^2），但随着多年经验积累，目前制种产量可达 1.5～2.5 t/hm^2。

表 6-3 杂交水稻种子生产及不育系种子繁殖技术规范

活动内容	参数要求
播种量	不育系（A）：15 kg/hm² 保持系（B）或恢复系（R）：5 kg/hm²
秧田	稀播（20 g/m²）以确保在 25 d 秧苗期可获得 4～5 个分蘖
行比	不育系繁殖行比：2B ∶ 6A 制种行比：2R ∶ 10A
苗数 / 穴	母本：2 苗 / 穴 父本：3 苗 / 穴
株行距	父本与父本 =30 cm 父本与母本 =20 cm 母本与母本 =15 cm 株距与株距 =15 cm 或 10 cm
GA3 施用	在 5%～10% 稻穗抽穗时，用药量 60～90 g/hm²，溶入 500 L 水中，分两次施用连续 2 d
辅助授粉	在开花期，每天盛花时每隔 30 min 进行一次，每天 4～5 次
除杂	营养生长期：根据叶片及植株形态除杂 开花期：根据稻穗形态除杂 成熟期：根据谷粒形态及结实率除杂
种子产量	1.5～2.5 t/hm²

印度杂交水稻种子主要生产地区为：特伦甘纳邦（Telangana）、卡纳塔克邦（Karnataka）、泰米尔纳德邦（Tamil Nadu）等。

（四）杂交水稻种子供应和贸易

私营企业与农户签订合同，由农户生产种子，私营企业提供技术支持并回购种子，然后进行加工、包装和销售，这样可稳定控制种子质量。旱季制种比雨季制种产量要高。特伦甘纳邦是印度杂交水稻种子生产中心，全国 85% 的杂交水稻种子在该地的北部地区生产。其主要原因是这些地区气候条件好，制种户积极进取、愿意接受新事物，以及在海得拉巴及其周边有大批从事种子经营的私营企业。1995—2013 年印度杂交水稻制种情况见表 6-4。从表中可以看出，印度种子产量从 1995 年的 200 t 上升到 2013 年的 40 000 t，其中 95% 的种子由私营企业生产，私营企业生产的种子价格为 2.73～3.91 美元 /kg，而公益单位生产的种子价格为 1.56～2.34 美元 /kg。杂交水稻种子按照“批发商—代理商—零售商”的营销渠道提供给农民。

表 6-4　1995—2013 年印度杂交水稻种子生产面积及产量

年份	面积 /hm^2	种子产量 /t	年份	面积 /hm^2	种子产量 /t
1995	195	200	2005	6 800	12 500
1996	1 075	1 200	2006	12 000	18 000
1997	1 485	1 800	2007	13 000	19 500
1998	1 630	2 200	2008	14 000	21 000
1999	1 660	2 500	2009	18 000	27 000
2000	1 630	2 700	2010	20 000	30 000
2001	1 625	2 900	2011	18 000	26 000
2002	1 635	3 100	2012	21 000	30 000
2003	2 865	4 000	2013	30 000	40 000
2004	4 350	8 600			

印度公益机构在品种研发及种子生产技术优化方面能力很强，但在大面积种子生产及种子营销方面能力较弱，私营企业在大面积种子生产和销售方面能力很强。公益机构选育出的杂交水稻品种往往比私营企业育成的品种更好，因此，私营企业和公益单位要加强合作，推广更好的品种。目前已有一些私营企业与公益单位签署了合作备忘录，在种子生产方面也出现了令人满意的结果（表 6-5）。

表 6-5　部分公、私合作开展种子生产单位情况

杂交品种	选育单位	签署合作备忘录企业
DRRH-2，DRRH-3	DRR，Hyderabad	CP Seeds Co. Bioseed Research India Pvt.Ltd. Shakthi Seeds Pvt.Ltd. Zuari Seeds Ltd. Rohini Seeds Pvt.Ltd. JK Agri Genetics Ltd. Namdhari Seeds Pvt.Ltd. Siri Seeds Pvt.Ltd. Krishidhan Seeds Pvt.Ltd. RJ Biotech Pvt.Ltd. Ankur Seeds Pvt.Ltd. Ganga Kaveri Seeds Pvt.Ltd.

续表

杂交品种	选育单位	签署合作备忘录企业
Pusa RH-10	IARI，New Delhi	JK Agri Genetics Ltd. Nath Biogene Ltd. Devgen Sees & Crop Technology Pvt.Ltd. Zuari Seeds Ltd. Advanta India Ltd. Yashoda Seeds Pvt.Ltd. Namdhari Seeds Pvt.Ltd. Amareshwara Agri-Tech Ltd. Bhavani Seeds Pvt.Ltd.
PSD-1，PSD-3	GBPUA & T，Pantnagar	Syngenta India Ltd.
CORH-3	TNAU，Coimbatore	Rasi Seeds（P）Ltd.
Ajay，Rajalaxmi，CRHR-32	CRRI，Cuttack	Vikky's Agri Sciences Pvt.Ltd. Pan Seeds Pvt.Ltd. Nath Biogene Ltd. Sansar Agropol Pvt.Ltd.
KRH-2	UAS，Mandya	Namdhari Seeds Pvt.Ltd.
Sahyadri-1	BSKKV，Karjat	Syngenta India Ltd.
JRH-4，JRH-5	JNKVV，Jabalpur	Vikky's Agri Sciences Pvt.Ltd.

印度限制杂交水稻种子进口，仅允许进口少量用于试验和评估的种子。2013 年，包括拜尔生物科学公司、先正达印度公司、种业国际公司、先锋海外公司、Nath 生物基因公司、Nuziveedu 种子公司等在内的印度几家大型私营企业共出口了 5 000～6 000 t 种子，出口市场为菲律宾、孟加拉国、越南和巴基斯坦。近几年，拜耳在印度每年销售杂交水稻种子达 1.5 万 t，占印度整个杂交水稻种子市场的 45%，销售价格为每千克种子 4 美元左右。

（五）杂交水稻知识产权

为保护品种开发者和种植农户的利益，印度政府于 2001 年制定了《植物品种及农民权益保护法》，这是一部独特的具有示范作用的法案，它将农户与育种家放在同等重要的地位，并让二者在保障可持续粮食安全中作为合作方看待。中央政府根据法案建立了植物品种及农民权益管理局，该局于 2007 年运作，并于 2007 年 5 月 20 日起对包括水稻在内的 12 类作物进行登记注册。该局对要求注册的水稻品种分为新品种、现有品种、农民品种及主要派生品种四类。公益单位及私营企业可将他们的杂交水稻亲本及杂交品种注册登记在该局从而得到保护（表 6-6）。

表 6-6　部分在植物品种及农民权益管理局登记的品种名录

序号	申请单位	品种	类别
1	Mahyco Pvt.Ltd.	P1628	新品种
2	Mahyco Pvt.Ltd.	P1523	新品种
3	Mahyco Pvt.Ltd.	P1524	新品种
4	Mahyco Pvt.Ltd.	MRP5401	新品种
5	Syngenta India Ltd.	SYN-RI-5251	新品种
6	Indo-Amercian Hybrid Seeds Pvt.Ltd.	INDAM100-001	新品种
7	JK Agri Genetics Ltd.	JKRH-401	现有品种
8	Pioneer Overseas Corporation	27PO4	现有品种
9	Bayer Crop Science AG	H6444	现有品种
10	Bayer Crop Science AG	H6129	现有品种
11	Indian Agricultural Research Institute，New Delhi	Pusa RH-10	现有品种

（六）种植杂交水稻对水稻生产的影响

2002 年，印度两家声誉较好的管理机构对杂交水稻技术对水稻生产的影响进行了独立研究评估。印度北部参与研究的有旁遮普邦（Punjab）、哈里亚纳邦（Haryana）、北方邦（Uttar Pradesh）、北阿坎德邦（Uttarakhand）和比哈尔邦（Bihar）等 5 个邦，南部参与研究的有泰米尔纳德邦（Tamil Nadu）、卡纳塔克邦（Karnataka）以及安得拉邦（Andhra Pradesh）等 3 个邦，西部有马哈拉施特拉邦（Maharashtra），东部有西孟加拉邦（West Bengal）。

1. 对北部 5 个邦的主要研究评估结果

（1）杂交水稻比产量最高的常规水稻增产 1.0～1.5 t/hm^2。

（2）种植杂交水稻比种植常规水稻每公顷可多赚取 2 781～6 291 卢比的纯利润。

（3）每公顷制种产量按 1.0 t 计，每千克种子价格按 50 卢比计，每公顷制种的纯利润为 21 000 卢比。

（4）除旁遮普邦外，其他邦的农民、研究人员及推广人员均认为杂交水稻比常规水稻产量要高。

（5）在北方邦和比哈尔邦，部分米商不太愿意以常规稻米同样的价格收购杂交水稻大米。

（6）如果杂交水稻米质改善，加上政策鼓励和公益机构参与，杂交水稻应用前景光明。

2. 对南部及东、西部共 5 个邦的主要研究评估结果

（1）种植杂交水稻所获纯利从 1 250 卢比 /hm^2（安得拉邦）到 6 000 卢比 /hm^2（卡纳塔克邦、马哈拉施特拉邦、泰米尔纳德邦）。

（2）制种所获纯利从 7 500 卢比 /hm^2（安得拉邦）到 30 000 卢比 /hm^2（卡纳塔克邦）。

（3）杂交水稻种子生产每公顷可以多提供 65 个劳动工日，且从事劳作的大部分是妇女。

（4）杂交水稻栽培对环境无负面影响。

（5）在推广杂交水稻过程中，要更加注重市场的偏好。

2010 年，IRRI 和 Acharya N. G. Ranga 农业大学研究人员联合对杂交水稻对水稻生产的影响进行了评估。研究发现，在恰蒂斯加尔邦和北方邦东部，杂交水稻的确比常规水稻产量要高，获利更多。在农民稻田中，恰蒂斯加尔邦杂交水稻比常规水稻增产约 36%，北方邦增产约 24%。印度东部农民稻田杂交水稻平均比常规水稻增产 30% 左右。

三、杂交水稻推广的障碍与差距

（一）技术障碍

印度杂交水稻育种尽管取得了长足进步，但仍有以下问题需要解决。

（1）杂种优势差距：在水稻生产水平较高的邦，杂交水稻比常规水稻仅增产 10%～15%，经济上的吸引力还不足以让大家种植杂交水稻。杂交水稻要比常规水稻增产 20%～30% 才能真正吸引老百姓种植。

（2）遗传基础狭窄：所有审定的 97 个杂交品种均来自同一个细胞质源（野败），这有可能导致主要病虫害的暴发。

（3）消费者偏好多样化：印度各地老百姓的大米消费习惯不同，因此开发适应各地要求的品种是一项艰巨的工作。

（4）迟熟品种较少，适应不良生态条件的品种有限，没有适宜沿海地区及旱季种植的生育期较长的杂交水稻品种及盐碱地土壤种植的杂交水稻品种。

（5）易感主要病虫害：亲本及杂交水稻品种易受主要生物胁迫及易感稻曲病，这正成为影响杂交水稻栽培的主要威胁。

（二）社会及经济障碍

（1）种子成本较高成为影响杂交水稻推广的主要原因，因此有必要提高制种单产，降低种子成本。

（2）杂交稻谷市价较低以及大米商（或贸易商）对杂交稻米有偏见正成为制约农民种植杂交水稻的一个因素。杂交稻米价格较低是由于杂交稻米的整精米率较低。

（三）能力障碍

（1）公益单位从事杂交水稻育种的专家太少（少于 20 人）。

（2）对公益单位选育的杂交水稻品种，缺乏强有力的合作机制来开展优质种子的生产和供应，国有种子公司参与大规模种子生产的程度很小。

（3）近年来，公益单位研发经费不足也是杂交水稻研究进展缓慢的一个原因。

（四）政策障碍

（1）对杂交水稻种子成本补贴标准，各邦间差距很大（从零补贴到 100% 补贴）。

（2）仅公告的品种才能给予种子成本补贴的政策，限制了私营企业采用大量真正的好品种。

（3）针对新品种的推广战略还没有制定。

四、对印度种植杂交水稻的体会

（1）20 世纪 90 年代，当杂交水稻刚在印度开始推广时，目标栽培地是那些水稻种植水平较高的地区，如旁遮普邦、哈里亚纳邦、泰米尔纳德邦及安得拉邦等。但由于杂交水稻比当地常规水稻增产优势不明显（10%～15% 的增产量），不足以吸引这些邦的农民种植。然而，在印度东部，那些主要靠地下水灌溉的天水田，杂交水稻种植却越来越普遍。这些雨灌旱地常规水稻的产量较低，而大田试验的杂交水稻产量可达 4～4.5 t/hm^2，比常规水稻产量高出 30%～35%。表 6-7 列出了育成审定的一些杂交水稻品种，与常规水稻比，这些品种产量优势较大（26%～34% 增产量），适宜在那些计划种植的高产水稻地区推广。

表 6-7　育成审定的一些杂交水稻品种优势对比试验

序号	品种名称	试验年份	单产 /（kg/hm^2）		比对照增产 /%
			杂交水稻	常规水稻（对照）	
1	DRRH-3	2005—2007	6 074	4 620	31
2	27P11	2006—2008	7 225	5 613	29
3	INDAM200-017	2007—2009	5 384	4 121	31
4	VNR202	2008—2010	5 956	4 742	26
5	VNR204	2008—2010	7 023	5 226	34

（2）选育不同米质的杂交水稻品种是一项艰巨的任务。印度各地对米质的偏好不一，北方人喜欢巴斯马蒂香米，南方人喜欢优质稻，而喀拉拉邦则喜欢蒸煮红米。

（3）印度对杂交水稻品种特性有如下要求：一是高产；二是抗倒伏；三是米质好，北部要求长粒型，中部要求中长粒型，直链淀粉含量需在21%~25%；四是抗白叶枯病；五是抗飞虱。此外，在印度中部及南部地区，杂交水稻品种的生育期至少在135 d，最好在135~150 d。

（4）目前杂交水稻主要是在印度北部和中部以北地区推广，由于生育期达不到要求等，目前在南部及南部沿海地区杂交水稻推广面积很小。在中部及南部和沿海地区，推广的主要是常规水稻品种，这些品种生育期均在135 d以上，粒型中长，米质优异，很受当地消费者欢迎。

（5）杂交水稻选育仅仅依赖单一的野败（WA）细胞质源，一旦病虫害暴发会非常危险。因此在杂交水稻育种中，急需使雄性不育系（CMS）来源多样化。

（6）目前基于两系法选育的品种还没有进入实用阶段，可以利用的温敏不育材料的敏感不育与可育温度范围很窄，必须找到不育和可育温度范围较宽的材料。

五、杂交水稻推广机遇

（1）新育成的杂交水稻品种，克服了早期审定品种的缺点，且已经上市。另外，还有许多品种正在审定中。

（2）制定了一些鼓励私营企业参与新品种研发的政策。

（3）出现了一些活跃的大种子公司，可以生产和提供优质种子。

（4）接受应用杂交水稻技术的地区日益增加。

（5）有对公告品种的种子成本进行补贴的政策。

（6）印度已有大批合格的科研及技术人才，可以满足日益发展的种业需求。

（7）与印度公益机构和私营企业不同，跨国公司的育种力量比较强大。

六、2020—2030年促进杂交水稻在印度推广的重点战略和政策选项

（一）研究战略

扩大杂交水稻研究网，强化杂交水稻推广研究。

（1）选育能选配较高杂种优势组合的杂交水稻亲本。

（2）杂种优势基因库的开发。

（3）不育系来源多样化。

（4）适合杂交水稻制种的基地挑选。

（5）通过现场参观和培训来开发人力资源。

（二）种子生产战略

（1）细化种子生产技术，提高制种单产，降低种子成本。

（2）公益机构、非政府组织、农民合作社等都要参与到杂交水稻种子生产中来。

（3）强化现有部门间的合作机制，生产和提供育种家种子、基础种子和认证种子。国家种子公司及各邦立种子公司应强化育种队伍。

（三）技术转移战略

（1）杂交水稻技术应用于生产与培育新品种同等重要。推广机构应通过各种创新战略，唤起农民种植杂交水稻的积极性。

（2）针对各邦情况，挑选和推广优势杂交水稻品种。

（四）政策选项

（1）提供足够的资金及人力资源，在印度开展杂交水稻的研发。

（2）在印度不同地区，鼓励采用承包方式开展杂交水稻栽培。

（3）在公益机构和私营企业间搭建一个有力的平台，推广杂交水稻技术。

第二节　越南

一、杂交水稻推广历程

1980—1983 年，越南农业科学研究所（VASI）及越南湄公河三角洲水稻研究所（CLRRI）水稻育种家对引进的不育系及保持系进行评估。

1992 年，越南从中国引进 F_1 代种子进行测试和示范。1992—1995 年，越南育种家从 IRRI、中国引进不育系、保持系，开展杂交水稻育种。越南农业与农村发展部支持在越南农业科学研究所建立杂交水稻研究中心。农业部对杂交水稻制种及杂交水稻商业化生产提供资金补贴。在此期间，联合国粮农组织（FAO）技术合作项目（TCP）对越南进行杂交水稻资金支持，选派专家到中国进行育种技术培训，对种子生产及杂交水稻育种技术提供国际咨询，提供用于杂交水稻研究的设备。1996—2000 年，FAO 支持越南开展第二个技术合作项目，进行杂交水稻种子生产以及在 IRRI 和中国培训越南技术人员；亚洲开发银行及国际水稻研究所（ADB/IRRI）项目支持开展亲本提纯及育种；越南农业与农村发展部提供资金用于杂交水稻育种及亲本提纯，并对制种进行资金补贴。

2001—2015 年，越南农业与农村发展部每年提供 8 万～10 万美元的资金支持杂交水稻研究，已经选育出了一批杂交水稻品种（包括三系和两系），并通过审定，开展 F_1 代种子生产。每年制种面积达 2 100～2 800 hm^2，制种产量达 2.2～2.7 t/hm^2，每年越南杂交水稻种子产量在 5 000～7 000 t。此外，近年来，为满足国内生产需要，越南每年需进口 10 000 t 左右的杂交水稻种子。

二、杂交水稻发展现状及趋势

（一）杂交水稻育种研究进展（图 6-4）

1. 对引进的不育系进一步开发利用并选育新不育系，以培育适用的三系组合

越南引进了 70 多个不育系进行评估。经筛选，仅有少数几个不育系可用来培育国内杂交水稻品种。采用博 A（BoA）及Ⅱ -32A 生产中国杂交水稻组合的 F_1 代种子，用 IR58025A

图 6-4　越南杂交水稻品种选育（杨耀松　提供）

来选育三系组合。这些不育系均已在越南审定推广应用。

选育新的保持系以培育新不育系的进展如下。

（1）从测交圃中挑选并鉴定出了 17 个优良保持系，这些保持系生育期较短、矮秆、非常适应越南条件，抗病、配合力好，可进行新不育系的培育。选出完全雄性不育的植株，将之与其相应的保持系回交。回交的群体位于不同的时期。从选出的 12 个回交品系中，选育出了 3 个完全不育的雄性不育品系，命名为 OM1-2A、AMS71A 和 AMS72A。这些新不育系已经用于杂交水稻测交育种。在 BC_4F_1 到 BC_7F_1 的回交后代中，有 60%～96.5% 的群体表现为花粉完全不育。

（2）为丰富并改良保持系以利于三系杂交水稻育种，对现有的 7 个保持系进行了成对杂交，以培育生育期较短、形态优良、分蘖多、柱头外露率高并对不育系品质有所改善的新保持系。按照混合选择方法，挑选出了有 8 个保持系为其亲本的 6 个杂交后代的 F_1、F_2 及 F_3 代植株。在 F_4 代中，选出 20～25 个单株与其相应的每个不育系单株做成对回交，培育出了 6 个苗头不育系并用作选育三系杂交品种。

2. 培育新的热带两系不育系（TGMS）

为了培育适应热带条件的两系不育系（TGMS），将某些品种与现有的两系不育系杂交，从分离后代中选出了一些新的两系不育系。在敏感温度（23 ℃～24 ℃）以下，新的两系不育系花粉育性稳定、形态整齐、配合力强、开花习性良好，从而用来进行新的杂交组合的选育。表 6-8 列出了 2001—2005 年越南育种单位培育出的两系不育系。表 6-9 列出了越南现行的两系不育系可育 / 不育转换敏感温度及其他性状。

表 6-8　2001—2005 年越南育种单位培育出的两系不育系（TGMS）

名称	亲本来源	研发单位	完全不育敏感温度	可育敏感温度	应用现状
T1S-96，103S	T1S/Peiai64	河内农业大学	25.5 ℃	22 ℃～23 ℃	商业应用
P5S	T1S/Peiai64	河内农业大学	25 ℃	≤ 24 ℃	商业应用
P47S	选自 Peiai64S	河内农业大学	25 ℃	≤ 24 ℃	用于育种
AMS27S（7）	TGMS/ 常规品种	越南农业科学研究所	25 ℃	23.5 ℃	用于育种
AMS28S	TGMS/ 常规品种	越南农业科学研究所	25 ℃	23.5 ℃	用于育种
AMS29S	从分离材料中选出	越南农业科学研究所	24.5 ℃	23 ℃	苗头品种
AMS30S	从分离材料中选出	越南农业科学研究所	24.5 ℃	23 ℃	商业应用
AMS26S（CL64S）	选自 Peiai64S	越南农业科学研究所	24.5 ℃	23 ℃	用于育种

续表

名称	亲本来源	研发单位	完全不育敏感温度	可育敏感温度	应用现状
AMS31S	CL64S/VN292-2	越南农业科学研究所	25.5 ℃	≤ 23 ℃	用于育种，苗头品种
AMS33S	CL64S/BM9820-11	越南农业科学研究所	25.5 ℃	≤ 23 ℃	用于育种
TGMS1	杂交	FCRI	25 ℃	≤ 24 ℃	用于育种，LDH5，LDH6
TGMS20	花粉培养 TGMS6/Xi23	FCRI	25 ℃	≤ 24 ℃	用于育种，苗头 LDH4
D101S	VN1/DT12	AGI	＞ 24 ℃	≤ 24 ℃	用于育种
D102S	VN1/DT12	AGI	＞ 24 ℃	≤ 24 ℃	用于育种
D103S	VN1/DT12	AGI	＞ 24 ℃	≤ 24 ℃	用于育种
TG1	103S/Peiai64	Vanlam	—	—	—
TG22	TGMS2/R15	Vanlam	—	—	—

表 6-9　越南现行的两系不育系及其农艺特性

名称	可育（不育）转换敏感温度或日长	播始历期 /d	叶片数	异交能力
T47S	23.5 ℃	70 ~ 72	13.5	低
AMS35S	23.5 ℃	85 ~ 86	15.0	中
T29S	23.5 ℃	62 ~ 65	12.5	中
T1S-96	24 ℃	84 ~ 86	15.0	非常高
103S	24 ℃	84 ~ 86	15.0	非常高
T70S	24 ℃	62 ~ 65	12.5	中
T23S*	24 ℃	68 ~ 70	12.5	低
T63S*	24 ℃	70 ~ 72	12.5	低
T141S*	24 ℃	69 ~ 70	12.5	高
135S	24 ℃	69 ~ 70	12.5	高
P5S	12 h 16 min 至 12 h 18 min	60 ~ 62	12.5	中
E15S*	24 ℃	65 ~ 68	13.0	中

注：* 表示具有香味的两系不育材料。
资源来源：越南国家农业大学。

在新选育的两系不育系中，以 T1S-96、103S、AMS30S 以及 P5S 做母本审定的两系组合有 VL20、TH3-3、TH3-4、HC1、TH5-1、HYT103、HYT102 以及 VL24 等。用 P5S、AMS29S、AMS30S、TGMS1、TGMS20 做母本的两系苗头组合有 HYT106、HYT107、HYT116、HYT124、LDH5 以及 LDH6 等。

3. 用基于亲本（适用的三系品种的保持系和恢复系）的基因型培育新的两系不育系

为克服诸如Ⅱ-32A、IR58025A 及 Jin23A 等三系不育系育性不稳，恢复系数量有限，以及改良某些母本（CMS）特性和三系杂交组合有限的问题，越南开展了两系不育系的选育工作。

现有的保持系有Ⅱ-32B、IR58025B、Jin23B、BoB、Zhenshan97B，恢复系有 Fuhui838、827R、Gui99。这些亲本材料生育期较短，株高较矮，配合力好，适应越南的种植条件。这些亲本在选育成纯两系不育系前，与 4 个两系不育系，即培矮 64S（Peiai64S）、7S、CN26S 和 TG125S 进行杂交，并与父本成功回交至 BC_2F_1、BC_3F_1 代。

回交结果证实，基于三系保持系选育的新的两系不育系已经培育出来。这些研究成果为利用两系取代三系以克服Ⅱ-32A 花粉育性不稳定、IR58025A 柱头伸出不足创造了机会。此外，基于保持系的新两系不育系在其父本中无须恢复基因，与现有三系品种相比，这为选育更高异质细胞两系品种提供了更多的机会。有关新育成的两系不育系资料见表 6-10。

表 6-10　从现有 CMS 中培育成的 TGMS 特性

TGMS	AMS35S-45	AMS35S-46	AMS36S	AMS34S-10	AMS34S-11	AMS37S-76	AMS30S（d/c）
柱头颜色	白色	白色	黑色	黑色	黑色	黑色	白色
谷粒形状	长粒	长粒	圆粒	圆粒	圆粒	长粒	长粒
穗长 /cm	22.3 ± 8	21.3 ± 6	22.0 ± 6	18.7 ± 8	18.7 ± 7	21.3 ± 7	—
每穴穗数 / 穗	5.0	8.4	6.6	10.4	10.4	6.6	5.4
每穗粒数 / 粒	272.7	177.3	204.7	183.0	173.7	234.3	158.0
开颖粒比 /%	7.1	3.9	2.8	7.1	10.2	5.0	5.0
杂株比 /%	0	0	0.1	0	0.1	0	0
柱头伸出率 /%	60	60	72 ~ 75	70 ~ 72	70 ~ 72	70 ~ 72	70
花粉不育率 /%	100	100	95 ~ 100	100	100	100	100
花粉不育敏感温度 / ℃	23.5	23.5	24.0	24.0	24.0	24.0	23.5

4. 选育两系恢复系

近年来，越南通过不育系与常规水稻测交筛选，采用反复杂交、诱变及系谱选择的方法对现有恢复系改良性状，选育出了一些恢复能力强、F_1 代种子杂种优势明显、抗病虫能力强、米质优、适应性广、株型较好以及农艺性状稳定、均一的恢复系。这些恢复系与不育系配组，育成了一批在越南大面积推广的杂交水稻品种（表 6-11）。

表 6-11　越南选育的两系恢复系名录

名称	引进和改良	播始历期 /d	叶片数 / 片	恢复力
R1	引进	80～82	16.0	强
R2	反复杂交	78～80	15.5	中
R3	反复杂交	74～76	14.5	强
R4	引进	76～78	14.5	强
R5	从 Q99 诱变	82～84	15.0	中
R8	引进	74～76	14.5	强
R20	引进	74～76	14.5	强
R24	引进	70～72	14.0	中
R50	反复杂交	74～76	14.5	中
R102	引进	75～76	15.0	强
R103	引进	78～80	15.0	强

5. 选育具广亲和（WC）基因亲本

适应越南种植条件的常规高产品种有 Xi23、Q5、Chiem77、R242、BM9855 等。这些品种做父本与其他具 WC 基因的供体，如 Peiai64S、N22、Palawan、Dular、Calotoc 进行杂交，按以下两个方向进行单交并选择亲本。

（1）在分离后代中选择可育株作为具 WC 基因的父本。

（2）在单交或回交后代的分离后代中选择不育株，共选出 8 个花粉完全不育、形态均一的两系不育系。这些不育系柱头伸出较好，生育期短，表型可接受性好。这些选出的不育系与籼 / 粳对照进行了杂交。从 F_1 代高结实率可以看出，命名为 D52S、D60S、D64S、D67S、D116S 的两系不育系带有与其父本相同的 WC 基因（表 6-12）。

表 6-12 母本带 WC 基因通过单交选育出的有望带 WC 基因的 TGMS 的主要特性

序号	选育的 TGMS	杂交来源	播种－扬花历期 /d	诱导雄性不育的敏感温度 / ℃	花粉不育率 /%	柱头伸出率 /%	表型可接受度 / 分	每穴穗数 / 穗
1	D116S	CL64S/IR23030//IR23030	64	24	98 ~ 100	75	1	15
2	D67S	CL64S//GR272/Xi12	62	24 ~ 25	98 ~ 100	70	3	14
3	D64S	7S//7S/W3	62	24 ~ 25	98 ~ 100	70	1	14
4	D52	CL64S/Q5	65	24	100	70	3	12
5	D59	7S/Lemon	64	24	100	75	3	11
6	D60	CL64S/Chiem77	65	24	100	75	3	10
7	161	Peiai64S/IR62030//IR62030	62	25	98 ~ 100	70	3	14
8	D66S	—	64	—	98 ~ 100	70	3	15
9	D68S	CL64S//C70/CR203	64	25	98 ~ 100	70	3	15
对照	CL64S	中国	63	24	91.5	75	3	10

根据大田观察及研究，采用 PCR 方法，对采集父本的叶片进行与 WC 基因相关的 RM225、RM253 分子标记分析，获得了以下 16 个肯定含有 WC 基因的苗头父本材料：D1-5、D14、D16-1、D16-3、D16-6、D17、D18-3、D19、D22、D25-2、D26、D27、D27-5、D46、D52 和 D67。新培育具 WC 基因的父本特性及与对照品种测交的结实率情况见表 6-13。

表 6-13 新培育具 WC 基因的父本特性及与对照品种测交的结实率

新培育父本	杂交来源	生育期 /d（播种至抽穗）	表型可接受度 / 分	与 IR36 杂交结实率 /%	与 Taiholen127 杂交结实率 /%
D16R	Peiai64S/BM9855	107	3 ~ 5	> 80	> 80
D17R	Peiai64S/Xi23	107	3	> 90	> 80
D18R	Peiai64S/BM9855	109	3	> 90	> 80
D19R	Peiai64S/Chiem77	110	3	> 90	> 75
D34R	Peiai64S/R564	115	3	> 85	> 80
D46R	Peiai64S/C70	110	3	> 80	> 80
D47R	Peiai64S/C70	110	3	> 80	> 80

这些父本在越南已用于籼/粳杂交水稻的培育中，并选育出了一些超级杂交水稻苗头组合，见表6-14。

表6-14　2014年春造超级杂交水稻苗头组合（籼/粳）试验结果

组合	生育期/d	株高/cm	每平方米穗数/穗	每穗结实粒数/粒	空壳率/%	千粒重/g	理论产量/（t/hm²）	实际产量/（t/hm²）
SL9	105	108	541	120	30.3	21.0	13.63	11.97
SL6	101	107	492	117	30.4	22.5	12.95	11.34
SL15	108	108	453	97	18.9	30.2	13.27	11.27
SL13	105	90	487	128	15.6	22.7	14.15	12.30
SL11	100	98	493	126	33.6	22.1	13.73	11.90
SL10	104	107	448	106	24.0	29.8	14.15	11.77
SL8	101	98	597	108	12.6	21.7	13.99	11.50
SL1	103	102	479	106	11.7	24.3	12.34	11.01
SL5	102	97	486	112	15.4	26.0	14.15	12.84
SL2	103	106	483	105	31.5	25.6	12.98	11.17
SL7	102	98	521	116	16.3	22.9	13.84	12.24
SL14	104	109	502	106	19.2	26.4	14.05	12.40
SL3	104	106	482	105	28.4	28.2	14.27	11.14
SL4	103	105	497	96	19.1	27.6	13.17	10.80
SL12（HYT108）	102	95	498	104	15.0	26.8	13.88	11.80

$LSD_{0.05}$=0.315；CV：1.6%

6. 抗病研究

对27个三系及两系亲本，用10种水稻白叶枯病菌（*Xanthomonas oryzae pv. oryzae*）进行了抗性筛选。数据表明，Ⅱ-32B对所有10种均有抗性，Peiai64S和Son Thanh对其中9种具有抗性。有4个亲本，即IR78595A、IR75601A、Ⅱ-32A和IR68885B对其中8种具有抗性。对其中7种具有抗性的亲本有BoA、IR73328A和Buc Khoi838。在27个亲本中，仅有12个亲本可抗第3种病菌。研究也表明，在越南北部省份，第2种及第3种病菌与白叶枯病的发生直接相关。

用来自IRRI的已知具有抗性基因的试验材料对11种水稻白叶枯病菌进行筛选。数据表明，有4种抗性基因，即IRBB4（*Xa4*）、IRBB5（*Xa5*）、IRBB7（*Xa7*）及IRBB21（*Xa21*）对引起白叶枯病（BLB）的6~9种病菌具有抗性。因此，将*Xa4*、*Xa5*、*Xa7*和*Xa21*基因整合到越南杂交水稻亲本中是非常重要的。

为确定与白叶枯病菌抗性基因相关的分子标记的存在，抽提并分析了 F_1 代及 F_2 代亲本的 PCR 产物，并确认如下信息。

（1）有两个分子标记（STS_MP1、MP2）与白叶枯病菌抗性基因 *Xa4* 相关；

（2）仅有一个分子标记（RG556）与白叶枯病菌抗性基因 *Xa5* 相关；

（3）有一个分子标记（P3）与白叶枯病菌抗性基因 *Xa7* 相关；

（4）有两个分子标记（PTA818、PTA248）与白叶枯病菌抗性基因 *Xa21* 相关。

7. 选育新的商用杂交水稻组合

越南已利用了 12 个稳定的三系不育系、10 个两系不育系及大量的父本材料（常规品系和品种）进行测交以培育两系和三系杂交组合，对表现良好的组合进行产量观察试验及初步产量评比。每年越南国家杂交水稻品比试验中心都会选出 15～18 个苗头组合在 6～9 个不同的生态区进行产量评比。对那些高产、广适、优质多抗的组合，将会审定推广。已经审定的三系品种有 HYT83、HYT92 和 HYT100，两系品种有 VL20、TH3-3、TH3-4、HC1、HYT102、HYT103 和 HYT108 等。近年来，也选育出了 TH3-5、TH7-2、HYT116、HYT124 以及 HQ19 等两系品种，但推广面积还不大。

对出米率、整精米率、粒长、长宽比等品质方面特性的研究表明，杂交水稻与对照常规水稻相似。但杂交水稻直链淀粉含量在 18%～20%，数值偏低。有关食味品质，HYT100 和 HYT92 带有香味，品质很好，而 HYT83 和 TH3-3 则食味很好。

越南培育的两系杂交品种的优势是生育期短，适合做迟早造、早晚造、特早晚造种植，而现行的大部分三系品种都不适合做早晚造种植。此外，两系品种制种产量很容易到达 2.5～3.0 t/hm^2，而三系品种（HYT83、HYT100、HYT92）制种产量仅 1.5～2.0 t/hm^2。越南审定推广的杂交水稻品种见表 6-15。

表 6-15　越南审定推广的杂交水稻主要品种

品种名称	适用季节	来源	产量 /（t/hm^2）	使用现状	审定年份
Boyou903（三系）	晚造	中国	6～8	现行	1996
Boyou253（三系）	晚造	中国	6～8	现行	2004
Shanyou63（三系）	早造	中国	7～9	少用	1992
Eryou838（三系）	早造	中国	7～8.5	现行	2000
Eryou63（三系）	早造	中国	7～8.5	现行	2000
D.you527（三系）	早造	中国	7～9	现行	2001
CNR36（三系）	早造	中国	7～9	现行	2006
Van Quang14（两系）	晚造	中国	6～8	现行	2006

续表

品种名称	适用季节	来源	产量 /（t/hm^2）	使用现状	审定年份
VL20（两系）	晚造，早造	越南	6～8	现行	2002
HC1（两系）	晚造，早造	越南	6～8	现行	2005
VL24（两系）	晚造	越南	6～7	现行	2006
TH3-3（两系）	晚造，早造	越南	6～8	现行	2003
TH3-4（两系）	晚造，早造	越南	6～8	现行	2005
HYT102（两系）	晚造，早造	越南	7～9	现行	2007
HYT103（两系）	晚造，早造	越南	7～9	现行	2007
TH5-1（两系）	早造	越南	7～8	现行	2006
HYT83（三系）	晚造，早造	越南	7～9	现行	2003
HYT92（三系）	晚造，早造	越南	6.5～8	现行	2005
HYT100（三系）	早造	越南	7～9	现行	2005
B-Te1（三系）	晚造	印度	6～9	现行	2007
Thuc Hung6（三系）	早造，晚造	中国	7～9	现行	2007

（二）杂交水稻种子生产现状（图 6-5）

1. 国内培训

为提高杂交水稻种子生产技术，不同部门对制种人员开展了种子生产技术培训，包括如下部门。

图 6-5　越南杂交水稻种子生产（姚震球　提供）

（1）当地推广部门。

（2）杂交水稻研发中心。

（3）ADB/IRRI 支持的培训项目。

通过综合培训制种技术，杂交水稻制种面积从 1996 年的 267 hm^2 上升到 2000 年的 620 hm^2。同期，制种单产从 1.75 t/hm^2 上升到 2.3 t/hm^2，总产从 467.25 t 上升到 1 426 t。2001—2018 年，越南杂交水稻制种面积总体逐年上升，从 1 450 hm^2 上升到 2 800 hm^2。2000—2018 年越南杂交水稻制种面积、单产及总产情况见表 6-16。

表 6-16　2000—2018 年越南杂交水稻制种面积、单产、总产及种子进口量

年份	制种面积 /hm^2	单产 /（t/hm^2）	总产 /t	进口量 /t
2000	620	2.30	1 426	—
2001	1 450	1.66	2 400	—
2002	1 600	2.40	3 840	—
2003	1 700	2.05	3 485	—
2004	1 500	2.15	3 225	—
2005	1 500	2.10	3 150	—
2006	1 915	2.02	3 866.8	—
2007	1 900	2.00	3 800	—
2008	1 200	2.20	2 640	—
2009	1 525	2.50	3 812.5	13 300
2010	2 200	2.70	5 940	16 600
2011	2 260	2.20	4 972	13 100
2012	2 100	2.30	4 830	12 900
2013	2 300	2.50	5 750	12 600
2014	2 245	2.40	5 388	12 500
2015	2 600	2.70	7 020	10 400
2016	2 560	2.50	6 400	10 800
2017	2 600	2.40	6 240	11 000
2018	2 800	2.60	7 280	10 000

数据来源：越南农业与农村发展部，2018 年。

2. 越南两系杂交水稻种子繁殖和制种

位于越南中部岘港和顺化之间、海拔高度为 1 500 m 左右的海云山，将越南分成南、北两个水稻种植生态区。

越南海云山北部一年中有两个明显的季节，即春季（从 11 月至翌年 4 月）和夏季（从 5 月至 10 月）。春季气候凉爽、干燥，夏季气候高温、潮湿。水稻生长也分春造和夏造两季。春造水稻生长前期（从播种至抽穗）日平均气温低于 24 ℃，生长后期（从抽穗至成熟）日平均气温常在 25 ℃～32 ℃，因此，越南两系母本一般安排在 12 月中旬至翌年 5 月在北部平原繁殖，北部山区在 6 月中旬至 11 月上旬也可开展两系母本繁殖，在越南北部两系 F_1 代制种一般安排在 6 月下旬至 10 月下旬。而越南海云山南部省份，全年气温均较高，一般每年 1 月中旬至 5 月下旬安排两系 F_1 代制种。

3. 越南杂交水稻种子生产新进展

私人企业及外国合资种子公司购买育种家的品种权或独家代理权，生产或销售杂交水稻种子。VL20、TH3-3、TH3-4 和 HYT103 已被 4 家公司购买。越南农业与农村发展部制定了支持种子企业开展推广面积超过 100 hm² 以上种子生产的政策，包括每公顷 250 美元的资金补贴，以及灌溉系统、干燥机、培训等方面的资金补贴。越南杂交水稻育种及种子生产情况见表 6-17。

表 6-17　越南杂交水稻育种及种子生产情况

品名	杂交类型	审定状况	F_1 代种子生产单位
VL20	两系	已审定	Hai Phong 种子公司
TH3-3	两系	已审定	Cuong Tan 种子公司
TH3-4	两系	已审定	国家种子公司
HYT100	三系，优质	已审定	Hai Phong 种子公司
HYT102	两系	已审定	Hai Duong 种子公司
HYT103	两系	已审定	Hai Duong 种子公司
SL-8H	三系，优质	已审定	Dai Thanh 种子公司
HYT108	两系，高产	已审定	Thai Binh 种子公司 国家种子公司 Eakkar 种子中心
CT16	三系	已审定	Cuong Tan 种子公司
TH3-5	两系	已审定	河内农业大学
TH7-2	两系	已审定	河内农业大学
LHD6	两系	已审定	Hanam 种子公司

目前，越南对杂交水稻种子生产提出了新的要求：种子单产应超过 3 t/hm²，种子质量应符合越南国家标准 QCVN01-51—2011，种子生产成本应比过去下降 30% 左右。

（三）杂交水稻推广进展（图 6-6）

1991 年越南杂交水稻种植面积约 100 hm²。1998 年，杂交水稻面积稳定增长到 20 万 hm²，2001 年增长到 48 万 hm²，2003 年增长到 60 万 hm²，2009 年增长到约 71 万 hm²，随后越南杂交水稻推广面积有所下降。除北方 31 个省之外，杂交水稻还推广到中南海滨平原、中部高地及九龙江平原。一般来说，杂交水稻单产可达 6.5～8 t/hm²，比常规水稻高出 1～1.5 t/hm²。2009—2018 年越南杂交水稻推广面积及单产情况见表 6-18。2009—2018 年越南两系杂交水稻推广面积见表 6-19。

图 6-6　越南大面积推广杂交水稻（杨耀松　提供）

表 6-18　2009—2018 年越南杂交水稻推广面积及单产

年份	全年		春造		夏造	
	面积 /hm²	单产 /（t/hm²）	面积 /hm²	单产 /（t/hm²）	面积 /hm²	单产 /（t/hm²）
2009	709 815	6.2	404 160	6.7	305 655	5.5
2010	605 542	6.4	374 342	6.9	231 200	5.7
2011	671 390	6.4	395 190	7.0	276 200	5.6
2012	613 117	6.5	387 967	6.9	225 150	5.9
2013	655 000	6.3	356 900	6.8	298 100	5.6

续表

年份	全年		春造		夏造	
	面积 /hm²	单产 /(t/hm²)	面积 /hm²	单产 /(t/hm²)	面积 /hm²	单产 /(t/hm²)
2014	635 200	6.3	347 900	6.8	287 300	5.7
2015	594 000	6.4	334 000	6.8	260 000	5.8
2016	563 000	6.3	325 000	6.8	238 000	5.7
2017	567 000	6.3	328 000	6.7	239 000	5.8
2018	575 000	6.5	340 000	6.9	235 000	5.8

数据来源：越南农业与农村发展部，2018 年。

表 6-19　2009—2018 年越南两系杂交水稻推广面积

年份	全年	春造	夏造
	面积 /hm²	面积 /hm²	面积 /hm²
2009	153 500	55 000	98 500
2010	189 400	67 400	122 000
2011	211 200	75 600	135 600
2012	221 000	88 000	133 000
2013	241 000	76 000	165 000
2014	223 000	54 000	169 000
2015	256 000	82 000	174 000
2016	284 800	98 800	186 000
2017	286 300	105 300	181 000
2018	295 000	110 000	185 000

数据来源：越南农业与农村发展部，2018 年。

三、杂交水稻研发存在的问题与差距

（一）社会及经济问题

在保障国家粮食安全的前提下，越南每年以低价向国际市场出口 700 万～800 万 t 大米，这导致种粮户收益下降，降低了稻农种植杂交水稻的积极性。

过去 20 年，越南老百姓的生活水平迅速提高，导致国内市场对优质大米的需求增加，从而导致红河三角洲原来种植杂交水稻的大面积地区改种优质常规水稻。

（二）能力问题

从事杂交水稻研究的人员需要有更高的专业水平，但仅有少数的水稻科学家受训并全身心投入杂交水稻育种和种子生产研究中。

生物技术在杂交水稻研发上的应用还很少，杂交水稻育种家与生物技术学家、昆虫学家、病理学家开展合作育种研究还很欠缺。

公益单位开展杂交水稻研究的设备和从事种子生产公司的基础条件都还很差。

（三）政策问题

F_1 代种子生产商业保险缺乏，特别是近年来由于气候异常，种子生产成为高危行业。

越南政府可自由进口种子的政策并不鼓励本地种子生产，许多小型种子公司偏向分销从国外进口的种子。

在杂交水稻广泛种植的北方地区，由于气候不稳及采收时间较迟，不太适合杂交水稻种子生产。因此有必要在中部及九龙江平原省份发展制种基地。

四、在越南开展杂交水稻生产的体会

（1）杂交水稻的发展需要政策扶持。国家高层应确保在杂交水稻研发上的投入并制定杂交水稻研发战略。

（2）国家应对育种家、昆虫学家、病理学家、生物学家及农学家在杂交水稻研发上进行投入，开展杂交水稻研发及杂交水稻应用技术的合作。

（3）应有全职科学家长期从事杂交水稻研发。这些科学家应该接受杂交水稻技术培训。同时，还要提供杂交水稻研发设备。

（4）杂交水稻研究人员应与种业公司密切合作，开发新组合用于大面积生产。

（5）公益单位与私营企业应加强合作，开展杂交水稻种子生产。新组合的选育与研究应交由公益单位完成，而种子生产及销售则由私营企业来完成。

（6）针对不同类型的杂交组合，应研究出适合的种植技术，以最大限度地发挥杂交水稻产量潜力。

（7）发展杂交水稻是国家实现粮食安全的重中之重，应强化水稻生产的投入。

（8）为成功实现杂交水稻的全面发展，来自 FAO 及 IRRI 的资金及技术支持将起到非常重要的作用。

五、杂交水稻发展的机遇

（1）在很多国家，优质杂交水稻品种已经研发成功并得到大面积应用。如越南的 HYT100、菲律宾的 SL-8H 及中国的 Syn6 号，产量达到 8～10 t/hm^2，品质也与越南的 BT7、P6 和 AC5 等常规水稻相似。

（2）中国超级杂交水稻已大面积成功应用（单产达 12～14 t/hm^2）。在越南，本国选育的超级稻在适宜地区小面积示范产量也达到 11～12 t/hm^2。

（3）超级杂交水稻有望在确保粮食安全方面发挥关键作用。同时，高产的稻谷还可用作牲口的饲料。

（4）近年来快速发展的生物技术可用来选育高产、优质及抗病、抗虫、抗胁迫的杂交水稻品种。

（5）私营企业在杂交水稻种子生产上的快速发展以及公益单位和私营企业间的合作是亚洲杂交水稻发展的主要因素。

六、2020 年后促进越南杂交水稻发展的关键战略及政策选项

（1）加强杂交水稻育种家与生物学家、昆虫学家、病理学家及农学家的合作，发挥农业研究系统的优势。

（2）选育高产、优质，抗主要病虫害，抗干旱、盐害和水灾胁迫的杂交水稻品种。

（3）加强超级杂交水稻研发，不仅是为了保障粮食安全，还要为食品加工提供原料，为畜牧业提供饲料。

（4）减少从国外进口饲料。

（5）加强公益单位与私营企业的合作，在北方、中部及南方省份适宜地区建立杂交水稻种子生产基地。

（6）对种子生产所需灌溉系统的建设、所需设备的购置提供支持。

（7）对制种户及杂交水稻种植户提供支持，开展先进杂交水稻技术培训。

（8）强化杂交水稻推广体系。

（9）制定新的种子政策，对引进的新的杂交水稻组合，仅允许种子进口两年，两年后种子需在本地（越南）生产。

（10）制定新政策支持种业公司在适宜的地区积聚土地开展种子生产，并像工业用地一样，使用年限可达 50 年。

（11）对制种户种子生产实行商业保险。

第三节 菲律宾

一、杂交水稻推广历程

早在20世纪70年代，当杂交水稻技术在中国成功应用后不久，菲律宾即引进了杂交水稻技术。20世纪80年代，从中国引入的杂交水稻组合在中央吕宋地区、卡加延河谷地区、科迪勒拉行政区和比科尔地区开始技术示范。1989年，菲律宾与中国许多农业大学开展合作，进行种质资源的交换和开发，并分享科技信息。

20世纪90年代，IRRI育成了具有一定抗性、适合热带生态条件的杂交水稻亲本，并于1994年育成了PSB Rc26H（Magat）组合。在IRRI的帮助下，菲律宾水稻研究所（PhilRice）也开始研究杂交水稻技术原理及栽培措施，选育并评估了F_1代测交后代。在私营企业的参与下，对杂交水稻技术及品种进行了大量的测试和田间评估。1997年，菲律宾种子局审定了第一个杂交品种PSB Rc72H（Mestiso），这个品种是IRRI培育的，在试验和推广中与PhilRice也进行了合作。

菲律宾政府认识到杂交水稻技术对解决国内粮食安全问题具有巨大的潜力，就将杂交水稻技术列为国家发展计划的重要内容。1998年，杂交水稻技术被正式列为国家农业发展战略以提高国内水稻生产水平。这为大量进口F_1代杂交水稻种子及扩大种子生产铺平了道路。菲律宾杂交水稻发展标志性事件就是启动“杂交水稻大面积推广计划（HRCP）”。在该计划中，要求PhilRice开展适合菲律宾条件的杂交水稻技术的研发，总统办公室作为该计划的牵头执行单位。

菲律宾西岭农业技术公司采用了由中国专家胡继银、张昭东独立选育的SL-8H，一直占菲律宾杂交水稻种植面积的50%~70%。SL-8H先后在菲律宾（2004年）、印度尼西亚（2005年）、孟加拉国（2007年）、越南（2010年）、缅甸（2011年）、印度（2016年）等6个国家通过审定，并在巴基斯坦、柬埔寨、马来西亚、东帝汶、马达加斯加、尼日利亚、索马里等国家试种，均表现出广泛的适应性。2003年，袁隆平院士在菲律宾验收产量10.37 t/hm^2，被誉为热带先锋杂交水稻组合。2003—2017年，SL-8H累计在东南亚和南亚推广面积达200万hm^2。

2013年，菲律宾政府拨5亿比索专款用于杂交水稻生产。2013年旱季，中国北大荒集团在菲律宾试种杂交水稻川农优528、天优10号、红泰优996等品种，产量达9.01~9.64 t/hm^2，比杂交水稻对照Mestiso1、Mestiso7增产6.1%，比常规水稻对照Rc222、Rc8增产29.5%，但这些品种在雨季增产不明显。

目前，菲律宾杂交水稻主产区在伊莎贝拉省、伊洛伊洛省等 5 个省。

2016 年，中国红旗种业与菲律宾西岭农业技术公司签订种子出口协议。2017 年，菲律宾将杂交水稻种植面积扩大至 100 万 hm^2，并加强水稻种子商业化，通过提供优良种子，进一步提高水稻单产。为推动菲律宾杂交水稻发展，中国农业部与菲律宾签署了农业合作行动计划（2017—2019）。

从 2007 年起，隆平高科在菲律宾成立研发中心，开展适合当地及其他东南亚国家的杂交水稻新品种选育工作（图 6-7），共选育审定了 LP205、LP331、LP534、LP2096、LP937 等 5 个新品种。2016 年，隆平高科在菲律宾成立种子公司，旨在推广审定杂交水稻品种。

图 6-7　菲律宾杂交水稻品种选育（成良计　提供）

自杜特尔特上任以来，菲律宾政府十分重视杂交水稻的推广。作为杂交水稻研究、推广的牵头单位，PhilRice 制定了杂交水稻研究推广计划，包括开展超级杂交水稻育种、杂交水稻综合栽培技术、高产栽培及种子生产病虫害防控管理、制种技术改良、杂交水稻种子生产机械化，以及与杂交水稻和社会经济相关政策等的研究。

目前，尽管面临诸多的挑战，但菲律宾杂交水稻技术的发展仍得到越来越多的关注。随着更多部门、更多政府及非政府机构的参与，杂交水稻研究领域更加开放，这使杂交水稻的发展充满了希望。

二、杂交水稻研究进展

截至2017年底，菲律宾种业委员会（原菲律宾种子局）共审定了89个杂交水稻品种（表6-20），其中公益及非营利机构（IRRI、PhilRice和PhilSCAT）育成的品种有33个，私营公司育成的品种有56个。

表6-20　菲律宾种业委员会审定杂交水稻品种数量

育成单位	审定数量/个
先正达（Syngenta）	18
国际水稻研究所（IRRI）	17
菲律宾水稻研究所（PhilRice）	11
拜尔（Bayer）	10
菲中农业技术中心（PhilSCAT）	5
隆平高科（Longping High-Tech）	5
Bioseed	3
Advanta	3
Metahelix	3
Devgen	3
先锋海外（Pioneer Overseas）	3
孟山都（Monsanto）	2
Hyrice	2
西岭农业技术（SL Agritech）	3
Beidahuang	1
总计	89

PhilRice及其中心试验站和分布在全国的各个分站引领杂交水稻研究、开发及技术推广（图6-8），包括亲本的选育及改良、超级杂交水稻选育、示范试验、种子生产、对生物及非生物胁迫的响应、品系和品种特性，以及米质评价等。此外，PhilRice还牵头开展杂交水稻栽培、种子生产技术和专利技术的普及推广工作。该研究所还对杂交水稻种植户及制种户进行生产技术培训，以实现有效生产，加强种子生产能力，特别是F_1代种子生产。PhilRice选育的两系杂交水稻Mestiso19，大面积种植增产显著。

图 6-8　菲律宾大面积推广杂交水稻（李继明　提供）

三、杂交水稻生产现状

从表 6-21 可以看出，杂交水稻从 2001 年的 5 000 hm^2 迅速上升到 2005 年的 36.9 万 hm^2，达到近 10 多年的最大值。2005 年后，杂交水稻收获面积呈现逐步下降趋势，至 2011 年降至最低点。

表 6-21　菲律宾杂交水稻收获面积、产量及增长率（雨灌低地）

年份	收获面积 / 万 hm^2	水稻单产 /（t/hm^2）			总产 / 万 t	增长率 /%				
		杂交水稻（旱季）	杂交水稻（雨季）	常规水稻（季平均）		收获面积	杂交水稻（旱季）	杂交水稻（雨季）	常规水稻（季平均）	总产
2001	0.50		5.44	3.59	2.90					
2002	2.80	6.85	5.78	3.68	16.90	460.00	—	6.25	2.51	482.76
2003	7.70	6.06	5.93	3.77	46.20	175.00	−11.53	2.60	2.45	173.37
2004	20.40	5.98	5.61	3.92	117.30	164.94	−1.32	−5.40	3.98	153.90
2005	36.90	6.18	5.83	4.02	221.40	80.88	3.34	3.92	2.55	88.75

续表

年份	收获面积/万 hm^2	水稻单产/(t/hm^2)			总产/万 t	增长率/%				
		杂交水稻(旱季)	杂交水稻(雨季)	常规水稻(季平均)		收获面积	杂交水稻(旱季)	杂交水稻(雨季)	常规水稻(季平均)	总产
2006	31.20	5.90	5.81	4.10	183.00	−15.45	−4.53	−0.34	1.99	−17.34
2007	23.90	6.23	5.93	4.21	146.30	−23.40	5.59	2.07	2.68	−20.05
2008	22.30	6.15	5.93	4.14	134.90	−6.69	−1.28	0	−1.66	−7.79
2009	19.30	6.44	5.50	3.95	117.90	−13.45	4.72	−7.25	−4.59	−12.60
2010	20.40	6.61	5.57	3.99	126.50	5.70	2.64	1.27	1.01	7.29
2011	14.40	6.23	5.45	4.02	85.50	−29.41	−5.75	−2.15	0.75	−32.41
2012	15.50	6.75	6.14	4.24	101.90	7.64	8.35	12.66	5.47	19.18

从 2012 年开始，杂交水稻收获面积有所回升。2016 年，杂交水稻收获面积达 38.9 万 hm^2，平均产量达到 5.74 t/hm^2，比当地常规水稻平均产量（4.22 t/hm^2）增产 36%。

四、杂交水稻种子生产

2012—2013 年共生产 6 个杂交水稻品种的 F_1 代种子（3 个公益机构培育，3 个私营企业培育）。2012 年，制种面积为 1 500.1 hm^2，生产种子 1 928.3 t。2013 年种子生产面积下降了 23%（1 148.81 hm^2），生产种子 1 170 t。制种单产从 2002—2004 年的约 0.7 t/hm^2 上升到 2012 年的超过 1 t/hm^2。2018 年，制种面积超过 2 000 hm^2，平均制种产量为 2 t/hm^2（图 6-9）。

菲律宾种子认证由国家种子质量控制服务中心负责，这是种植业管理司下面的协调机构。认证过程包括田间检查和产后检测，符合标准的品种才给予合格证书，符合质量标准的 F_1 代种子才能标注“认证种子”。此外，亲本材料也和常规种子一样，根据田间检查和实验室检测结果，进行四级管理，即育种家种子、基础种子、注册种子和认证种子。

尽管国内杂交水稻种子产量下降，但供应量由于进口而有所增加。2008—2011 年各年种子进口量分别为：8 189 t、5 783 t、8 947 t 和 4 828 t。2007—2012 年种子出口量分别为：384 t、448 t、556 t、116 t、925 t 和 732 t。

目前，菲律宾杂交水稻种子销售价约为 6 美元 /kg。

图 6-9 菲律宾杂交水稻种子生产（成良计 提供）

五、有关杂交水稻及杂交水稻种子生产的政策

（1）农业部行政令〔2009〕第 4 号《进口杂交水稻及玉米种子分析测试指南》。

（2）农业部行政令〔2010〕第 4 号《两系杂交水稻种子生产及田间标准》。

（3）农业部行政令〔2012〕第 8 号《两系杂交水稻种子生产及田间标准修订本》。

（4）农业部行政令〔2012〕第 9 号《杂交水稻种植户及制种户认定标准修订本》。

（5）农业部行政令〔2006〕第 20 号《种子及三系亲本种子生产及田间标准修订本》。

（6）农业部行政令〔2007〕第 18 号《种子及三系亲本种子生产及田间标准修订本》。

（7）农业部行政令〔2007〕第 21 号《水稻种子认证指南修订本》。

（8）农业部行政令〔2008〕第 29 号《杂交水稻种子买卖定价规定修订本》。

（9）行政令〔2002〕第 76 号《菲律宾水稻研究所作为首要政府机构负责杂交水稻商业化项目及促进杂交水稻技术应用》。

六、杂交水稻发展的限制因素及改进措施

杂交水稻种植为菲律宾提高水稻供给水平提供了一个途径。但目前杂交水稻推广应用面积还不足水稻总种植面积的 10%。杂交水稻推广还面临一系列挑战，包括种子生产、栽培技术、人员技术能力、经济状况及国家政策等。

目前，尽管有一些研究所和私营企业不断参与，增加了 F_1 代杂交种子的产量，但仍需进

口种子。在种子生产方面，还需要优化种子生产技术以提高种子单产，找到更多适合制种的基地，将制种户组织起来以强化种子供应网络。负责提供制种用亲本的育种单位要保证种子的物理指标和纯度。种子生产要降低成本，以鼓励更多的种植户加入进来，帮助他们获取更大的利润。

为使杂交水稻获得高产，还需要提供优化的配套栽培技术。目前普遍的情况是农民种植杂交水稻的实际产量与示范田的产量还有很大的差距。因此在开展杂交水稻品种推广的同时，还要摸索并推广相应的高产栽培技术。

根据可种植杂交水稻及可制种地区的情况，各地要明确主要负责人员并强化相关技术传授给农民。培训课程要更具广泛性和实用性，要开展更多的技术培训和现场教学。管理单位要不时组织农民进行现场参观，并更加主动地号召农民应用杂交水稻技术。

根据目前的杂交水稻市场情况以及国际贸易可能出现的变化，对推广杂交水稻的经济性、可获利性、贸易风险及前景要进行及时评估和评价。政府出台的政策要考虑农民、消费者及贸易商等各方利益，同时要规划并实现可持续发展的路线。行政机构将在实现国家水稻自给方面起到关键作用。

在利用更加综合有效的战略解决各项瓶颈时，研究单位还要注重气候变化，因为连续低温天气是影响杂交水稻种子生产的关键因素。

七、杂交水稻发展的机遇

（1）加强具更强杂种优势新品种的开发，表现为产量潜力增加，抗生物及非生物胁迫能力更强。

（2）全国范围内制种业变革。

（3）配套良好的鼓励杂交水稻生产的政策。

（4）在全国推广优化配套的杂交水稻生产技术。

第四节　孟加拉国

一、杂交水稻推广历程

1983 年，孟加拉国水稻研究所（BRRI）开始从事杂交水稻研究，但仅限于学术性的活动。1993 年，BRRI 对从 IRRI 引进的不育系、恢复系和杂交水稻组合进行评价和鉴定。1996 年，孟加拉国农业部制定了杂交水稻发展计划，将灌溉旱季稻区确定为杂交水稻发展的目标地区。同年，杂交水稻被列入亚洲开发银行（ADB）和IRRI主持的“杂交水稻在亚洲的开发和利用”项目，后又被列入IRRI“通过水稻研究消灭贫穷”项目。1997—1999年，联合国粮农组织（FAO）资助孟加拉国20.1万美元用于杂交水稻开发。1997年，在旱季试种用IR58025A配组的33个杂交水稻组合，表现一般。1998—1999年旱季，孟加拉国政府鼓励私人公司从事杂交水稻种子生产，并从中国和印度进口6个杂交水稻组合种子2 200 t。1999年，孟加拉国种植杂交水稻面积约1万hm^2。2001年，孟加拉国审定了本国第一个杂交水稻组合BRRI hybrid dhan1，该组合抗性和米质较好，生育期适中，适应性较好，但产量表现不突出，未能大面积推广。

2005年，中国农业部与孟加拉国农业部签署了杂交水稻科技合作协议。2007年，大批中国、印度、菲律宾公司在孟加拉国开发杂交水稻。2007—2008年，杂交水稻在孟加拉国种植面积已达90多万hm^2，主要是旱季种植，而雨季杂交水稻面积仍然很少。2013年，四川农业大学承担科技部中国－孟加拉国水稻联合研究中心援助项目，试验品种H-575比本地品种增产39.6%，并试种了QL-081、QL-083、QL-052等品种。2015年，重庆中一种业有限公司承担援孟加拉国水稻技术合作，审定Q优12单产达9.7 t/hm^2，比对照增产约20%；审定Q优108、SQR-6，单产达7.2～9.8 t/hm^2，比Ⅱ优838增产20%～30%。2016年，中种集团与孟加拉国农业发展总公司（BADC）在孟加拉国建立适应性研发中心，并与孟加拉国金色谷物王国私人有限公司签署了商业推广协议。

孟加拉国政府对农业研发的投入较少，公益性研究机构对杂交水稻的研发一直没有得到政府的足够重视和支持。杂交水稻的推广主要是由一些私营企业和非政府组织主导，且主要是通过与中国和其他国家的种子贸易，进口大量的杂交水稻种子，或通过与国外种子公司合作，在孟加拉国生产外国种子公司的杂交水稻种子来满足国内种子需求。这种途径有其独特的优势，如不承担制种风险，但同时具有潜在的问题，如品种没有自主知识产权，品种数量有限，种子供应量和杂交水稻种植面积无法控制。另外，进口的杂交水稻种子主要是出口国市场上接近或已经淘汰的品种，而且非本地化品种普遍存在适应性差、抗性低和米质差的缺陷，故孟加拉国杂交水稻一直得不到稳定的发展。

2008—2018年孟加拉国杂交水稻种植面积及产量见表6-22。

表6-22　2008—2018年孟加拉国杂交水稻种植面积和产量

年度	种植面积 / 万hm^2	杂交水稻占比 /%	产量 / 万t	杂交水稻占比 /%
2008—2009	93.9	8.08	431.2	12.60
2009—2010	100.0	8.47	479.0	13.99

续表

年度	种植面积 / 万 hm^2	杂交水稻占比 /%	产量 / 万 t	杂交水稻占比 /%
2010—2011	80.0	6.69	380.0	10.74
2011—2012	71.2	6.18	318.1	9.38
2012—2013	67.0	5.85	298.0	8.80
2013—2014	71.2	5.99	336.9	9.74
2014—2015	85.5	7.48	394.0	11.30
2015—2016	83.0	7.35	383.4	10.94
2016—2017	81.3	7.13	393.5	11.31
2017—2018	96.3	8.30	434.4	12.00

从表中可见，2010 年以后，孟加拉国杂交水稻面积有所下降，一直在 70 万 hm^2 左右徘徊，直到 2014—2015 年，杂交水稻种植面积才大幅回升，近年来稳定在 85 万 hm^2 左右。

2017—2018 年度，孟加拉国水稻收获面积为 1 160 万 hm^2，共产稻米 3 620 万 t。其中，杂交水稻面积达 96.3 万 hm^2，占比为 8.3%；杂交水稻产量为 434.4 万 t，占比为 12%。全国水稻平均单产为 3.12 t/hm^2，杂交水稻平均单产为 4.51 t/hm^2，杂交水稻平均单产比全国水稻平均单产高出 45%。孟加拉国大面积种植的杂交水稻组合主要有 Hira、Aloron、Jagoran、Sonar Bangla、Lp-50、SL-8H、Jaj、Surma、Richer-101、Shakti、ACI 等（图 6-10）。

图 6-10　孟加拉国大面积推广杂交水稻（毛学权　提供）

二、孟加拉国杂交水稻育种及种子生产情况

孟加拉国从事杂交水稻育种的单位主要有 BRRI、孟加拉国农村发展委员会（BRAC）、Supreme Seed Co. Ltd. 等。

20 世纪 90 年代，BRRI 从 IRRI、中国和印度引进杂交水稻亲本材料进行研究，中国不育系有 V20A、珍汕 97A，来自 IRRI 和印度的不育材料有 IR58025A、IR67684A、IR68275A、IR68281A、IR68888A、IR70960A、IR73328A、PMS10A 等。研究发现，IR58025A 等少数不育系表现较好。21 世纪初，引进中国不育系金 23A、Ⅱ-32A、D 汕 A、冈 46A 和 IRRI 不育系 IR78362A、IR79155A、IR80156A 等，并利用 IRRI 和中国不育系培育出了本地不育系 BRRI1A、BRRI3A、BRRI9A、BRRI10A 等。1996 年，孟加拉国引进农林 PL12、IR68945-4-33-4-14、IR71018-13-73-3 等 3 个光温敏核不育系用于两系杂交水稻研究。孟加拉国利用中国和 IRRI 不育系测交，选育出了 IR29723-143-3-3R、BR482-5-4-4-9R、BR827-35-2-1-1R 等几个较好的恢复系（图 6-11）。

图 6-11　孟加拉国杂交水稻品种选育（张前盛　提供）

BRRI 在 2001 年育成了第一个杂交水稻品种 BRRI hybrid dhan1 之后，又育成审定了 5 个杂交水稻品种，这 5 个品种的综合特性见表 6-23。

表 6-23　BRRI 育成审定的 5 个杂交水稻品种综合特性

品种名	BRRI hybrid dhan2	BRRI hybrid dhan3	BRRI hybrid dhan4	BRRI hybrid dhan5	BRRI hybrid dhan6
审定年份	2008	2009	2010	2016	2017
适种季节	旱季	旱季	雨季	旱季	雨季
株高 /cm	95	110	112	110	110
生育期 /d	144～145	145	115～120	145	120
单产 /（t/hm^2）	8.0～8.5	8.5～9.0	6.0～6.5	9.0	6.5
大米粒型	中长，圆粒	中长，圆粒	中长，长粒	中长，长粒	长，长粒

1998—2018 年，孟加拉国共审定了 175 个杂交水稻品种，其中 159 个用于旱季，16 个用于雨季。有关情况见表 6-24。

表 6-24　1998—2018 年孟加拉国审定的杂交水稻品种情况

序号	种植季节	审定杂交水稻品种数	品种来源			
			孟加拉国	中国	印度	菲律宾
1	旱季	159				
2	雨季	16				
3	总计	175	15	126	33	1

孟加拉国育成的 15 个品种中，6 个由 BRRI 育成，1 个由农业大学育成，还有 8 个为私营公司育成。

孟加拉国要求杂交水稻组合直链淀粉含量高于 24%。

孟加拉国从 1999 年开始尝试本土化制种（图 6-12）。目前从事杂交水稻种子生产的公益单位有 BRRI、BADC 等，私营企业主要有 Supreme Seed Co. Ltd.，Advanced Chemical Industries Ltd.，Ispahani，Bayer，Aftab Bahumukhli Farms Ltd.，East West Seed Bangladesh Ltd.，Mallika Seed Co. Ltd. 等，以及 20 多个非政府组织。来自中国湖南、湖北、安徽、四川的公司以及印度、菲律宾等国的公司也与上述公司合作，在孟加拉国生产杂交水稻种子。

孟加拉国有关单位还开展了大量的制种试验。BRRI 对 2006—2007 年旱季杂交水稻制种研究表明：BRRI1A/BR168R 制种行株距 20 cm × 15 cm，父母本行比 2∶10 时产量最高；行株距 20 cm × 15 cm，父母本行比 2∶10 和 2∶8 时异交结实率最高。旱季适合制种，制种产量最高可达 2.3 t/hm^2，雨季不适合繁殖制种。孟加拉国杂交水稻种子生产面积及种子产量见表 6-25。

图 6-12　孟加拉国大面积进行种子生产（毛学权　提供）

表 6-25　孟加拉国杂交水稻种子生产面积及种子产量

年份	制种面积 /hm^2	制种单产 /（t/hm^2）	制种总产 /t	种子进口量 /t
1999—2000	0.3	1.000	0.3	150.00
2000—2001	27.0	1.000	27.0	406.25
2001—2002	138.0	1.090	150.42	244.33
2002—2003	198.0	1.328	262.94	458.42
2003—2004	108.0	1.967	212.44	674.42
2004—2005	272.0	1.804	490.69	793.83
2005—2006	448.0	1.520	680.96	1 489.05
2006—2007	1 250.0	1.737	2 171.25	5 336.18
2007—2008	1 514.0	1.651	2 499.61	7 848.00
2008—2009	1 500.0	1.867	2 800.50	8 148.00
2009—2010			3 200.00	3 472.00
2010—2011			3 600.00	3 423.00

续表

年份	制种面积 /hm^2	制种单产 /(t/hm^2)	制种总产 /t	种子进口量 /t
2011—2012			4 800.00	4 000.00
2012—2013			5 500.00	7 070.00
2013—2014			6 500.30	3 755.00
2014—2015			8 613.00	4 120.00
2015—2016			7 528.00	1 771.00
2016—2017			7 243.00	1 628.00
2017—2018			7 818.00	2 820.00

数据来源：PQW，DAE。

三、杂交水稻推广面临的问题

（一）技术问题

目前，孟加拉国仅有三系杂交水稻生产。杂交水稻研究、品种及亲本的开发、育种、F_1代种子生产以及科技支撑都由IRRI和BRRI提供。中国、印度的一些大公司向孟加拉国私营企业提供技术支持，IRRI则向BADC提供技术支持。BRRI、BADC以及包括非政府组织在内的私营种子企业已经在杂交水稻育种、研发上取得了一定的进展。

孟加拉国杂交水稻面临的技术问题有如下方面。

（1）不育系、恢复系及保持系的潜力和纯度、异交种子结实率、花期同步、F_1代杂交种子的生产效率等都还没达到国际水平。

（2）高直链淀粉含量（超过24%）及蒸煮特性良好的杂交水稻品种还没有选育出来。

（3）分子标记辅助选择（MAS）育种及品种改良技术还没有达到令人满意的水平。

（4）用于遗传型性状定性及鉴定的DNA指纹图谱分子技术还没有取得进展。

（5）与杂交水稻相比，由于当地传统品种具有良好的食味，市场卖价较高。

（6）中国杂交水稻米质软黏，大多数孟加拉国消费者不喜欢。

（7）中国杂交水稻种子的质量及产量表现还没达到令人满意的程度。

（二）社会及经济问题

孟加拉国杂交水稻种子生产主要面临土地租赁及承包生产问题。

1. 能否提供大量适合制种土地的问题

制种需要有合适的土地、肥沃的土壤、足够的阳光、灌溉用水、良好的隔离、晒干种子的场地以及足够的劳动力。孟加拉国杂交水稻生产，面临适合制种的土地不足问题。

2. 农民的态度问题

农户的态度及其经济条件对取得制种土地至关重要。如果农户没有兴趣将土地用来制种，则很难保证 F_1 代种子的制种纯度。在这一情况下，土地租赁制种比承包制种相对要好一些。土地租赁制种，尽管土地成本较高，但产量及种子纯度可通过种子生产单位的可控管理得以保证。在承包制种中，由于所有的管理活动完全依赖承包农户的态度和经济状况以及生产效率和能力等，因此很难保证种子的产量和纯度。

3. 种子晒场及产后加工设备的提供问题

由于杂交水稻种子对环境要求较高，因此种子脱粒、清选及晒干所需的设备设施十分重要。但在孟加拉国各地，这些设备设施还不足。在收获季节，公益机构及私营企业都要租用这些设备设施，长达 15～30 d。晒谷场老板常会在种子收获季节开出很高的晒场租金。

4.GA3 的供应问题

GA3 是制种的必需品。这一物资由当地不同的公司提供，由于全部依赖进口，价格十分昂贵。

5. 杂交稻谷的市场价格问题

与常规稻谷相比，杂交稻谷的市场价格偏低。消费者喜欢直链淀粉含量较高及蒸煮品质良好的大米。尽管杂交水稻单产比常规水稻要高出 15%～20%，但由于米质较黏（直链淀粉含量较低，小于 20%）及粒型较圆，消费者不太喜欢。孟加拉国消费者偏好长粒型、高直链淀粉含量以及蒸煮品质较好的大米。

（三）能力问题

杂交水稻种子生产涉及研究、育种、品种改良、育种维护、种子生产、加工、内部质量控制、贮藏、包装、调配以及市场容量和能力等。在孟加拉国政府财政支持下，BRRI 和 BADC 已经逐步配置其设备设施，然而私营企业需自己筹措资金。有些私营企业正在逐步完善其设备设施。其他没有添置这些设备设施的私营种子企业则需要靠租用别人的设备设施生产。机械干燥、仓储除湿及内部质量控制是非常重要的环节，但仅在少数私营企业得到重视。

（四）环境问题

环境变化是孟加拉国农业生产的主要威胁之一。水、旱灾害，盐碱化对杂交水稻栽培都有不利影响。因此，需要培育出高产、生长期短、抗生物及非生物胁迫以及米质优良的品种来应对气候变化的挑战。

阳光、温度及降雨对杂交水稻制种和种植均十分重要。BRRI 和 BADC 都还没开展两系杂交水稻学术研究和田间试验。由于 7—8 月超过 35 ℃的高温，以及暴雨常将花粉冲刷掉，孟加拉国两系杂交水稻种子生产气候条件不良。三系制种需要适宜的温度、湿度，特别是在结实期早晚温差要大。孟加拉国有 30 个农业生态区，气候条件各地不一，各单位均选择环境适宜的地方开展制种。

（五）政策问题

在孟加拉国，水稻种子产业由农业部下面的国家种子局管理。农业部下设国家种子局秘书处，它根据国家种子政策、种子法规来调整种子产业。种业参与者包括国家农业研究体系下属的公益研究机构、公立农业大学、农业推广部门、公益种业及私营种业企业。种子质量控制及种子审定由种子审定署具体经办，其管理由国家种子局承担。国家种子局重点关注 6 大类作物：即水稻、小麦、黄麻、马铃薯、甘蔗和洋麻。其他 73 种作物为非关注作物。非关注作物的种子不需要官方种子审定。非关注作物种子的质量控制及审批由经国家种子局注册的种子生产商标注“真实标签种子（Truthfully Labelled Seed）”来申明负责。

国家种子局下设两个委员会，即技术委员会和种子促进委员会。技术委员会的作用是品种评估及审定。种子促进委员会的作用包括国家种业规划、计划、需求、生产、供应、推广服务及所有关注作物及主要非关注作物的评估和监管。种子促进委员会还负责对需进口并提交给国家种子局官方批准的种子数量进行审核。

国家种子局于 1998 年制定了《杂交水稻品种评价及注册规则》，该规则于 2003 年和 2007 年两次修订。根据该规则，从国外引进及本国选育的杂交水稻品种，需在孟加拉国不同的生态区和气候区进行两年的区域试验，这些试验需在技术委员会的控制和指导下，由种子审定署完成。根据两年的试验结果，对那些比现行最好的常规品种产量超出 20% 以上的杂交水稻品种，将由技术委员会审定并由国家种子局正式公布。

为遵守这一规则，在审定和公布杂交水稻品种时，需符合以下条件。

（1）通过审定公布的杂交水稻品种，仅允许在开展了试验的地区种植，且产量要比最好的当家常规品种超出 20%。

（2）已公布的杂交水稻品种的 F_1 代种子可从国外进口的年限最长为 8 年，8 年之后该品种种子需在孟加拉国当地生产，不允许再进口。

（3）审定注册的杂交水稻种子仅允许在试验示范的区域进行商业化销售。

第五节　巴基斯坦

一、巴基斯坦杂交水稻推广历程

20 世纪 90 年代后期，位于卡拉希卡库（Kala Shah Kaku）的旁遮普省水稻研究所与 IRRI 合作，开展了杂交水稻研究项目。2000 年，该项目由于政府批准启动“杂交水稻在旁遮普的开发”计划而得以强化。其中，杂交巴斯马蒂水稻生产是该项目的内容之一。在该计划下，该所的育种家选育出了一些杂交组合。这些组合在试验站的产量品比中表现很好，但推广面积较小。

私营企业方面，嘎德农业服务有限公司在中国专家的技术指导下，引进中国杂交水稻进行品比并在信德省推广。巴基斯坦第一批审定的杂交水稻，即 GNY-50 和 GNY-53 就是该公司审定推广的。该公司在信德省开展制种，产量达 2 t/hm^2。自巴基斯坦引进杂交水稻以来，有许多跨国公司及本土公司从中国进口杂交水稻种子，年进口量达 3 000～4 000 t。

联邦种子审定注册局制定了杂交水稻种子进口及销售法规。进口商要对拟进口的品种提供种子样本，并进行两年的适应性种植试验。两年试验后，品种评估委员会向国家种子局提交推荐信，以便对该品种进行审定。在巴基斯坦，省级种子局也可在各省审定组合 / 品种。截至 2014 年底，巴基斯坦已推荐 85 个杂交水稻品种用于全国推广（图 6-13、表 6-26）。

图 6-13　巴基斯坦大面积推广杂交水稻（田永久　提供）

表 6-26　品种评估委员会推荐的杂交水稻品种名录

序号	品名	序号	品名	序号	品名
1	GNY−50（Guard−50）	31	HR−40（Pukhraj）	61	JS King
2	GNY−53（Guard−53）	32	HS−98	62	JS−777
3	Guard−402	33	Sitara−401	63	GIR−2
4	Guard−403	34	Sitara−402	64	GIR−3
5	Guard-LP−2	35	HR−14（Pukhraj-ii）	65	Roghay101
6	Guard-LP−3	36	CKD−775	66	Y−26
7	Dagha−1	37	CMS−202	67	Grace−1
8	Arize−403	38	MKH−410	68	Winner−06
9	Arize XL94017	39	Maharani	69	Guard-LP−18
10	Arize TEJ	40	Prince	70	Sultan
11	Arize H64	41	Shahanshah	71	Arize 6444 Gold
12	EMKAY H401	42	Shahanshah1	72	Red Star
13	CKD−776（Komal）	43	ZY−688	73	NA−1
14	AAS−501	44	ZY−018	74	EN-HY−633
15	S−444	45	TFA−121（Diamond）	75	EN-HY−618
16	HJ−19（Leader）	46	Sc−123	76	FMC−1
17	CJU05（Advantage）	47	Global−1	77	NK−5251
18	RA−203	48	Pearl−1	78	Hunza011
19	RA−204	49	Pride−1	79	Hunza012
20	PHB−71	50	RCA Rice−202（RS−2）	80	AG−234
21	HS−413	51	RH−257（TAJ−257）	81	SH−123
22	HS−777	52	Winner−05	82	CKD−1355
23	HS−9022（HS−90）	53	Winner−08	83	CKD−1356
24	HS−9393	54	Arize Swift	84	Roshan
25	Bravo−958	55	Bravo−9	85	Salaar
26	CMS−303	56	Shahanshah-ii		
27	Maharani-ii（PH−5）	57	PARAS（HEV−188）		
28	Mehran（HEV−155）	58	Prince−31		
29	Prince−130	59	RA−208		
30	RA−205	60	MKH−411		

二、杂交水稻研究、推广现状及趋势

巴基斯坦几乎所有的杂交水稻品种均来自中国。有些进口的品种不耐巴基斯坦的高温天气、米质较差、整精米率不高、易感病虫害，因而难以推广。旁遮普省是巴基斯坦传统优质稻品种巴斯马蒂的主产省，在该省南部已有杂交水稻种植。杂交水稻主要种植地区为出产普通大米的信德省。在俾路支省，也有杂交水稻种植。

（一）杂交水稻研究进展（图 6-14）

旁遮普省水稻研究所通过与 IRRI 合作，对 32 个不育系（CMS）进行了评估，在当地培育出了 4 个具巴斯马蒂血统的不育系。所有这些不育系均属野败型，但异交结实率仅有 15%～46%，制种产量很低。其他研究工作包括以下几个方面。

图 6-14 巴基斯坦选育杂交水稻品种（龙春久 提供）

（1）鉴定了 35 个巴斯马蒂及非巴斯马蒂苗头恢复系。采用分子标记辅助选择（MAS）方法，育成了一批抗白叶枯病、抗涝及抗盐的亲本材料。

（2）鉴定了 30 个保持系，这些保持系将用于培育具当地遗传背景的新的不育系。

（3）对 18 个雄性不育系进行不同世代的回交。

（4）选育了 5 个杂交组合，进行产量重复试验。

（5）选育了 2 个杂交组合，即 LH-18（普通型）和 LH-1（巴斯马蒂型）。

从表 6-27 可以看出，各不育系在株高、每株穗数、成熟天数及异交率等性状上差异较大。

表 6-27　旁遮普省水稻研究所不育系的研究进展

序号	不育系	株高 /cm	每株穗数 / 穗	成熟天数 /d	异交率 /%
		本地不育系			
1	KSK9A	69	14	98	28
2	KSK4365A	69	15	85	25
3	SSMS2A	80	14	89	20
		引进不育系			
1	IR58025A	67	20	93	30
2	IR68897A	68	16	85	46
3	IR70369A	75	17	93	40
4	IR75596A	75	16	85	30
5	IR79128A	74	13	85	32
6	IR70372A	77	13	87	27
7	IR79156A	78	12	90	26
8	IR62829A	78	23	79	38
9	IR68275A	81	16	86	17
10	IR68280A	68	14	83	20
11	IR68885A	82	19	99	28
12	IR68886A	69	21	92	37
13	IR68888A	68	19	84	32
14	IR68902A	73	24	90	15
15	IR69616A	76	19	95	29
16	IR72788A	80	15	89	23
17	IR73322A	78	16	92	19
18	IR73328A	82	14	89	31
19	IR73794A	81	18	93	25

从表 6-28 中可以看出，本地培育的 LH-18 杂交组合株高比当地常规水稻品种 KSK-133 要高一些，每株穗数及每穗粒数也要多一些，这是产量提高的直接原因。LH-18 产量比 KSK-133 要高出 38%，LH-1 也要比对照巴斯马蒂 385 高出 25%。

表 6-28　旁遮普省水稻研究所培育的杂交水稻组合农艺性状

品种名	株高 /cm	每株穗数 / 穗	穗长 /cm	成熟天数 /d	每穗粒数 / 粒	产量 /（t/hm²）
LH-18	115.3	18.2	31.3	104.0	189.8	6.607（38%）
KSK-133（对照）	108.0	16.4	25.9	105.0	126.4	4.804
LH-1	130.0	18.6	35.8	120.0	170.0	5.637（25%）
巴斯马蒂 385（对照）	132	19	33.4	128	155	4.50

（二）杂交水稻生产现状

2009—2018 年，杂交水稻在巴基斯坦快速推广。表 6-29 列出了 2009—2018 年巴基斯坦杂交水稻种子进口量及推广面积。

表 6-29　2009—2018 年巴基斯坦杂交水稻种子进口量及推广面积

年度	种子进口量 /t	推广面积 / 万 hm²
2009—2010	2 600	16
2010—2011	3 200	26
2011—2012	4 100	38
2012—2013	4 300	36
2013—2014	4 500	40
2014—2015	4 200	46
2015—2016	4 400	50
2016—2017	5 200	41.5
2017—2018	6 700	57

从表中可以看出，巴基斯坦杂交水稻推广面积从 2009—2010 年的 16 万 hm² 迅速上升到 2016—2017 年的 41.5 万 hm²，年平均增长率达 12.8%。2016—2017 年巴基斯坦各省杂交水稻推广面积见表 6-30。目前，在巴基斯坦推广面积较大的杂交水稻品种有：Guard-50、Komal、TFA-121、Arize 6444 Gold 等。

表 6-30　2016—2017 年巴基斯坦各省杂交水稻推广面积

省份	水稻总面积 / 万 hm^2	杂交水稻推广面积 / 万 hm^2	占比 /%
旁遮普	180	5.4	3
信德	75	32.2	43
俾路支	19.6	3.9	20
开伯尔 – 普什图	5.3		
总计	279.9	41.5	15

水稻是巴基斯坦第二大创汇作物，但实现稻米自给仍是巴基斯坦生产目标。巴基斯坦有几家私营公司正在开展杂交水稻种子生产和销售，并声称这将促进巴基斯坦水稻生产。巴基斯坦目前每年需从中国进口 3 000 ~ 4 000 t 杂交水稻种子。农民每年都要购买昂贵的稻种，这与种植常规水稻相比，成本上升，这将导致农民放弃杂交水稻而重新种植常规水稻。此外，由于杂交水稻米质较差，在巴基斯坦大量种植杂交水稻还会造成销售问题。

（三）杂交水稻技术转移和应用

1. 杂交水稻种子生产（图 6-15）

图 6-15　巴基斯坦杂交水稻种子生产（田永久　提供）

种植杂交水稻有助于巴基斯坦解决粮食安全、稻米自给的问题。在2000年前后，引进的杂交水稻品种均为粳稻类型，容易受到非生物（水淹、盐害及干旱）和生物胁迫的影响，米质较差。目前所有的杂交水稻品种均为籼稻类型，有一定的抗病虫能力。以前进口的杂交水稻品种在高温下不结实，现在的品种均有抵抗高温的能力。

种子质量对于保持高水平、可持续的农业生产起到基础性作用。20世纪60年代，绿色革命使高产水稻品种（HYV）进入巴基斯坦。巴基斯坦农民仍保留其种子分享和交换的传统，栽培的种子中有80%以上是自留种，正规的种业（公、私企业）公司所占份额不足20%。随着跨国公司控制种业，他们正试图改变巴基斯坦种业形势，并使农民依赖他们。杂交水稻种子就是由于这个目的引进的，杂交水稻产量高却不能自行留种。

通过与跨国公司之间的合作，巴基斯坦已有几家公司开展了本土化种子生产。2016—2017年，Guard Agricultural Research and Services Pvt. Ltd. 与中国隆平高科合作的种子种植面积为243 hm^2，Suncrop集团与中国安徽全银高科种业股份有限公司合作的种子种植面积为160 hm^2，另外Ch. Khair Din and Sons公司的种子种植面积为45 hm^2。

2. 杂交水稻种子供应及贸易

在私营企业方面，Guard Agricultural Research and Services Pvt. Ltd. 以及Emkay Seeds Pvt. Ltd. 两家公司在巴基斯坦开展杂交水稻技术应用方面处于领先地位。Guard Agricultural Research and Services Pvt. Ltd. 在中国专家的指导下在信德省开展杂交水稻种子生产，但单产仅2 t/hm^2，无利可图，约60%的私营公司都是从中国进口杂交水稻种子。

3. 杂交水稻知识产权

巴基斯坦是世贸组织（WTO）成员国，根据与贸易有关的知识产权协议，有责任对植物品种提供知识产权保护。《植物育种家权利法案》对育种家新的植物品种权给予保护。《植物育种家权利法案》可类比于版权及专利权、商标及工业设计法案。

4. 杂交水稻的影响

杂交水稻比常规水稻具有明显的产量优势。尽管米质较差，杂交稻米的市场价格比常规稻米略低，但由于产量较高，种植杂交水稻仍比种植常规水稻收益大。杂交水稻种子的成本比常规水稻略高，稻农每季都要从种子公司购买种子，这抑制了小规模农户种植杂交水稻的积极性。由于巴基斯坦与中国在土壤及气候条件上差异较大，因此从中国进口的种子在种植之前要进行土壤及气候适应性试验。

三、杂交水稻推广的障碍及差距

（一）技术障碍

（1）目前进口的杂交水稻品种米质较差，在国内及国际市场价格较低，不为稻农接受。

（2）现已选育的杂交水稻品种抗病、抗虫性较差，经常受到白叶枯病、稻瘟病等病虫害侵袭。

（3）由于进口的杂交水稻种子并没有在巴基斯坦进行适应性栽培，因此农民的收成不稳定，产量低，有时甚至颗粒无收。

（4）用于制种的高纯度亲本种子不足，导致无法大量提供优质杂交水稻种子。

（5）进口种子在种植季节不耐高温，导致米质及产量偏低。

（6）由于制种产量偏低，种子生产成本很高，限制了小型农户种植的积极性。

（7）在巴基斯坦，特别是在旁遮普省，具备杂交水稻制种气候条件（温度在24 ℃~30 ℃，空气相对湿度在70%~80%，微风）的地方不多。旁遮普省水稻研究所和Guard Agricultural Research and Services Pvt. Ltd. 都在旁遮普省开展过制种，但制种产量很低，无利可图。在信德省，Guard Agricultural Research and Services Pvt. Ltd. 在古拉奇开展了制种，制种产量可达 2 t/hm^2。

（8）在巴基斯坦，由于环境条件及亲本材料的遗传背景影响，不育系（CMS）的异交率很低。

（9）从中国进口的杂交水稻种子均为三系种子，而不是两系超级杂交水稻种子，两系种子比三系种子产量平均高出 10%~15%。目前中国政府禁止两系亲本的出口。

（10）建议公益机构及私营企业培育适应巴基斯坦的三系及两系亲本材料。为实现这一目标，从中国或 IRRI 引进新的育种材料是成功开展杂交水稻新品种选育的重要前提条件。此外，杂交水稻种植成功依赖于杂交水稻制种方面的成功，也就是种子生产商要能生产出高产优质的种子。杂交水稻种子生产需要专业性的技术，因此，只有经过严格训练、技术娴熟的育种家才能担当种子生产工作。为达到这一目的，迫切需要对制种专业人员进行培训，特别是进行田间制种技术培训。

（二）社会及经济障碍

尽管杂交水稻比现有水稻品种增产 20%~25%，但这一技术仍还没有普及。原因有三：一是杂交水稻表现不稳定；二是农民对杂交水稻田间栽培管理还不了解；三是杂交水稻米质较差，种子价格较高（杂交稻种约 800 卢比 /kg，常规稻种约 65 卢比 /kg），农民习惯采用自留种。此外，杂交水稻的实际产量也比理论产量要低得多。

（三）能力障碍

目前，在巴基斯坦旁遮普省水稻研究所，约有 10 名科学家从事抗病虫三系杂交水稻品种选育。在资金、人员培训和亲本材料方面严重不足，是影响杂交水稻发展的主要因素。对于杂交水稻研发而言，该所已配备较为完善的仪器设备及大量的试验田。

（四）环境障碍

在中国育成的杂交水稻品种都是在温带环境下选育出来的，不耐高温，在巴基斯坦的高温环境中会出现大面积的不结实。大部分进口种子都带有水稻病菌，特别是白叶枯病、稻瘟病以及黑粉病。过去几年，杂交水稻的产量表现也不稳定。

（五）政策障碍

种植户面临的困难包括土地面积小块分散，信贷手续烦琐，灌溉用水、用电不能保证，插秧、收割及脱粒等农忙季节劳动力短缺，优质农资产品不能及时供应等。这些因素影响了杂交水稻生产及种植户的收入。

巴基斯坦政府还有必要批准及执行杂交水稻“标准作业流程”，强调在非巴斯马蒂种植区开展杂交水稻种植。巴基斯坦政府应在资金、政策上对杂交水稻项目提供有力支持。

四、在巴基斯坦推广杂交水稻种植的体会

（1）与欧洲、IRRI 和中国等国家、地区和国际组织合作，成立合资企业开展与杂交水稻相关的技术转移，并对育种家进行培训。

（2）从中国和 IRRI 引进抗生物和非生物胁迫的高产种质资源。

（3）加强巴斯马蒂杂交水稻遗传基础理论研究。

（4）建立严格的水稻生产质量控制体系。

（5）对杂交水稻产业广而告之，引起社会各界的重视。

五、杂交水稻推广机遇

自 2000 年以来，杂交水稻在巴基斯坦推广应用取得了长足的进步，对争取稻米自给、保持稻米价格稳定所起到的重要作用不言而喻。杂交水稻技术不仅能提高产量，而且能通过种子生产促进就业。从巴基斯坦各地的调查数据来看，尽管存在政策及经济条件的限制，但杂交水

稻比常规水稻增产 20%～25%，种植杂交水稻比种植常规水稻能获取更多的利益。

六、推广杂交水稻的重要战略和政策

为促进杂交水稻的发展，政府提供项目资金支持杂交水稻研究工作。政府也正通过简化两年期多点品比试验及品种评估委员会的最终推荐程序，鼓励私营企业进口适合各地生态条件的杂交水稻品种。

2020—2030 年重要的战略及政策选项有以下几个方面。

（1）杂交水稻种子成本比常规水稻种子偏高，这打消了小型农户种植杂交水稻的积极性。因此，急需解决这一问题以降低杂交水稻生产成本。

（2）公益机构和私营种子公司应设法获得亲本材料，并开展适合当地生产条件的三系和两系超级杂交水稻的培育。

（3）给水稻研究所提供资金以帮助从中国和 IRRI 进口亲本材料，支持杂交水稻育种工作顺利开展。

（4）推动杂交水稻技术传播和引起社会关注是杂交水稻获得良好推广的前提。

（5）杂交水稻种子生产专业性很强，只有经过高度训练、技术娴熟的制种人员才能从事这一工作。因此，有必要进行田间制种技术的培训。

（6）巴基斯坦种子局和品种评估委员会应批准更多的杂交水稻品种在巴基斯坦种植。

（7）目前在巴斯马蒂种植区限制杂交水稻种植是因为种植稻谷粒型超长的巴斯马蒂大米（如超级巴斯马蒂和巴斯马蒂 515）获利更丰。因此，有必要提供足够的资金、培训和人员来选育高产、多抗的巴斯马蒂杂交水稻。

（8）对 DNA 实验室，特别是旁遮普省水稻研究所的 DNA 实验室进行升级，以便于水稻育种家通过分子标记辅助选择系统来选育理想性状的材料。

（9）过去十年，肥料、柴油、抽水用电等各项农业生产投入品成本上升。此外，杂交水稻种子价格太高，也大大提高了生产成本。政府以及私营企业应给予杂交水稻种子生产一定补贴，以降低种子价格。

（10）从中国和 IRRI 获取各种抗性基因材料，再整合到巴基斯坦水稻品系中以培育出能抗各种非生物胁迫（干旱、盐害、热害、冷害和水灾）和生物胁迫（病虫害）的杂交水稻品种。

（11）巴基斯坦政府应全面清查杂交水稻种子盲目进口和无序栽培问题。

（12）实施杂交水稻栽培“标准作业流程”，缩小杂交水稻实际产量与理论产量之间的差距。

第六节 缅甸

一、缅甸杂交水稻推广历程

缅甸于 1983 年开始研究杂交水稻技术。1991 年以前，缅甸北部地区从中国引进杂交水稻进行试种，增产显著。1991 年，缅甸制订了国家杂交水稻研究发展计划，包括对引进的不育系进行评价，培育新的三系亲本，杂交稻产量评价，亲本提纯繁殖和制种研究，杂交水稻种子生产，杂交稻栽培示范、技术研究与推广。1992 年，MAS（Myanmar Agriculture Service）、DAR（Department of Agriculture Research）从中国和 IRRI 引进一些三系亲本和杂交水稻品种进行试验，结果表明，中国的珍汕 97A、博 A 适应性差，从 IRRI 引进的 IR58025A、IR62829A 适应性好，但纯度差。

1995 年，缅甸利用 IRRI 不育系选育出了杂交稻 1 号（IR62829A/Theedalyin）、杂交稻 2 号（IR62829A/IR50），进行试种，比当地常规稻良种增产 40%～50%，但因亲本不纯和产量不稳定未能得到推广。

1997 年，FAO 通过国际技术合作项目（TCP）提供 22 万美元为缅甸设立为期 1 年的杂交水稻技术培训项目，FAO 聘请袁隆平院士为组长、毛昌祥为副组长，设立专家组为缅甸制订了 1 年杂交水稻发展详细计划，提出了 5 年中期发展计划，并提供了 10 多个杂交水稻组合和几个不育系，培训了大批缅甸杂交水稻育种和制种人才，见图 6-16。

1998 年起，缅甸开始大面积推广杂交水稻。中国四川四马公司、北京首放公司、三明市农业科学研究院、隆平高科，日本 Murubeni Corporation，以及来自印度等国家的公司相继在缅甸开发杂交水稻。2002 年，缅甸成为 IRRI-ADB（Asian Development Bank）杂交水稻二期项目援助国，得到了资金和资源支持。2002 年，缅甸育成了 IR58025A/IR63883-41-3-2-2R 和 IR68897A/IR60819-34-2-2R 两个杂交水稻组合，但因推广面积小而遭淘汰。2004 年，缅甸成立了国家种子委员会（NSC），对种子项目进行全面监管。日本国际合作署（JICA）在缅甸援建了一个种子库。

2011 年开始，缅甸农业畜牧灌溉部大力鼓励发展杂交水稻研究和生产技术。2012 年，缅甸加入杂交水稻发展联盟。2014 年，FAO 通过国际技术合作项目（TCP）支持缅甸杂交水稻发展。

2010 年，越南 Viettranimex Group 和缅甸 YAU（Yezin Agricultural University）合作筛选适合缅甸种植的杂交水稻组合。2011 年，缅甸颁布了种子法，同年缅甸农业畜牧灌溉部和中国安徽隆平高科种业有限公司合作推广杂交水稻。从 2012 年开

图 6-16　缅甸大面积推广杂交水稻（胡继银　提供）

始，Bayer Crop Science 在缅甸研究杂交水稻。2013 年，SunLand Agri-Tech Pte. Ltd. 试制试种自选的热带杂交水稻组合 SAT-15H 和 SAT-16H。2015 年，四川农大高科农业有限责任公司入股成立的四川安吉瑞科技发展有限公司，在缅甸大面积种植中国杂交水稻 CNR902。2016 年 7 月，缅甸农业畜牧灌溉部停止种植珍珠米等杂交水稻，这些品种虽然产量高，但稻种成本高、种植成本高，大米市场不易接受。2017 年，中国向缅甸提供 5 亿元人民币的无偿援助，用于支持杂交水稻研究中心研发等农业项目。2017 年，中国科学院成都生物所和 YAU 合作进行中国杂交水稻品种技术缅甸试验示范。2016 年，由新加坡公司全资成立的缅甸外资公司 Golden Sunland Co.，Ltd. 开发杂交水稻健康大米。2018 年，世界上第一个低升糖指数杂交水稻 SAT-15H（由中国专家胡继银选育的热带杂交水稻组合）通过缅甸国家审定。

至今，缅甸研究杂交水稻已有 30 多年，大面积推广杂交水稻已有 20 多年，但缅甸杂交水稻始终处于缓慢发展中。缅甸本土杂交水稻研发能力弱，缅甸杂交水稻研究中心研发的杂交水稻推广面积不大，各种子公司除 Golden Sunland Co.，Ltd. 本土研发的 SAT-15H 外，其余种子公司开发的品种均从中国、菲律宾、印度、越南等国引进，适应性较差。缅甸杂交水稻制种面积一直在 1 000 hm^2 左右，制种单产约 2 t/hm^2。缅甸杂交水稻没有固定的种子生产基地和种子进口渠道，1998 年以来种植面积大起大落，目前常年推广面积在 7 万 hm^2 左右。

二、缅甸杂交水稻推广现状

（一）缅甸杂交水稻育种现状

缅甸从事杂交水稻研究的单位主要有 DAR、DOA（Department of Agriculture）、YAU 等种子公司。DAR 从事杂交水稻育种的人员有 20 多名，有杂交水稻育种材料近 2 650 份。它们主要引进国外的不育系进行适应性和育性稳定性观察，并测交选育新的杂交水稻组合。通过大量的测交，DAR 掌握的水稻材料中保持系占 2.06%，恢复系占 0.81%，大部分恢复系来自 IRRI。1995 年，DAR 引进中国的珍汕 97A、龙特浦 A、博 A 等不育系观察，发现中国的不育系适应性差。DAR 通过对从 IRRI 引进的 IR58025A、IR62829A、IR68887A 和 IR68897A 等 10 个不育系观察发现，IR58025A 表现好，IR68897A、IR68887A 表现较好。目前研究和应用的不育系有来自 IRRI 的 IR58025A、IR68897A，来自中国的 LP10A、LP11A、LP12A、K17A、SL-1A、SAT-1A 等。2012 年，YAU 引进两系不育系 3S 在缅甸进行观察和试制种，表现较好。目前应用的恢复系主要有 LP10R、LP11R、LP12R、R818、SL-8R、SAT-1R、Basmati R 等。2017 年，DAR 与私人公司 Golden Sunland Co., Ltd. 合作研发本土杂交水稻新不育系和杂交水稻组合，见图 6-17。

2017 年，YAU 调查发现，缅甸杂交水稻研究人员和研究单位少且经验不足，目前有关杂交水稻研究人员 56 人，育种人员 33 人，研究经费不足，基础设施差，研究设备不足，种质资源少，研究协作不够，政府政策支持不足等。

在缅甸推广杂交水稻必须要通过国家种子委员会（NSC）批准审定，缅甸植物新品种保护法也于 2017 年 1 月生效。缅甸要求杂交水稻比常规稻增产 20%，产量达到 9～10 t/hm^2，米质好，适应性好，制种产量高，旱季短生育期 100 d、雨季中等生育期 120 d。优质杂交稻要求整粒精米率大于 55%、直链淀粉含量 20%～25%、米粒透明、没有垩白、食味好。中国杂交水稻在缅甸增产 20%～30%，种子贵、米质差、稻谷价格低，适应性较差。

缅甸审定的 32 个杂交水稻组合见表 6-31。缅甸审定的杂交水稻组合来自政府部门的有 5 个（DAR 有 4 个，Department of Biotechnology Myanmar 有 1 个），缅甸没有自己的本地不育系，应用的不育系全部来自 IRRI 和国外。私营种子公司审定的组合有 27 个，

图 6-17 缅甸杂交水稻品种选育（胡继银 提供）

来自中国的组合有 9 个，来自印度的有 15 个，来自菲律宾的有 1 个，本土选育的只有 1 个（SAT-15H）。Golden Sunland Co.，Ltd. 本土选育的热带杂交水稻 SAT-15H 产量高，制种容易，适应性很好。本组合糙米升糖指数低（GI=46），适合糖尿病患者食用，在新加坡、中东、欧洲等地大量销售。

表 6-31 缅甸审定的杂交水稻组合

审定年份	组合名称	亲本	选育单位
2001	Hybrid Rice-6201		Hybrid Rice International Co.，Ltd.
2001	Hybrid Rice-6207		Hybrid Rice International Co.，Ltd.
2010	Zhong Lian You950	Zhong Lian1A/R950	Jiangsu Hongqi Seed Co.，Ltd.
2011	Pale Thwe-4	SL-1A/SL-8R	ISMSA Co.，Ltd.
2013	Pale Thwe-1	LP89A/LP8R	Royal Pansay Co.，Ltd.
2013	PAC807	PAC008/PAC100	International Agro Co.，Ltd.
2013	PAC853	PAC0085/PAC301	International Agro Co.，Ltd.
2013	PAC837	PAC0850/PAC37	International Agro Co.，Ltd.

续表

审定年份	组合名称	亲本	选育单位
2013	SABIR1	ATIIKPDH0002	Boyar Nyunt Co.，Ltd.
2013	SABIR9	ATIIKPDH0512	Boyar Nyunt Co.，Ltd.
2013	SABIR8	ATIIKPDH0008	Boyar Nyunt Co.，Ltd.
2014	GW-1	K17A/R818	Great Wall International Co.，Ltd.
2014	Yezin Pale Thwe-1	IR58025A/Basmati R	DAR
2014	Yezin Pale Thwe-2	CN9-9A/CR-5	DAR
2016	Yezin Pale Thwe-3	IR58025A/YnCN09-01R	DAR
2016	Theingi Pale Thwe	IR58025A/Sin Theingi	DAR
2016	Arize 6444 Gold	C112/M013	Bayer Myanmar，Co.，Ltd.
2016	Arize Tej Gold	C112/M019	Bayer Myanmar，Co.，Ltd.
2016	S6001	F907A/MEPR6008	Myanmar Awba Co.，Ltd.
	New Aye Yar-1	LP10A/LP10R	MAYLP Agriculture Co.，Ltd.
	New Aye Yar-2	LP12A/LP12R	MAYLP Agriculture Co.，Ltd.
	New Aye Yar-3	LP11A/LP11R	MAYLP Agriculture Co.，Ltd.
	DE YOU-8	DY5/TN211	Myanmar Shwe Ayeyar Co.，Ltd.
	DE YOU-12	DY3/TN211-1	Myanmar Shwe Ayeyar Co.，Ltd.
	DE YOU-16	PT502/TH177	Myanmar Shwe Ayeyar Co.，Ltd.
	MRH-1	RA0001/RR0037	Aventine Ltd.
	MRH-2	RA0001/RR0038	Aventine Ltd.
	MRH-6	RA0069/RR0115	Aventine Ltd.
	MRH-8	RA0067/RR0095	Aventine Ltd.
	Bio-DHK-8	IAHS200-004	Department of Biotechnology Myanmar
2017	SL-8H	SL1A/SL8R	Water Stone Co.，Ltd
2018	SAT 15H	SAT-1A/SAT-1R	Golden Sunland Co.，Ltd.

（二）缅甸杂交水稻制种现状

1995 年，DAR 进行博优 64 试制种，产量达 1.1 t/hm^2。1997 年，MAS 和日本 Murubeni Corporation 进行了杂交稻制种试验。缅甸从 1998 年开始大面积制种，1998—2001 年，中国四川四马公司在缅甸制种汕优 501（R501）的面积为 67 hm^2，平均产量

0.79 t/hm^2。2004 年，缅甸制种面积为 405 hm^2，平均产量为 1.0 t/hm^2。2011 年，缅甸 DOA 推广人员以及缅甸 DAR 的研究人员在 Shwe Taung 农场开展了杂交水稻种子生产，制种面积达 80 hm^2，有 165 名种子局的员工参加了制种培训。一些受训人员已调到内比都的制种基地开展杂交水稻种子生产，见图 6-18。2012 年，在曼德勒（Mandalay）Wun Twin 镇 Shwe Taung 农场，Pele Thwe-1 雨季制种平均产量为 2.3 t/hm^2，旱季制种产量为 2.51 t/hm^2。2012 年，菲律宾 SL Agritech Corp. 和本地公司 International Sun Moon Star Agriculture Co., Ltd. 联合制种 Pale Thwe-4（SL-8H），旱季制种面积 160 hm^2，平均产量 2.1 t/hm^2；雨季制种面积 55 hm^2，平均产量 0.7 t/hm^2。2012 年，比利时 Devgen. Co. 制种 MDR05 面积共 40.5 hm^2。2013 年，新加坡 SunLand Agr-Tech Pte. Ltd. 试制该公司培育的 SAT-15H 和 SAT-16H。2013 年，YAU 试制种两系组合 3S/Long4。

图 6-18　缅甸大面积种子生产（胡继银　提供）

2012—2016 年，缅甸旱季制种面积 1 644.9 hm^2，总产量 3 158.8 t，单产 1.92 t/hm^2；雨季制种面积 1 342.8 hm^2，总产量 2 494.5 t，单产 1.86 t/hm^2。2012—2018 年，缅甸杂交水稻制种面积为 4 519 hm^2，其中，私营种子公司制种面积占 62.54%，政府部门制种面积占 26.49%，农民合作社制种面积占 10.97%。2011—2018 年杂交水稻制种面积和产量见表

6-32。2018 年雨季，在内比都制种面积为 418.1 hm²。Ayeyar Longping High-Tech Seed Co.，Ltd. 制种 New Aye Yar-1 面积为 4.1 hm²，单产 1.54 t/hm²；New Aye Yar-2 面积为 125.5 hm²，单产 2.71 t/hm²。Great Wall International Co.，Ltd. 制种 GW-1 组合面积 135.6 hm²，单产 1.27 t/hm²。Century Jinlong Co.，Ltd. 制种 Huaan no. 1 组合 64.1 hm²，单产 2.32 t/hm²。Doh Tine Pyi Shin Min Win 制种 Long 9 组合面积 68.8 hm²，单产 2.42 t/hm²。Golden Sunland Co.，Ltd. 用直播简易制种法制种 SAT-15H 组合 20 hm²，单产 2.3 t/hm²。2018 年旱季，缅甸制种面积为 613.8 hm²。Ayeyar Longping High-Tech Seed Co.，Ltd. 制种面积为 405.3 hm²，其中，在内比都制种 New Aye Yar-1 面积为 8.1 hm²，New Aye Yar-2 面积为 138.9 hm²；在曼德勒 Shwe Taung 制种面积为 200 hm²；在勃固制种面积为 58.3 hm²。Golden Sunland Co.，Ltd. 在内比都制种 SAT-15H 组合面积 67.0 hm²。Great Wall International Corp. 在内比都等地制种 GW-1 组合 121.5 hm²。SL Agritech Co.，Ltd. 在仰光制种 SL-8H 组合面积 20 hm²，单产 3 t/hm²。Nine Sea Seed Co.，Ltd. 在仰光也有少量制种。

表 6-32　2011—2018 年缅甸杂交水稻制种统计表

年份	制种面积 /hm²	总产量 /t	单产 /（t/hm²）
2011—2012	415	662	1.60
2012—2013	743	1 311	1.76
2013—2014	531	978	1.84
2014—2015	867	1 753	2.02
2015—2016	504	980	1.94
2016—2017	907	1 959	2.16
2017—2018	552	1 154	2.09
2018 年旱季	614		

1997 年，DAR 繁殖 IR58025A、IR62829A、珍汕 97A 3 个不育系，产量为 0.2～0.5 t/hm²。DAR 试验表明，IR58025A 制种行比 2：12 较好，产量可达 1.77 t/hm²。2001 年，中国三明市农业科学研究所在曼德勒进行制种试验，认为制种花期安排在 4 月上中旬为好。2005 年，海南大学通过气象资料分析认为，在密支那 3 月中旬至 6 月下旬播种培矮 64S，制种没有风险，但密支那不适合自然条件下繁殖。Golden Sunland Co.，Ltd. 通过多年的研究和制种实践认为，在内比都地区旱季制种花期应安排在 4 月底到 5 月初，雨季制种花期应安排在 10 月底到 11 月初。

1998 年开始，缅甸大量进口种子，当年中国四川四马公司出口汕优 501 种子 895 t。2005 年，缅甸从中国云南进口云光 14 号种子 100 t。2012 年，种子成本价为 2.26 美元 /kg，种子售价为 3 美元 /kg，盈利效果一般（产量按 1.5 t/hm^2 计）。2017 年，种子售价 2.4~3.0 美元 /kg。

2017 年，缅甸 DOA 对杂交水稻制种效益进行了调查。每公顷杂交水稻制种产量 1.4~2.0 t，每吨 2 000 美元，收入 2 800~4 000 美元，投入 1 300~1 500 美元，盈利 1 500~2 500 美元。每公顷常规稻种子生产盈利 192~320 美元。杂交水稻制种比常规稻种子生产每公顷平均多盈利 1 744 美元。杂交水稻制种比常规稻种子生产每公顷多用工 100~150 个，有利于解决劳动力就业问题。

目前，缅甸大面积从事杂交水稻制种的私营公司有 Ayeyar Longping High-Tech Seed Co., Ltd.、Great Wall International Co., Ltd.、Golden Sunland Co., Ltd.、SL Agritech Corp.。其他研发试制试种的公司有 Royal Panse Co., Ltd.、Thiri Myint Myat Co., Ltd.、Nine sea Seed Co., Ltd.、Bayer Crop Science、中国安徽荃银高科种业股份有限公司等。主要制种组合有 New Aye Yar-1、New Aye Yar-2、New Aye Yar-3、GW-1、SAT-15H、SL-8H 等。主要杂交水稻制种基地在内比都、曼德勒、仰光、勃固、伊洛瓦底和掸邦。

杂交水稻在缅甸还属于新生事物，种子生产者仍需要时间熟悉杂交水稻种子生产技术。在缅甸进行杂交水稻制种存在很多困难，如成片土地难租赁，成本高；劳力用量大，熟练劳力少，技术员缺乏；生产资料成本高（亲本种子、农药、肥料、GA3、农业机械、农田用水等）；技术落实难（花期相遇、病虫草害、移栽、气候变化、除杂）。缅甸大面积制种，必须要建立种子生产基地、引进合同种子生产、获得信贷、机械化制种、种子政策鼓励、加强政府和公司合作。

（三）缅甸杂交水稻推广概况

1994 年，中国云南德宏州农业科学研究所引进 K 优 1 号、K 优 3 号、冈优 12、优 IA/1082、金优桂 99，在曼德勒进行品比，其中，K 优 1 号产量达 9.87 t/hm^2，比对照增产 56.4%。1997 年，印度杂交水稻 Hybrid6201 试种产量 6.05 t/hm^2，比对照增产 34.4%。1997—1998 年，DAR 引进 IRRI 杂交水稻 IR73877H、IR72834H、IR70411H 试种，产量为 5.7~6.4 t/hm^2，比对照增产 24.4%~40.9%。1998 年，中国福建三明市农业科学研究所提供 22 个组合在缅甸试种，其中，明优 5 号产量 8.76 t/hm^2，比当地对照品种 Manathukha 增产 39.4%。中国袁隆平农业高科技股份有限公司 1999 年雨季在缅甸品比，5 个组合平均比对照增产 58%；2000 年试种农优 52，产量 8.6~8.8 t/hm^2。

1998—2001 年，中国四川四马公司、北京首放公司、印度国际杂交水稻公司筛选出汕优 501、FU2、FU4、FU5、FU6、Hybrid6201 等组合，大面积试种比对照 Manathukha 增产 13%~17%。2002 年，中国四川四马公司从 10 多个组合中筛选出汕优 501，汕优 501 雨季产量 5.0 t/hm^2，旱季产量 6.4 t/hm^2，总推广面积达 3 500~4 000 hm^2。北京首放公司的 3 个组合试种表现不好。Hybrid6201 雨季产量 6.4 t/hm^2，旱季产量 6.5 t/hm^2。印度的 Hybrid6 201 米质好，中国组合汕优 501 米质差，不抗病。2002 年，掸邦开始引进中国杂交水稻种植。

2012 年，在缅甸 Naungshwe 镇创下杂交水稻实收高产纪录 13.9 t/hm^2。中国隆平高科引进的 Long4、Long6、Long8、Long9 等组合，在缅甸较大面积推广。2013 年，中国云南省农业科学院在缅甸进行了杂交水稻品比试验，在 9 个组合中，Ⅱ优 63、D 优 63、旱优 113、云光 16 号比优质米对照品种 Pawsan 增产 22.5%~83.7%，综合表现好。2015 年中国安徽省农业科学院水稻研究所在缅甸试种杂交水稻混优 2 号，表现高产、抗倒、抗病、生育期短。该组合父本携带除草剂苯达松敏感基因，可用于混播制种。2017 年雨季，中国科学院成都生物所在内比都试种 44 个杂交水稻，30 个比对照 Thee Htet Yin 增产 1.36%~72.95%。在曼德勒 43 个品种产量为 5.84~9.77 t/hm^2，比对照 Sinthukha（5.03 t/hm^2）增产 16.1%~94.23%。其中，科优 18 表现高产抗倒伏，比对照增产 34.3%，2018 年科优 1599 表现也很好。2018 年，印度杂交水稻 Aukur-7402、Aukur-7434、Aukur-13555 在缅甸试种观察。YAU 对杂交水稻 Pale Thwe-1 进行了肥料栽培实验，认为该组合每公顷最佳肥料组合量为 75~112.5 kg 氮肥加 5 t 有机肥。2018 年，中国科学院模拟中国超级稻（F 优 498、丰两优 4 号）在缅甸雨季产量潜力为 10.70~11.33 t/hm^2，雨季增产空间在伊洛瓦底三角洲。缅甸中南部增产措施主要是增施氮肥。2019 年旱季，Golden Sunland Co.，Ltd. 在内比都和伊洛瓦底用简易直播机播种 SAT-15H 面积 405 hm^2，其中，伊洛瓦底 81 hm^2，平均产量 5.91 t/hm^2，高产达 9.4 t/hm^2。

2017 年，缅甸 DOA 对内比都杂交水稻推广进行了调查统计。2012—2017 年杂交水稻（GW-1、Long8、New Ayeyar-1、New Ayeyar-2）种植面积 20 692 hm^2，平均单产 7.28 t/hm^2；常规稻（Manathukha、Sinthukha、Thainankouk、Ayeyarmin）种植面积 420 188 hm^2，平均单产 5.47 t/hm^2，杂交水稻比常规稻增产 33.09%。

2017 年，YAU 对缅甸杂交水稻推广进行了调查，结果表明：82% 的稻农希望种植杂交水稻；65.5% 的稻农认为种植杂交水稻比常规稻有利可图；85.3% 的稻农认为杂交水稻优势强，稻米出口容易；86.9% 的稻农要求提高杂交稻的种子质量；70.5% 的稻农认为杂交稻整粒精米率低，垩白多。

目前，大面积推广的杂交水稻为New Ayeyar-1、New Ayeyar-2、New Ayeyar-3（Ayeyar Longping High-Tech Seed Co.，Ltd.）、GW-1（Great Wall International Corp.）、SAT-15H（Golden Sunland Co.，Ltd.）、Pale Thwe-4（SL-8H，SL Agritech Corp.）、DE YOU-16（Myanmar Shwe Ayeyar Co.，Ltd.）。DAR和种子公司的其他审定组合也有小面积种植。也有少部分农户种植杂交水稻F_2或F_1、F_2混合种植。杂交水稻种植面积较大的地区有内比都、曼德勒、实皆、伊洛瓦底、掸邦等。杂交水稻在缅甸表现为高产、分蘖力强、生育期短、抗倒伏，但很多组合不抗病虫害、食用米质差、稻谷价格低、种子价格高，故农民难以接受。掸邦推广的中国杂交水稻不抗白叶枯病、细条病，米质不适合当地人的喜好。1998—2015年，缅甸杂交水稻推广面积见表6-33。2011—2015年，5年杂交水稻种植面积为20.64万hm^2，年均种植面积为4.128万hm^2。目前，缅甸杂交水稻面积约为7万hm^2。

表6-33　1998—2015年缅甸杂交水稻推广面积

年份	推广面积 /hm^2	单产 /（t/hm^2）	杂交水稻占比 /%
1998—1999	2 050		
1999—2000	4 555		
2000—2001	41 529		
2001—2002	2 128		
2002—2003	1 294		
2003—2004	54 656		0.85
2004—2005	43 017	6.74	0.63
2005—2006	31 200		0.42
2006—2007	17 679		0.23
2007—2008	32 704		0.40
2008—2009	32 850		0.41
2009—2010	33 458		0.41
2010—2011	39 050		0.49
2011—2012	30 470		0.40
2012—2013	24 553		0.34
旱季		6.13	
雨季		6.21	
2013—2014	40 915		0.56
旱季		7.31	
雨季		6.18	
2014—2015	53 753		0.75

三、缅甸推广杂交水稻的有利条件及障碍

为保障缅甸粮食安全，缅甸水稻业的愿景是“到2030年，通过环境友好及有效资源管理实现可持续水稻耕作，作为食物之源，参与市场竞争并造福小型农户”。

缅甸被公认为是“亚洲粮仓”，2018年，缅甸出口大米280万t，创汇9.05亿美元。缅甸杂交水稻推广有利条件是自然资源丰富；私营经济参与；生产率上升潜力大；市场经济政策环境；存在大量人力，工资相对较低；在Shwe Taung农场培训了一些熟练的员工，他们可以将其生产经验分享到其他地区。

缅甸发展杂交水稻也存在很多障碍。①技术障碍：从事水稻研究和种子生产的人力资源欠缺；种子生产和相关技术开发的投入缓慢且不足；杂交水稻研究、种子生产与推广人员合作不够；由于病虫害侵袭，大面积杂交水稻生产产量优势不明显；对私营种业企业优质杂交水稻品种推广开发的激励措施不够。②社会及经济障碍：杂交水稻种子生产满足不了需求，保证不了种子的供需平衡；优质不优价，农户、米厂、米商利润分配不合理；杂交水稻各参与者（育种工作者、种子生产者、农业大学、各级政府行政管理部门、种业及所有其他利益相关者），以及种子生产和销售链上的人员配合不够。③能力障碍：研究与推广可持续发展能力低；高产优质杂交水稻种子使用量少；机械化程度低；灌溉系统翻新和维护不足；优质产品生产和市场环境优化程度不够。④环境障碍：适合不同环境的杂交水稻品种少；不同环境的杂交水稻栽培技术研究不足。⑤政策障碍：缅甸已允许私营企业出口稻米，但由于品质较差、本国消费量大、出口政策不利等，导致出口量不稳。为保证本国市场价格稳定及确保本国消费，稻米出口时常受到控制。

四、缅甸杂交水稻展望

为满足不断增加的人口需求，缅甸水稻总产量需达到4 100万t，单产需达到5.15 t/hm^2。政府要在两方面努力提高水稻生产：一是扩大播种面积；二是通过种植杂交水稻提高单产。缅甸公益机构及私营企业已经进行杂交水稻生产。要建立大量的杂交水稻种子营销系统，一方面扩大种子需求；另一方面以合理的价格向农民及时提供所需要的种子。为了加快杂交水稻在缅甸大面积推广，应从以下几个方面入手。

（1）有效增加研发投入。

（2）加强杂交水稻产业设备及基础设施建设。

（3）缩小杂交水稻理论产量与实际产量之间的差距。

（4）推广有公益机构及私营企业参与的环境友好型杂交水稻种子生产模式。

（5）应用杂交水稻种子生产和推广成熟技术。

（6）推进杂交水稻生产研究工作。

（7）加强重要员工的能力培训和人力资源开发工作。

（8）通过多媒体获取最新杂交水稻研究进展信息。

（9）与非政府组织（NGO）、国际非政府组织（INGO）及其他机构密切合作。

第七节　印度尼西亚

一、印度尼西亚杂交水稻推广历程

1980 年，印度尼西亚（简称印尼）从中国引进珍汕 97A、V20A、二九南 1 号 A 等不育系进行观察，发现这些不育系表现全不育，但易感热带主要病虫害，特别是细菌性条斑病，米质差。1983 年，印尼水稻研究中心从 IRRI 引进了 IR46828A、IR46830A 等不育系，发现这些不育系表现部分可育，抗性差，异交结实率低。1986 年，美国 Cargill 公司开始在印尼研究杂交水稻。20 世纪 90 年代，印尼从 IRRI 引进 IR58025A、IR62829A、IR68886A、IR68897A 等不育系，IR58025A、IR62829A 表现最好。1998 年利用这两个不育系与本地恢复系配组，配制出了 IR58025A/IR53942 等组合，产量比 IR64 增产 20%～40%。

2000 年，印尼政府加大对杂交水稻研究的支持力度。2000—2001 年，FAO 向印尼政府提供资金支持杂交水稻研究。印尼农业研究发展署也加强了与 IRRI、FAO、亚洲开发银行的合作。2001 年以来，印尼育种科研单位与美国孟山都公司、美国先锋海外公司、德国拜尔公司、印度生物科技公司、菲律宾西岭农业技术公司、中国国家杂交水稻工程技术研究中心、中国农业大学、隆平高科、四川国豪种业等科研和种业公司开展杂交水稻技术合作，先后引进了 100 多个杂交水稻组合进行试种。

2001 年，印尼首次审定了由 PT. BISI 选育的两个杂交水稻组合 Intani1 和 Intani2，开始了杂交水稻的推广。2002 年，印尼 PT. Bangun Pusaka 与隆平高科合作，筛选出了两个适合在印尼种植的杂交水稻品种，通过审定并推广。2003 年，菲律宾西岭农业技术公司与印尼国有公司 PT. Sang Hyang Seri（SHS）签订协议，推广杂交水稻。2006 年，四川绵阳市农业科学研究院和 PT. Bayer Indonesia 也先后进入印尼，开发杂交水稻。2007 年，四川国豪种业与 PT. Sumber Alam Sutera（SAS）签订协议，组建合资公司，推广杂交水稻。2009 年，隆平高科组建印尼分公司。2015 年中国科裕隆种业，2017 年菲律宾西岭农业技术公司，相继与本地公司组建合资公司，推广杂交水稻。

印尼政府于 21 世纪初期出台了一系列财政补贴政策，促进杂交水稻的种植和杂交水稻种子的进口，这大大促进了杂交水稻的发展。2007 年开始，印尼采取政府全额买单，农民报名领取杂交水稻种子的推广政策，该国杂交水稻种植面积从 2005 年的 2 万 hm^2 迅速增加到 2009 年的 66 万 hm^2（占全国水稻种植面积的 5%）。但由于政府的种子补贴政策无法长久维持下去，再加上大部分进口的杂交水稻品种不抗白叶枯病和褐飞虱，杂交水稻种植面积迅速下降。到 2016 年，印尼杂交水稻面积仅剩 3.84 万 hm^2。2016 年，印尼政府又重新制订了提高水稻产量的五年计划，其中发展杂交水稻是一个重要的目标和任务，并对杂交水稻种植进行种子补贴。2017 年，印尼杂交水稻推广面积为 40.2 万 hm^2，占水稻面积的 4.92%。

印尼研究杂交水稻已有近 40 年历史，大面积推广杂交水稻已有近 20 年，但印尼杂交水稻发展大起大落，发展速度很慢。印尼本土杂交水稻研发能力偏弱。印尼水稻研究中心审定了 19 个杂交水稻组合，只有部分组合表现好，从国外引进审定了 120 多个组合，很多组合适应性较差。印尼杂交水稻制种面积不稳定，制种单产较低，种子进口渠道不畅。

二、印度尼西亚杂交水稻推广现状

（一）印尼杂交水稻育种现状

印尼杂交水稻育种，首先是从中国和 IRRI 引进不育系开始的。育种人员利用在印尼表现较好的不育系如 IR58025A、IR62829A 等，与本地恢复系配出了部分组合。印尼水稻研究中心还选育出了几个新的不育系、保持系和恢复系。自选不育系 Iondana A 和 M8601A 表现一般，未能应用于生产。1993 年，印尼引进了 IR32364、IR68296 等光温敏核不育系进行观察，目前应用于两系杂交水稻育种。印尼从 1980 年开始研究杂交水稻，直到 20 世纪 90 年代未能成功，主要原因是不育系纯度不过关，异交结实率低，导致制种产量低、质量差。

2002 年，印尼水稻研究中心成功育成了 Maro 和 Rokan 后，又相继审定了 Hipa9、Hipa10、Hipa11、Hipa12 SBU、Hipa13、Hipa14 SBU、Hipa Jatim1、Hipa Jatim2、Hipa Jatim3、Hipa18、Hipa19 等组合。这些组合的产量、适应性、米质、制种产量等均有较大提高，其中 Hipa14 SBU 产量潜力达到 12.1 t/hm^2。近年来，印尼水稻研究中心选育出了 GMJ 系列不育系和 BHS 系列恢复系，选出了一大批 CR 系列苗头组合，见图 6-19。

图 6-19 印尼杂交水稻品种选育（胡继银 提供）

印尼杂交水稻选育目标要求产量高（比常规稻对照品种增产 20% 以上）、米质好（整精米率高、垩白少），抗白叶枯病、细菌性条斑病、东格鲁病及褐飞虱。从 2001 年至 2013 年，印尼水稻研究中心审定了 19 个杂交水稻组合，私营种子公司审定了 121 个杂交水稻组合，见表 6-34。印尼杂交水稻育种人员只有 5 人，研发经费少，本地研发能力较弱。外国公司不能独资，进入市场很困难。

表 6-34 通过印尼国家审定的部分杂交水稻组合（2001—2013 年）

品种审定名	审定时间	亲本	育成单位
Intani1	2001	IR58025A/K10R	PT.Benih Inti Suburintani International（BISI）
Intani2	2001	03A/K10R	PT.Benih Inti Suburintani International（BISI）
Miki1	2002		PT.Kondo International
Miki2	2002		PT.Kondo International
Miki3	2002		PT.Kondo International

续表 1

品种审定名	审定时间	亲本	育成单位
Rokan	2002	IR58025A/BR827-35	ICRR
Maro	2002	IR58025A/IR53942	ICRR
LP Pusaka1	2003		Longping Hi-Tech; PT.Bangu Pusaka
LP Pusaka2	2003		Longping Hi-Tech; PT.Bangu Pusaka
Hibrindo R1	2003	6CO2/M07	PT.Bayer Indonesia
Hibrindo R2	2003	6CO2/M06	PT.Bayer Indonesia
Batang Kampar	2003	KL76A/KL76R	PT.Karya Beras Mandiri（BM）
Batang Samo	2003		PT.Karya Beras Mandiri（BM）
Hipa3	2004	IR58025A/MTU9992	ICRR
Hipa4	2004	IR58025A/IR65515	ICRR
Manis4	2005		PT.Kondo International
Manis5	2005		PT.Kondo International
Segara Anak	2005		PT.Makmur SNT
Brang Biji	2005		PT.Makmur SNT
Adirasa-1	2005		PT.TU Saritani
Adirasa-64	2005		PT.TU Saritani
PP-1	2006		PT.DuPont（Pioneer）
PP-2	2006		PT.DuPont（Pioneer）
Mapan-P.02	2006		PT.Primasid
Mapan-P.05	2006		PT.Primasid
Bernas Super	2007		Sichuan Guohao Zhongye Co.Ltd.; PT.SAS
Bernas Prima	2007		Sichuan Guohao Zhongye Co.Ltd.; PT.SAS
SL-8-SHS	2007	SL-1A/SL-8R	SL Agritech Corp.; PT.SHS
SL-11-SHS	2007	SL-1A/SL-11R	SL Agritech Corp.; PT.SHS
Hipa5 Ceva	2007		ICRR
Hipa6 Jete	2007		ICRR
Sembada B3	2008		PT.Biogene Plantation
Sembada B5	2008		PT.Biogene Plantation
Sembada B8	2008		PT.Biogene Plantation
Sembada B9	2008		PT.Biogene Plantation

续表 2

品种审定名	审定时间	亲本	育成单位
DG1 SHS	2008		PT.Devgen-SHS Research Cooperation
Hipa7	2009		ICRR
Hipa8	2009		ICRR
Hipa9	2010		ICRR
Hipa10	2010		ICRR
Hipa11	2010		ICRR
Hipa12 SBU	2011		ICRR
Hipa13	2011		ICRR
Hipa14 SBU	2011		ICRR
Hipa Jatim1	2011		ICRR
Hipa Jatim2	2011		ICRR
Hipa Jatim3	2011		ICRR
Hipa18	2013		ICRR
Hipa19	2013		ICRR

（二）印尼杂交水稻制种现状

1998 年印尼开始制种，前期由于异交率低，制种产量仅为 0.5 ~ 0.8 t/hm^2。2006 年，大面积制种产量达 1.2 t/hm^2。2007—2009 年，菲律宾西岭农业技术公司和 PT. SHS 合作制种面积 778 hm^2，平均产量达 1.94 t/hm^2。目前，在印尼从事杂交水稻种子生产的有印尼国有公司 PT. SHS、私营公司 PT. BISI 等印尼本土公司，以及来自美国、中国、菲律宾、印度等几十家外国公司，外国公司杂交水稻制种亲本均由国外进口。

印尼因杂交水稻制种产量低，种子售价很高，一般杂交水稻种子销售价在 5 美元 /kg 以上，而常规稻种（如 IR64）仅 0.7 美元 /kg。印尼政府规定杂交水稻区试第 1 年，如果该组合表现突出，必须同步进行制种试验；区试第 2 年，如果产量和米质显著优于对照，则可审定推广。组合审定后两年内可进口种子，两年后则必须进口亲本种子，在本地生产种子，以降低种子生产成本，避免长期依赖进口。2001 年印尼本地杂交水稻制种面积为 15 hm^2，2006 年为 167 hm^2，2007 年为 1 026 hm^2，2008 年为 3 850 hm^2。除本地制种外，印尼还大量进口杂交水稻种子，2007 年进口种子 2 717 t，占种子总量的 57.6%；2008 年进口种子 3 488 t，占种子总量的 43%。

近年来，印尼水稻研究中心加强在杂交水稻种子生产方面的研究，对全国适合种子生产的区域进行了调整规划，见图 6-20。

图 6-20　印尼大面积杂交水稻种子生产（胡继银　提供）

目前，在印尼从事杂交水稻种子生产的公益机构有：Syang Hyang Seri、Pertani Petro Kimia 等，私营企业有 Bayer、DuPont、Biogene Plantation、SAS、Primasid、BISI 和 SBU 等。

（三）印尼杂交水稻推广概况

2001 年，PT. BISI 开始在印尼大面积推广杂交水稻生产，该公司推广的 Intani2 占当时印尼杂交水稻面积的 70%。

2001 年，中国杂交水稻在印尼 5 个省试种，产量 8 t/hm^2，高产田达 12 t/hm^2，本地常规稻产量 4.5 t/hm^2。2002 年旱季，在印尼廖内省示范 KL76、KL77 两个组合，平均产量为 8.93 t/hm^2，比当地对照品种增产 57.2%；2002 年雨季，湖南省农业厅在西努沙登加拉省示范杂交水稻，产量为 5.8～8 t/hm²，比当地常规稻增产 16.8%～38.4%。一些组合生育期适宜，抗倒伏和抗白叶枯病。2002—2003 年，中国杂交水稻 Y0305、Y0309、Y0310、Y0311 在印尼生育期 108～110 d，比当地常规稻增产 38.4%～42.9%，米质较好，抗白叶枯病。2003 年雨季，中国杂交稻 MS099、MS811 在印尼西努沙登加拉省比 IR64 增产 25.0%～25.3%。中国杂交水稻产量优势突出，米质总体上较差，抗性单一，适应性不强，特别是不抗病毒病和倒伏。

2003 年，菲律宾西岭农业技术公司在印尼开始推广杂交水稻 SL-8-SHS。2003—2009 年，先后从菲律宾进口种子 5 300 t，在印尼制种生产杂交种子 1 506 t。至 2010 年，SL-8-SHS 在印尼累计推广面积约 22.69 万 hm²。2004 年，中国四川国豪种业在印尼试种杂交水稻 25 hm²，产量 8～12 t/hm²。2005 年，PT. Bayer Indonesia 示范种植 Hibrindo R1，产量 9 t/hm²，比当地常规稻增产 35%。2012 年，印尼大面积进行杂交水稻示范试验，中国杂交水稻 GH-20 产量为 9.21 t/hm²，菲律宾杂交水稻 SL-8-SHS 产量为 8.94 t/hm²，印尼杂交水稻 Hipa14 产量为 8.42 t/hm²，比常规稻对照品种 Ciherang（6.77 t/hm²）分别增产 36.0%、32.1%、24.4%。2014 年，中国杂交水稻特优 172 在印尼梭罗市示范种植，产量达 9.6 t/hm²。

印尼水稻研究中心试验，杂交水稻产量为 6.24～8.40 t/hm²，比常规稻品种 Ciherang 平均增产 15.2%。印尼育成的部分杂交水稻组合 Maro、Rokan、Hipa3、Hipa5、Hipa8、Hipa9、Hipa12、Hipa14、Hipa18、Hipa19，区试产量分别为 6.24 t/hm²、6.66 t/hm²、7.9 t/hm²、7.5 t/hm²、7.9 t/hm²、8.1 t/hm²、7.7 t/hm²、8.4 t/hm²、7.8 t/hm²、7.8 t/hm²。

印尼杂交水稻主要种植在爪哇岛和巴厘岛灌溉设施良好且农民对新技术接受能力较强的高产地区。在这些地区，杂交水稻一般比常规水稻平均增产 14% 左右（约 1.2 t/hm²）。爪哇岛有 160 万 hm² 的适合种植杂交水稻的稻田，2017 年在水稻主产区发放杂交水稻种子补贴，补贴的杂交水稻种子种植面积为 6 万 hm²。印尼杂交水稻推广面积小的主要原因是杂交稻种贵、杂交稻米质差和制种产量低。

印尼杂交水稻进口种子数量少，本地制种面积不大，杂交水稻推广种植面积小，但近年来有加速发展的趋势。印尼种子销售推广网络建设还处于起步阶段，种子公司管理人员和农业技术人员培训工作任务大。2001—2008 年，印尼杂交水稻种植面积分别为 0.025 万 hm²、0.1 万 hm²、0.5 万 hm²、1 万 hm²、2 万 hm²、4 万 hm²、13.5 万 hm² 和 21.1 万 hm²。2013—2017 年雨季，印尼杂交水稻推广面积占水稻种植面积的 0.41%~2.56%，见表 6-35。2017 年，印尼杂交水稻推广面积为 40.2 万 hm^2（雨季 1.68 万 hm^2），占水稻种植面积的 4.92%。

表 6-35　2013—2017 年雨季印尼杂交水稻推广面积

年份	推广面积 /hm^2	杂交水稻占比 /%
2013	311 500	2.56
雨季	117 800	1.83
旱季	193 700	3.39
2014	114 900	0.84
雨季	96 200	1.17
旱季	18 700	0.34
2015	98 100	0.83
雨季	44 400	0.77
旱季	53 700	0.88
2016	38 400	0.47
雨季	17 100	0.70
旱季	21 300	0.37
2017 雨季	16 800	0.41

三、印度尼西亚杂交水稻推广的有利条件及障碍

印尼是人口大国，年人口增长率高，劳动力充足，国人以稻米为主食，粮食长期不能自给，是全球最大的稻米进口国之一，迫切需要增加粮食产量。印尼水稻种植面积大，单产低，品种老化，急需引进高产优质水稻新品种。印尼有大量的灌溉稻田，水稻生产自然条件优越，杂交水稻在印尼表现产量突出，推广市场潜力巨大。经过近 40 年的发展，印尼已经培养了一批杂交水稻科研人员，选育出了一批适合推广的杂交水稻组合，大量的农民也初步掌握了杂交水稻种植技术，这为杂交水稻在印尼进一步发展奠定了基础，见图 6-21。

目前，杂交水稻在印尼推广还存在很多限制因素：①印尼和中国政府有关杂交水稻种子出入境的政策障碍；②印尼政府对杂交水稻的发展财力投入有限；③印尼在种子生产、加工、储藏和示范、推广、销售体系建设方面非常薄弱；④研究与开发能力不足，适宜的不育系少；⑤大多数审定杂交水稻品种在产量、米质、抗性上仍有待提高，有些品种产量不太稳定，对种植环境要求较高；⑥制种亲本缺乏、制种产量低，导致杂交水稻种子比常规稻种子贵 7~8 倍，农民难以接受；⑦印尼传统水稻栽培技术落后。这些都制约了杂交水稻在印尼的快速发展。

图 6-21　印尼大面积推广杂交水稻（胡继银　提供）

四、印度尼西亚杂交水稻展望

预计到 2045 年，印尼人口将达到 3.2 亿。面对日益增加的人口和日益减少的稻田面积，加上气候变化引起的自然灾害，印尼的水稻生产压力越来越大。印尼是水稻生产大国，但又长期缺粮，政府高度重视粮食安全问题，发展杂交水稻是最重要的措施。

印尼推广杂交水稻应采取以下措施。①印尼政府应在政策、财力、宣传上大力支持杂交水稻发展，保障国家粮食安全。②加强与有关国际机构和国家的技术合作，努力提高杂交水稻育种水平。广泛收集和交换种质资源，选育适合印尼的不育系，并与当地优良品种进行测交，筛选出适宜的恢复系和高产、优质、多抗杂交稻新组合。③提高杂交水稻制种水平。逐步建立和完善杂交水稻种子生产基地，改善种子生产、加工、仓储条件，培训种子生产技术人员，采取有效措施应对各种种子贸易壁垒。④提高杂交水稻栽培水平。通过举办培训班以及电视、报刊、广播、互联网等媒体的宣传，建立杂交水稻示范区等措施，培养一批实干型的推广专家和技术人员，使更多的科技人员和农民掌握杂交水稻栽培技术，提高栽培管理水平。

第八节　亚洲其他国家

一、日本

日本在杂交水稻研究领域处于世界前列，基础研究非常扎实，率先实现了粳型杂交水稻三系配套并审定了几个杂交水稻组合，发现了广亲和基因和温敏核不育基因，进行了杂交水稻机械化制种研究。但由于粳型杂交水稻优势不强，制种产量低和米质达不到要求，杂交水稻在日本一直没有大面积推广。

1958 年，日本发现粳型细胞质三系不育系 Chinsurah Boro Ⅱ，并实现了 BT 型粳型杂交水稻三系配套。1983 年，国家制订了杂交水稻计划，目标是研究出籼粳交和粳粳交高产杂交，符合日本米质要求、制种产量高的杂交水稻，几家公益组织和私营公司参与研究。1983 年，育成北陆交 1 号、关东交 1 号均比对照增产，但米质不够好，只能做工业原料。2000 年后，Mitsui 化学公司先后审定了 2 个杂交水稻组合 MH2003 和 MH2005，MH2003 平均产量为 9.4～10 t/hm^2，最高产量达 12～15.5 t/hm^2，比 Koshihikari 增产 36%～51%；MH2005 平均产量为 8.7～9.6 t/hm^2，最高产量达 10.1～12.1 t/hm^2，比 Koshihikari 增产 30%～40%。1986 年，池桥宏和荒木均发现爪哇稻的 Ketan Nangka 带有使粳稻与籼稻杂交亲和的基因，后来称为广亲和基因 *S5n*，他们将这个基因导入籼稻，育成了热研 1 号和热研 2 号。热研 1 号已注册登记，登记名为水稻中间母本 9 号。1991 年，日本农业研究中心用伽马射线照射种子，获得高温敏感的雄性不育系农 12 号突变株，育成了对 30 ℃以上高温敏感的雄性不育系。这个不育系农艺性状好，但在热带和亚热带地区不能制种，需要进一步改造，改造后的温敏感雄性不育系 H89-1 表现好，现广泛作为两系杂交水稻的原始亲本。池田良一认为提高制种效率应提高花粉接受效率和收获效率。提高花粉接受效率的主要措施是控制好花期相遇、提高开颖角度和柱头外露率以及适当提高父本株高等，已有成熟的经验。父母本分行种植，收获时要分别收获，收获效率是很低的。如果父母本能够混种混收，则将大大提高收获效率。如何将混收种子中的杂种与父本种子分开，第一个办法是根据杂种种子和父本种子的形状、大小不同或对酚类的反应不同进行筛分；第二个办法是将隐性的除草剂敏感基因导入父本。日本学者试验表明，当谷粒宽度差异大于 0.7 mm 时，很容易通过一个圆孔筛将杂种与父本种子分开。另外，日本已育出具有 *Ph* 基因的恢复系 H87-53，其种子极易被酚类化合物染成黑色，而杂种种子却不变色，再经光敏分选机就可进行区分。同时已将对除草剂苯达松敏感的隐性基因导入父本，这样父本在授粉后即可用苯达松杀死，杂种收获效率大大提高。当然也可将混收种子播种后用苯达松杀死父本种子，同样可以达到提高制种收获效率的目的，也使大面积制种的机械化收获成为可能。

二、斯里兰卡

虽然斯里兰卡进行了多年的杂交水稻研究并成功育成了杂交水稻品种，但由于制种、品种抗性和种植效益等方面的原因，一直没有大面积推广。

1980 年开始研究杂交水稻，但进展不大。1997 年，斯里兰卡加入 IRRI-ADB 杂交水稻计划，引进来自印度的 PMS11A、Khrisna A，来自 IRRI 的 IR68281A、IR68897A、IR69623A、IR69616A、IR69625A、IR68895A，与本地选育的 Bg CMS1A、Bg CMS2A、Bg CMS3A、Bg CMS4A 进行试验。试验证明，上述不育系比较适合斯里兰卡。较好的恢复系有 IR34686-179-1-2R、IR50360-121-3-3-3R、BR168-2B-23R、H4、Bg1R、Bg2R、Bg3R、Bg4R、Bg5R 等。2005 年，斯里兰卡审定了第 1 个杂交水稻组合 Bg407H（PMS11A/IR54742-22-19-3R; BgHR6），该组合产量 13 t/hm^2，比当地对照产量高 30%~40%。该组合推广面积约 10 000 hm^2，制种产量为 1.4 t/hm^2。来自印度的 PHB71 和本地选育的 BgHR1、BgHR8、BgHR12 等组合表现也较好，有望大面积推广。

三、韩国

20 世纪 70 年代韩国开始杂交水稻研究，1984 年和 IRRI 合作研究，IR58028A/Cheongcheongbyeo 产量 9.1 t/hm^2，比本地对照 Namcheonbyeo 增产 34%；IR58028A/Taebaegbyeo 产量 7.6 t/hm^2，比本地对照 Namcheonbyeo 增产 12%。韩国转育了部分本地粳型不育系和恢复系，用其配组的杂交水稻产量达 10.7 t/hm^2，比对照品种增产 21%。由于杂交粳稻米质达不到要求和杂交水稻制种难度大，韩国杂交水稻没有大面积推广。

四、马来西亚

马来西亚研究杂交水稻较早，审定了几个杂交水稻品种，但由于缺少劳力，制种面积小，加上直播用种量大，种子成本高，因此，杂交水稻一直没有大面积推广。

1984 年，马来西亚农业与开发研究所（MARDI）开始研究杂交水稻，他们以 IRRI 材料为基础选育出了本地不育系 MH805A、MH813A、MH821A、MH841A，筛选出了恢复系 130 个。1991—1996 年，对 530 个杂交稻进行了优势鉴定，1995—1996 年早季，

IR62829A/IR46R 比 MR84 增产 26%，MH841-1A/MR167 比 MR167 增产 24%。1994—1997 年，日本农业科学国际研究中心（JIRCAS）派育种家同马来西亚育种家共同研究杂交水稻。JIRCAS 的育种家 Hiroshi Kato 研究证明，在移栽田中 4 个 IRRI 杂交组合（IR69690H、IR69694H、IR69692H、IR67693H）均比当年最佳本地常规稻 MR84 增产约 20%，生育期缩短 2～3 周。在直播田中，杂交稻与常规稻在产量方面无明显差别，主要是种子用量少，杂草很严重，增加用种量会大幅度提高产量，但增加种子成本，增产不增收。由于雄性不育系育性不稳且异交率低，杂交稻生育期短，故研究工作进展缓慢。1999 年后，MARDI 有 6 名水稻育种的研究人员主要开展常规稻育种及兼职杂交水稻育种，杂交水稻研究主要是对 IRRI 和几个中国提供的组合进行观察、试种和区试，并没有自己培育的组合。2006 年，私人公司 RB Biotech Sdn. Bhd. 引进中国专家张昭东在菲律宾选育的组合 SL-9H（IR58025A/96-9），在马来西亚主要稻区试种，196 hm^2 试种面积的平均产量为 7.49 t/hm^2，比当地常规稻主栽品种 MR219 增产 13.1%，米质好，有淡香味，收购价高 5%。2008 年旱季，在全国稻区试种 50 hm^2，平均产量 8.12 t/hm^2，比当地常规稻主栽品种 MR219 增产 29.3%。2008 年雨季示范 30 hm^2，比对照增产 10%～30%。SL-9H 在马来西亚以 Siraj 名称参加 2007—2008 年全国区试，两年 4 季区试平均产量 8.3 t/hm^2，比对照常规稻 MR232 增产 23.4%，增产极显著。2010 年，Siraj 成为马来西亚第一个被审定的杂交水稻组合。2014 年，中国专家胡继银选育的 HR-15H（粤泰 A/MR220）通过预审定。这些组合由于制种面积不大，推广面积较小。2004 年，马来西亚 Puncak Kaji（M）Sdn. Bhd. 从中国湖北省种子集团公司引进杂交稻 10 个组合，通过 4 年 8 季试验，从中筛选出两个品种 HS98、HSZ1。2008 年早季，在吉打州试种产量为 7.7 t/hm^2，比对照 MR232（产量 5.8 t/hm^2）增产 32.8%。2008 年，马来西亚森美种植有限公司（Sime Darby Plantation Sdn. Bhd.）与中国水稻所签订协议发展杂交水稻，中国水稻所派专家考察马来西亚水稻生产情况。同年砂拉越州政府与中国华奥集团和湖南科裕隆种业有限公司签署协议，准备建设农业示范园，推广杂交水稻。

五、朝鲜

1976 年开始研究粳型杂交水稻。1988 年，朝鲜审定了中国外第一个粳型杂交水稻组合 Donghae1，产量达 7 t/hm^2，比对照增产 14%，生育期短，种植面积约 10 000 hm^2。2006 年又审定一个杂交水稻组合 Kangsong No. 1，该组合产量 10 t/hm^2，比对照品种产量（7.3 t/hm^2）增产 37%。朝鲜还进行过籼粳亚种杂交水稻研究。

2005—2007 年，朝鲜国家农业科学院与湖南省农业科学院合作，开展中国杂交水稻在朝鲜的试验示范。通过试验，杂交水稻组合 HA5132 理论产量达 9.5 t/hm^2，比对照增产 18.13%。针对朝鲜水稻品种生育期长，无法在马铃薯收获后种植的问题，筛选出了两个生育期短的杂交水稻组合，用于以前种植马铃薯后无法种植水稻的地区推广。HA702、HA616 的生育期分别为 105 d 和 107 d，其中，HA702 组合理论产量为 6.8 t/hm^2，适合在朝鲜进行马铃薯—水稻模式种植，从而提高水稻产量和复种指数。在朝鲜的制种研究也取得成功，小面积制种 0.4 hm^2，收获 F_1 代杂交水稻种子 1.25 t，制种产量达到 3.12 t/hm^2。

六、伊朗

伊朗进行了多年的杂交水稻研究，在 20 世纪初叶，杂交水稻年均种植面积曾达 1 000 hm^2，但近年来基本没有种植杂交水稻。

1986 年，Sari 农学院和伊朗水稻研究所开始研究杂交水稻。1991 年从 IRRI 引进 V20A、W32A、IR58025A、IR62829A 等不育系，转育成本地不育系 Nemat A、Neda A、Dasht A、Amol3 A、Champa A。1996 年审定 Nemat。2002 年试验 Neda（Neda A/IR24）比对照增产 45.2%。2003—2004 年，试验 IR58025A/IR42686R 产量达 9.2 t/hm^2，比对照 Khazar 增产 28%。2006 年，伊朗审定了第一个杂交水稻品种 Bahar1（IR58025A/IR42686R），在伊朗水稻主产区 Mazandaran/Guilan 种植，生育期在 130～135 d，株高 120 cm，直链淀粉含量在 22.1%，千粒重 23 g，潜力产量为 8.5～9 t/hm^2。

2005 年，试种 IRH1 产量达 12 t/hm^2，比对照 Khazar 增产 85%。2007 年，种植 IRH1 约 2 000 hm^2。IRH1 制种产量 1～1.6 t/hm^2，高产达 2.5 t/hm^2。

此外，伊朗科学家还开展了两系不育系亲本材料的观察和研究。

七、柬埔寨

1992—1995 年，柬埔寨从 INGER 引进 408 个杂交水稻组合进行试验，但表现均比 IR66 差。1998—2000 年，一家私人公司从中国引进杂交水稻试种，几个季节试种都失败，原因是试验田土壤差、灌溉差，投入太大，杂交水稻种子贵，谷粒较宽，市场不接受。2012 年，中国杂交水稻早优 362、特优 362、桂源优 362 试种，比当地品种 Senpidao 增产 23%～38%。

2015—2016 年，中国专家在柬埔寨实居省、菩萨省开展杂交水稻试验示范，总面积达

48 hm^2，产量 7～12 t/hm^2，比当地水稻产量提高 4～9 t/hm^2。

八、老挝

2005 年，中国 7 个 Q 优系列杂交水稻品种在老挝种植，比当地对照增产 94%～137%。2009 年试种中国杂交水稻 DH2525，产量 7.0 t/hm^2，比对照 29L021（产量为 2.2 t/hm^2）增产 218%。DH163 产量 6.2 t/hm^2，比对照 29L021（产量为 2.2 t/hm^2）增产 182%。

九、尼泊尔

2009 年，从隆平高科引进 LP156、LP158、LP305、LP308、LP458、LP801 试种，尼泊尔还从印度和 IRRI 引进了 IR68888A/Radha-11、IR62829A/Ratodhan、IR62829A/Kature、IR58025A/Kanchan、IR58025A/Sabitri 等组合进行试验，比对照增产 67.92%～369.27%。

2012 年，对来自 IRRI 的 25 个及来自其他公司的 37 个杂交水稻品种进行了试种；2015 年，对来自中国的 10 个杂交水稻品种进行了试种。

至 2015 年，尼泊尔国家种子局已登记注册了 17 个杂交水稻品种，其中 3 个来自中国，14 个来自印度。

2015 年，尼泊尔国家农业委员会成立了“杂交水稻发展联盟”，希望大力推动杂交水稻发展。

2016 年起，隆平高科在尼泊尔开展杂交水稻试验示范，筛选出了一批适合尼泊尔不同区域，表现非常优秀的杂交水稻品种，并进行了高产示范栽培。2017 年在尼泊尔加德满都、鲁姆尔等地示范种植数个杂交水稻品种，均获得成功。

尼泊尔农民对杂交水稻很感兴趣，但目前种植面积还很小，每年种植面积约 1 000 hm^2。杂交水稻品种主要来自印度和中国，印度品种主要种植在平原及小丘陵地区，中国品种主要种植在较高的丘陵及河谷地带。

十、东帝汶

2007 年开始，中国援助东帝汶发展杂交水稻，在马纳图托省种植约 50 hm^2，产量 7～8 t/hm^2。Ⅱ优恩 22、宜香 107、华 1917A/12WHZ7 的产量显著高于对照，生育期短，结实率较高，千粒重大，抗性和米质较好。2008 年，印尼私人公司 PT. Alam Sutera

在博博纳罗省试种杂交水稻 100 hm^2，产量 6～7 t/hm^2。2012 年，中国专家引进 15 个杂交水稻新组合 NP833、NP838、NP839、NP843、NP847、NP853、NP855、NP856、NP872、NP877（由隆平高科提供的中国杂交水稻）；JY-1H、JY-2H、JY-4H、JY-5H、JY-6H（由胡继银提供的热带杂交水稻）和由东帝汶农业部提供的印尼杂交水稻 NAHROMA、SEHERAN、INPARI-13，以 IR64 做对照进行品种比较试验。杂交水稻平均产量 11.23 t/hm^2（8.76～14.27 t/hm^2），比对照高 1.99 t/hm^2，增产 21.49%（-5.63%～54.44%），JY-5H 最高，NP877 最低。以用中国品种和热带品种杂交的热带杂交水稻产量最高，其次为中国杂交水稻，再次为印尼杂交水稻。目前，东帝汶每年仍有少量杂交水稻试种。东帝汶由于特殊的气候和环境未受到污染，特别适合生产高档有机大米，也适合建立超高产杂交水稻种植区。

十一、文莱

2000 年，在文莱贸工部的支持下，文莱坎普兰农业合作社与隆平高科、湖南国际经济技术合作公司成立合资企业，在文莱推广杂交水稻。筛选出了 LP208、LP203 和 LP204 等杂交水稻品种，产量达 7～7.5 t/hm^2。但由于土壤酸化严重、水源不足、鸟害严重等因素制约了杂交水稻生产，公司最后宣布解散。

2010 年，中国专家用 9 个中国杂交水稻组合在文莱进行试验试种，特优 63、特优 9846、特优 233、中浙优 1 号、培杂 266、博Ⅱ优 859、博Ⅱ优 270、博优 175 和博Ⅲ优 273 平均产量比文莱本地当家种莱拉增产 18.2%～42.3%，增产效果非常显著。新加坡公司试种 HR-15H（粤泰 A/MR220）表现很好，抗稻瘟病，米质良好，直链淀粉含量高。

第七章

非洲杂交水稻发展

在非洲国家中，有 16 个国家水稻收获面积超过 10 万 hm^2。其中，东非有坦桑尼亚、莫桑比克及马达加斯加；北非有埃及；中非有乍得和民主刚果 2 个国家；其他 10 个国家（尼日利亚、几内亚、科特迪瓦、马里、塞拉利昂、加纳、喀麦隆、利比里亚、布基纳法索和塞内加尔）均位于西非，濒临大西洋和几内亚湾。

埃及是引进杂交水稻较早的非洲国家。1982 年，埃及与加利福尼亚大学戴维斯分校以及 IRRI 合作，开始杂交水稻研究。从 20 世纪 90 年代开始，杂交水稻在非洲几内亚、埃塞俄比亚、布隆迪、马达加斯加、尼日利亚等十多个国家开展试验示范，均取得了满意的结果。

目前，杂交水稻发展比较好的非洲国家有马达加斯加、尼日利亚、埃及等。

第一节 埃及

一、埃及水稻生产基本情况

水稻是埃及的主要粮食作物，其收获面积排在小麦、玉米之后，2016 年水稻收获面积为 67.3 万 hm^2。由于埃及得天独厚的温光条件和昼夜温差较大，水稻、小麦和玉米的单产均较高。2016 年，埃及水稻单产达 9.36 t/hm^2，居全球前列。有关水稻生产消费情况见表 7-1。

表 7-1　近年来埃及水稻生产消费情况（2008—2016 年）

年份	收获面积 / 万 hm^2	单产 /（t/hm^2）	总产 / 万 t	人均大米消费 /［kg/（人 · 年）］	人口 / 万人
2008	74.5	9.74	725.3	40.36	8 095.4
2010	46.0	9.41	433.0	36.57	8 410.8
2012	62.0	9.53	591.1	40.35	8 781.3
2014	57.4	9.52	546.7		9 181.2
2016	67.3	9.36	630.0		9 568.9

埃及水稻主产区位于其北部，靠近地中海沿岸，主要有代盖赫利耶省（31%）、谢赫村省（19%）、东部省（18%）、布海拉省（13%）和西部省（11%），这五个省的水稻产量占全国水稻总产量的 92%。

埃及水稻主栽品种主要是 Giza 系列和 Sakha 系列，Giza 系列有 Giza177、Giza178、Giza179 和 Giza182；Sakha 系列有 Sakha101、Sakha102、Sakha103、Sakha104、Sakha105、Sakha106 和 Sakha107，还有 Yasmine、Erh1、Erh2 等杂交水稻品种。埃及栽培的绝大多数为粳稻品种，Giza178 是从菲律宾引进改良的籼稻品种。埃及水稻品种生育期也各有不同，短生育期品种为 120～127 d，中长生育期品种为 135～140 d，长生育期品种在 155～160 d。表 7-2 列出了埃及现行水稻品种的生育期情况。

表 7-2　埃及现行水稻品种单产和生育期情况

品种名	单产潜力 /（t/hm^2）	生育期 /d	备注
Giza177	8.3～10.7	125	短生育期品种
Sakha102	9.5～10.7	125	
Sakha103	9.5～10.7	120	
Sakha105	9.5～10.7	125	
Sakha106	10.2～11.4	127	
Giza182	10.7～11.9	125	
Giza178	10.0～11.9	135	中长生育期品种
Sakha101	10.0～11.9	140	
Sakha104	10.0～11.9	135	
Ehr1	13.1～14.3	135	
Ehr2	13.1～14.3	135	
Giza159	<8.3	155～160	长生育期品种，老品种
Giza171	<8.3	155～160	
Giza172	<8.3	155～160	
Giza176	<8.3	155～160	

二、埃及杂交水稻研究概况

埃及水稻生产历史悠久，但直到 1917 年才开始水稻研究。埃及从 1982 年开始进行杂交水稻研究。科研人员从中国引进了 V20A 和珍籼 97A 两个不育系，与本地的水稻品种进行测交，以评估埃及本地品种的育性恢复能力。此外，他们还从 IRRI 引进了一些不育系进行测交试验。试验表明，埃及本地的粳稻品种对野败型的 CMS 材料几乎没有育性恢复能力。此外，埃及科研人员还进行了不育系繁殖、种子生产试验，以及 F_1 代杂交水稻品种的产量测试。结果表明，在埃及，不育系繁殖及杂交水稻种子制种产量在 1～1.2 t/hm^2，测产的杂交水稻品种与埃及本地常规稻品种产量不相上下。

1995 年，埃及科研人员从 IRRI 和其他私营公司引入了一些杂交水稻品种进行测产，表现最好的杂交水稻品种比对照增产 3%～16%，一些生产期较短的杂交水稻具有较好的适应性，见图 7-1。

图 7-1　埃及杂交水稻品种选育（彭既明　提供）

目前埃及已经拥有了 13 个三系不育系和 12 个三系恢复系材料。已经审定了 4 个杂交水稻品种（Erh1、Erh2、Erh3 和 EBhr11），并选育出了 3 个三系不育系材料（Sakha1

A/B，Sakha Basmati 12 A/B，Giza Basmati 201A/B），另有10多个杂交组合正在审定中。此外，埃及还掌握了20多个两系不育系材料，并审定了2个两系不育系（粳型的PTGMS-38和籼型的PTGMS-1），审定了一个两系恢复系材料（Sakha Super 300），另有5个两系组合正在审定中。

目前埃及杂交水稻推广面积十分有限。

三、目前埃及水稻生产面临的困难

（1）耕地面积和水资源有限，但人口和对稻米的需求却不断增加。

（2）沿海地区土壤盐害加剧。

（3）稻瘟病菌变异快，但缺乏选育具有多抗基因的水稻品种的长期计划。

（4）缺乏粳稻恢复系，使杂交粳稻育种出现困难。

（5）稻米及农资产品（肥料、农药）等价格较难控制。

（6）与其他夏种作物在种植面积和水源利用上竞争加剧。

（7）水稻科研经费拮据。

四、水稻研究展望

（1）通过常规及杂交水稻育种，努力提高水稻单产（超过12 t/hm^2）。

（2）扩大良种栽种比例，将认证种子的种植面积占比提高到75%以上。

（3）采用复合肥、有机肥，提高肥料利用效率，减少无机肥料用量。

（4）选育抗旱、耐盐碱及抗高温的高产水稻品种，以适应当地的气候变化。

（5）选育抗各种病虫害的水稻品种。

第二节　马达加斯加

一、杂交水稻发展历史

2007年以前，马达加斯加基本没有进行杂交水稻的研究与开发。

2007—2012年，在中国政府的支持下，湖南省农业科学院承担实施了“援马达加斯加杂交水稻示范中心”项目，开启了在马达加斯加研究推广杂交水稻的历程。经过5年的努力，育种家从34个中国杂交水稻品种中，筛选出了M729、M710、M711和M716等

10 个杂交水稻品种，试验平均产量达 8.8 t/hm^2。其中，M729 最高产量达 10.41 t/hm^2，比 2 个当地对照品种分别增产 51.1% 和 114.6%，达到极显著水平。超过当地品种单产 2.8 t/hm^2 的 3 倍。

2010 年 10 月，袁氏种业科技有限公司在马达加斯加注册成立了袁氏马达加斯加农业发展有限公司。从 2010 年起，公司在马达加斯加开展了杂交水稻品种筛选，成功选育出 3 个适合当地种植的杂交水稻品种。近年来，公司每年在马达加斯加生产近 200 t 杂交水稻种子，在当地推广销售，见图 7-2。截止到 2017 年，马达加斯加累计推广杂交水稻 30 000 hm^2，增产稻谷近 6 万 t。

图 7-2　马达加斯加杂交水稻品种选育（杨耀松　提供）

2010 年 11 月和 2019 年 5 月，马达加斯加农业部、畜牧业部和渔业部分别与湖南省农业科学院以及袁氏马达加斯加农业发展有限公司合作，召开了两届马达加斯加杂交水稻发展研讨会。

二、杂交水稻品种选育、推广现状和趋势

马达加斯加从事水稻科研、教学的机构有塔那那利佛大学农学院、农业部下属的FOFIFA等公益组织，以及其他一些民间机构。

目前从事杂交水稻品种选育、研发的单位主要是袁氏马达加斯加农业发展有限公司。该公司在湖南省农业科学院技术人员的帮助下，从2010年起在马达加斯加开展了杂交水稻品种选育工作，审定了3个适合在当地种植的杂交水稻品种WEICHU901、WEICHU902和WEICHU902-3。

2009年至2010年，应马达加斯加政府请求，中国政府每年援助56 t杂交水稻种子供示范推广使用，见图7-3。马达加斯加农业部将这些种子主要发放到阿那拉芒加、贝齐博卡、博爱尼和伊达西等种植区，由各区农业局分发到农户种植。杂交水稻比当地常规水稻增产幅度在50%以上，示范田平均产量达到10 t/hm^2。

图7-3　马达加斯加大面积推广杂交水稻（李艳萍　提供）

三、杂交水稻种子生产

目前在马达加斯加从事杂交水稻种子生产的仅有袁氏马达加斯加农业发展有限公司。该公司从2013年起，在马达加斯加的马义奇、安巴通德拉扎卡以及安塔拉哈等地开展了三系杂交水稻种子生产，最近几年，每年产量都在100～150 t，见图7-4。

四、杂交水稻发展的有利因素

（1）马达加斯加政府对引进杂交水稻非常重视，马达加斯加前总统埃里于2017年、2018年两次会见我国领导人时，均希望中国政府能帮助马达加斯加引进推广杂交水稻，帮助解决粮食短缺问题，得到了我国政府的积极响应。2017年埃里总统在海南博鳌会见袁隆平院士时，也希望袁隆平院士帮助马达加斯加发展杂交水稻，袁隆平院士表示将派最好的技术团

图 7-4　马达加斯加大面积种子生产（李艳萍　提供）

队，用最新的成果帮助马达加斯加解决粮食安全问题。

（2）杂交水稻已在马达加斯加试验示范取得成功，目前已在全国 22 个大区开展了多年的大面积推广。杂交水稻的增产潜力已经得到马达加斯加政府、技术人员及农户的普遍认同。

（3）从 2010 年起，袁氏马达加斯加农业发展有限公司在马达加斯加开展杂交水稻研究推广工作，已审定了 3 个杂交水稻品种，在马达加斯加开展小批量杂交水稻种子生产并积累了丰富的制种经验，开展了从种子生产、稻谷收购到大米加工、市场销售全产业链的生产经营。

（4）马达加斯加本土企业参与了杂交水稻生产、经营，已经找到了一条杂交水稻迅速发展、壮大的模式。

（5）马达加斯加人的水稻耕种习惯与亚洲人相同，与非洲人有很大的区别，这有利于杂交水稻在马达加斯加的栽培推广。

五、杂交水稻推广限制因素

（1）马达加斯加经济落后，稻农没有钱购买价格比较高的杂交水稻种子。

（2）马达加斯加农用肥料主要依赖进口，因此价格昂贵，农民基本上不使用肥料。杂交水稻若要获得高产，则必须施用一定量的肥料。

（3）目前马达加斯加还没有大型的种子公司，因此，很难找到当地种子公司合作开展杂交水稻的种子生产和经营，以及进行技术指导。

（4）马达加斯加水利灌溉设施落后，原有的灌溉设施年久失修，不能很好地发挥作用。

六、杂交水稻发展前景

马达加斯加是非洲最主要的水稻生产国，稻米是马达加斯加人的主食，人均年消费大米量在 100 kg 以上，居非洲前列。马达加斯加每年要进口 30 万～50 万 t 大米，才能满足本国对大米的需求。

2017 年，马达加斯加人口达 2 560 万，且人口年均增长率达 2.75%，每年新增 70 万人口，今后几年马达加斯加每年需多进口 20 万 t 大米才能满足人口增长的需求。

经过 10 多年杂交水稻在马达加斯加的试验、示范和推广，已有相当一批当地稻农掌握了杂交水稻栽培技术，这为下一步大面积杂交水稻推广创造了有利条件。

马达加斯加紧邻非洲大陆，长期以来，非洲一直存在粮食短缺的问题。近年来，随着人口快速增长以及人们生活水平的逐步提高，非洲越来越多的人以大米为主食，整个非洲每年需从其他地区进口上千万吨大米。因此，提高马达加斯加水稻产量，特别是引进能迅速提高水稻单产的杂交稻及相应的栽培技术，有助于解决马达加斯加粮食短缺问题，帮助马达加斯加恢复大米出口国地位，将多余大米向非洲大陆等缺粮地区出口。

2019 年，新上任的马达加斯加总统已经将发展杂交水稻作为国家发展战略，政府准备新建 10 万 hm^2 高标准农田，提高粮食生产，这给杂交水稻在该国的大面积推广带来了新机遇。

第三节　尼日利亚

一、尼日利亚杂交水稻发展现状

2004 年，中国和尼日利亚开展南南合作项目，中国专家在尼日利亚 3 个州试种杂交水稻，其中，卡杜纳州 Lamda 农场试种了华优 3 号、C 优 36、黔优联合 9 号、汕优联合 2 号、两优 363、黔优 18、I 优 4761、黔两优 57 等 8 个中国杂交水稻品种，产量为 6.9～9.4 t/hm^2，比当地对照品种（5.8 t/hm^2）增产 19%～62%。2005 年，尼日利亚从中国重庆引进杂交水稻进行试种。2016 年引自重庆的杂交水稻在奥贡州试种成功，12 个杂交水稻品种试种产量为 6.50～8.75 t/hm^2，其中 Q 优 6 号的产量达 8.75 t/hm^2。

2008 年，绿色农业西非有限公司在高原州建立水稻实验室，该公司在阿布贾郊区试种了 18 个中国杂交水稻组合，平均单产 4 t/hm^2，部分组合达 9 t/hm^2。尼日利亚国家谷物研究所（NCRI）引进绿色农业西非有限公司的 3 个中国杂交水稻 CHAOTA、HHZ-1、CP801 和本地 3 个对照品种 FARO44、FARO52、FARO57 在卡杜纳、卡诺等州试种。在卡杜纳州，杂交水稻 CP801 产量 11.9 t/hm^2，比对照品种 FARO57（8.9 t/hm^2）增产 33.7%。在卡诺州，杂交水稻 CP801 产量 13.7 t/hm^2，比对照品种 FARO44（12.0 t/hm^2）增产 14.2%。结果表明，杂交水稻 CP801 适应性广，可在北几内亚大草原和苏丹大草原推广种植。

2009—2010 年，中国农业科学院提供的 122 个杂交水稻品种和尼日利亚提供的 8 个本地对照品种进行试种试验。旱季在 Badeggi 试种最好的杂交水稻品种产量为 4.9～5.6 t/hm^2，比本地对照品种 FARO52（3.2 t/hm^2）增产 53.1%～75.0%；雨季在 Wushishi 试种最好的杂交水稻品种产量为 11.5 t/hm^2，比本地对照品种 FARO52（8.5 t/hm^2）增产 35.3%。

2016 年，袁氏种业高科技有限公司与中国香港李氏集团达成战略合作意向书，合作开发杂交水稻。2016 年雨季，在卡诺州 Tiga Dam 试种了 23 个组合共 4 hm^2，平均产量达 7.5 t/hm^2。2017 年旱季，在卡诺州 Kadawa 种植 3 个组合 NR16012、NR16013、NR17001 共 2 hm^2，平均产量 9.33 t/hm^2，其中 NR17001 产量达 9.67 t/hm^2。

2005 年，尼日利亚从印度引进 3 个杂交水稻 PAC837、INDAM200-002、JKR1220，试验结果显示 3 个杂交水稻和对照品种 FARO44 产量均大于 7 t/hm^2。2011—2012 年，国家谷物研究所从印度引进 4 个杂交水稻 PAC807、PAC837、INDAM200-002、JKR1220，在联邦农业大学 Makurdi 农场进行试种试验，以本地常规稻品种 FARO52、FARO44 做对照，试验结果表明，杂交水稻 PAC837 产量 9.5 t/hm^2，比对照品种 FARO44（7.8 t/hm^2）增产 21.8%，见图 7-5。

2008—2009 年，国际热带农业研究所（IITA）从 IRRI 引进 9 个杂交水稻品种在非洲水稻中心试验站（Ibadan，Oyo）进行试种试验，以本地常规稻做对照，杂交水稻 IR83202H 产量 5.81 t/hm^2，比对照品种 WITA4（5.12 t/hm^2）增产 13.5%。

2011 年，尼日利亚农业公司与菲律宾西岭农业技术公司签订合作协议，在 Baklang 农场示范种植菲律宾杂交水稻 SL-8H。

总之，大部分亚洲杂交水稻品种表现早熟，抗稻瘟病，但不抗非洲稻瘿蚊和水稻黄斑病。中国杂交水稻出米率高，长粒型，食味非洲人可接受。中国杂交水稻在非洲的产量潜力不如亚

图 7-5 尼日利亚杂交水稻试种（胡继银 提供）

洲大，不抗本地病虫害，因此，发展本土杂交水稻势在必行。

自 21 世纪初以来尼日利亚引进了中国、印度、菲律宾和 IRRI 的杂交水稻品种，进行试种。试种结果表明，杂交水稻产量优势明显，比本地常规稻增产 20% 以上，部分组合在部分地方增产 50% 以上；杂交水稻表现早熟且米质符合非洲人的要求；杂交水稻表现抗稻瘟病，但不抗非洲稻瘿蚊、水稻黄斑病等。目前尼日利亚杂交水稻发展仍处于试种试验阶段，除继续引进国外杂交水稻品种试验筛选适合本地的杂交水稻品种并加速审定推广外，还应该开展适合非洲的本土杂交水稻品种的研发工作。

二、尼日利亚杂交水稻发展的优势和障碍

尼日利亚发展杂交水稻有很多优势，有大量优质的可耕地、丰富的水热资源、充足的劳动力和日益增长的稻米市场。发展杂交水稻，对保障粮食安全，维护社会稳定意义重大，可提高农民收入并提供大量就业机会，为饲料和食品制造业提供原料，并改变尼日利亚落后的面貌。

尼日利亚发展杂交水稻存在诸多障碍。①农业生产环境恶化，土壤盐碱化、沙漠化严重，气候变化日益加剧，洪水和干旱越来越严重。②土地所有权不确定且分散，集约化作业难以开展，阻碍了适合水稻灌溉土地的潜在开发。③农田基础设施差，特别是灌溉设施和农村道路差，灌溉稻区面积少。④农业机械化程度低，特别缺乏耕种机械和脱粒机械，生产工具简单，劳动强度大，劳动效率低。⑤农资价格高，缺乏优质水稻品种，农户无力购买良种，品种混杂严重，化肥和农药价格高。⑥农业生产技术落后，生产水平低下，直播稻面积大，移栽田秧苗密度大，秧龄大；大田施肥少，氮肥利用率低；病虫草害（特别是铁毒病）发生严重。⑦缺乏农产品销售、流通渠道，农村交通差，农产品的流通环节费用过高。缺乏农产品加工、贮藏技术和设备，大米加工厂加工能力和质量差。⑧缺乏融资渠道，融资利息高，缺乏发展基金支持和必要的资金积累。⑨农民文化程度不高，人口老龄化，年轻的劳动力流失，用工费用上涨。⑩政府政策不配套，办事效率低。尼日利亚禁止非本地生产种子在国内销售，也未签署《国际植物新品种保护公约》，知识产权保护体系不健全，阻碍了杂交水稻的进入。本地研发投资大，回报周期长，国际主流种业公司望而却步，影响优质种子进入尼日利亚本地市场。

三、尼日利亚杂交水稻发展前景

尼日利亚具备杂交水稻开发的基本条件，目前水稻产量基数低，每推广一项增产措施都可以使水稻产量得到很大幅度的提高。特别是研发和推广杂交水稻品种，能很快地提高水稻产量，减少大米进口，保障尼日利亚粮食安全。

尼日利亚发展杂交水稻应从以下几个方面入手。①加强审定土地所有权制度。②改善农业基础设施，加强农田水利、道路、电力建设，政府和企业要大量投资灌溉设施，扩大灌溉稻区。③推广先进实用农机，特别是小型的耕田机和脱粒机。④开展杂交水稻的引进和研发，引进适合本地的杂交水稻审定后加速推广，同时利用本地的亲本资源（特别是非洲新稻）和引进的亲本配组选育出适合本地的杂交水稻、杂交旱稻、杂交深水稻组合，引进适合本地的海水稻品种。⑤加强杂交水稻配套栽培技术的推广，提高农民的栽培技术水平，平衡增产，加强水分管埋，增施肥料，做好病虫害草害防治工作。⑥引进大米加工机械，改进碾米技术，提高大米加工品质。加强农民、米厂和市场的联合，“产供销”一条龙。⑦政府要出台政策，扶持杂交水稻的研发和推广，对进口农机设备采取零关税；对种子、化肥、农药、农机进行补贴；以最低保护价收购稻谷；提供低息信贷；完善市场信息。⑧加强与国外政府和公司合作，加大对杂交水稻工作的研发和投资。

第四节　非洲其他国家

一、几内亚

1996 年几内亚开始研究杂交水稻。2003 年，中国杂交水稻组合 GY032、GY033、GY034、GY035、GY036、GY037 在几内亚试验，产量高达 8.44 t/hm^2，均比对照 ROK5 极显著增产。2004 年雨季在科巴农场试验，11 个参试组合单产为 7.17~10.2 t/hm^2，比 ROK5 增产 37.26%~95.35%，效果极显著。2005 年旱季 GY103A/GY105R 制种试验，面积 1 hm^2，产量为 2.86 t/hm^2。

2009 年，用 11 个中国杂交水稻品种进行试种试验，内香优 18 旱雨季产量为 6.03~8.97 t/hm^2，比对照 CK21/CK43 增产 35.18%~54.6%。川香 28、富优 4 号、安优 790、黔优 785、Ⅱ优 657、冈优 825 亦表现很好。

二、塞拉利昂

1988 年，中国汕优 63、Ⅱ优 501 等杂交水稻品种试种单产相当于当地品种的 3 倍，产量高达 7.5 t/hm^2。

2006—2007 年，来自中国的 10 个杂交水稻组合品种比较试验产量为 6.17~9.50 t/hm^2，均比当地主栽品种 LR19（4.83 t/hm^2）显著增产，增产幅度为 27.6%~96.56%。

三、喀麦隆

2014 年，9 个中国杂交水稻品种在喀麦隆试种，Y 两优 1 号、1262A/ 华占 2 个杂交水稻品种在喀麦隆表现产量高，稻瘟病抗性较强，适宜在喀麦隆示范推广。

2016 年，中国杂交水稻试种试验结果表明，D 优 202、Y 两优 1 号、珞优 10 号在喀麦隆表现产量优势明显，适应性好，可在喀麦隆扩大种植。

四、赞比亚

1992—1993 年，在赞比亚国家级灌溉稻品种对比试验中，中国杂交水稻组合汕优桂 99 产量（7.96 t/hm^2）较当地良种增产 22%，威优 77、威优 46 产量分别达到 13.1 t/hm^2 和 12.1 t/hm^2，比当地最优的卡富西 5 号分别增产 32.6% 和 22.9%。

五、乍得

2015 年，中国杂交水稻品种与乍得本地品种对比试验，Ⅱ优 58 产量为 10.32 t/hm^2，比 CT-1 增产 10.73%，粤优 938 比 CT-1 增产 9.39%。

六、马里

2009 年，中国杂交水稻Ⅱ优 1259、Ⅱ优辐 819、宜优 673 等试种产量分别为 10 t/hm^2、9 t/hm^2、9 t/hm^2，比对照 Nionol（5 t/hm^2）分别增产 100%、80%、80%。

七、莫桑比克

2009 年莫桑比克引进中国湖北 30 个杂交水稻品种，高产品种产量为 9.75 t/hm^2，是本地品种（3 t/hm^2）产量的 3 倍，杂交水稻示范面积达 250 hm^2。

八、利比里亚

2005 年利比里亚开始示范种植中国杂交水稻 LP0803 等品种，最高产量达 11.1 t/hm^2，比当地品种高 3 倍以上。

九、肯尼亚

2013 年，中国科学院中-非联合研究中心在肯尼亚种植的杂交水稻品种平均产量 6.0～7.5 t/hm^2，是当地常规品种（1.5 t/hm^2）的 4～5 倍。

十、多哥

2006—2015 年，中国杂交水稻品种平均产量 7.1 t/hm^2，比多哥当地品种普遍增产 20%～30%。

十一、坦桑尼亚

2011 年，中国重庆 Q 优 1 号、Q 优 2 号、Q 优 6 号等 10 个杂交水稻品种试种最高产量为 10.5 t/hm^2，比对照 SARO（7.13 t/hm^2）增产达 47.3%。中国安徽粤优 938、新两优 6 号、中优 933 产量分别是 9.06 t/hm^2、9.02 t/hm^2、8.62 t/hm^2，比对照 SARO 分别增产 24.01%、23.43% 和 17.97%。

十二、布隆迪

2016 年，中国杂交水稻 YC900 最高产量为 13.86 t/hm^2，比布隆迪当地的水稻产量高 3 倍。

十三、塞内加尔

2010 年，中国杂交水稻产量 9.3 t/hm^2，比当地水稻（2.25 t/hm^2）增产 313%。2017 年，具香味的杂交水稻品种 AR051H 在塞内加尔通过审定。

十四、几内亚比绍

2009—2013 年，中国杂交水稻品种 CN101、CN102、CN103 试种产量分别为 8.79 t/hm^2、8.59 t/hm^2、8.39 t/hm^2。

此外，中国在非洲的利比里亚、喀麦隆、多哥、马达加斯加、马里、贝宁等国建成了以杂交水稻种植为主要工作的农业技术示范中心，同时还向尼日尔、几内亚、马里、安哥拉等国派出杂交水稻专家，指导杂交水稻生产。从 1996 年至今，中国政府通过与联合国粮农组织和受援国政府三方合作实施“南南合作”项目，已先后向毛里塔尼亚、加纳、埃塞俄比亚、马里、尼日利亚、塞拉利昂和加蓬等国家派出农业专家和技术人员，示范、推广杂交水稻等技术。中国企业在坦桑尼亚、卢旺达、多哥、利比里亚、莫桑比克、喀麦隆、马达加斯加、几内亚、加蓬、加纳等国家投资建设了杂交水稻试验基地。

第八章

美洲杂交水稻发展

美洲共有 35 个国家，北美洲有 23 个，南美洲有 12 个。北美洲水稻主产国有美国、古巴和多米尼加，南美洲除智利和苏里南外，其他 10 国（巴西、哥伦比亚、秘鲁、厄瓜多尔、阿根廷、委内瑞拉、圭亚那、玻利维亚、乌拉圭、巴拉圭）都是水稻主产国。

第一节　美国

一、杂交水稻推广历程

1979 年 5 月，美国西方石油公司旗下的圆环种子公司（Ring-Around Products Inc.，RAPI）总经理威尔其访华时，我国农业部种子公司赠送给他 3 个杂交水稻组合品种的种子，每个品种 0.5 kg，他们拿到美国试种，表现出明显的产量优势，与美国的水稻良种比较，增产幅度达 33%~93%。1979 年 12 月，怀着对杂交水稻浓厚的兴趣，威尔其再次来华，经过谈判，与中国种子公司签订了在种子技术方面进行交流合作的原则协议。1980 年 1 月，威尔其第三次来华，双方正式签订了合同。合同规定：中方将杂交制种技术传授给美方，在美国制种。制出的种子在美国、巴西、埃及、意大利、西班牙和葡萄牙 6 国销售。RAPI 每年从制种总收入中提取 6% 付给中国作为报酬，合同期 20 年。

这是一项对于两国和两国农业科学技术交流都很有意义的合同，也是中国农业第一项对外技术转让合同。它标志着中国杂交水稻技术从此走出国门，迈向世界。

根据合同内容，1980 年 5 月，袁隆平、陈一吾、杜慎余 3 人应邀赴美国进行技术指导，主要任务是传授杂交水稻制种技术。经过 3 个月的试验，由中国带过去的 6 个杂交水稻品种产量均超过当地 3 个对照品种的产量。但在制种技术上，由于美国水稻种植在适应机械化种植的超大田块，劳动力成本太高，在国内普遍采用的在父母本开花期用绳子擀花粉，以提高异交结实率的措施，在美国难以施行。

杂交稻在美国试种了 3 年，每年都表现良好，增产极其显著。1981 年在得克萨斯州进行的品比试验，参与供试组合、品种共 11 个，按产量排位，前 6 名都是中国的杂交稻，第 7、第 8 名是杂交稻的父本，美国的 3 个对照良种位居倒数第 1、第 2、第 3 名。由我国专家负责的 0.1 hm^2 大田对比试验，威优 6 号单产 757.5 kg/ hm^2，比当地对照良种增产 61%。1982 年在美国几个农场进行了小面积试种示范（每个组合在每个点种植 0.4 hm^2），完全按美国的栽培方法进行种植，结果仍是以我国的杂交稻产量最高，如南优 2 号，单产量每公顷达 8 600 多磅（合 9 848 kg/hm^2），比当地对照良种增产 79%。

杂交水稻在美国的推广，前期面临着许多技术难题。袁隆平带领他的助手李必湖、尹华奇、周坤炉等，多次赴美国传授杂交水稻育种和制种技术，见图 8-1。

图 8-1　1988 年杂交水稻专家周坤炉（右二）在美国圆环种子公司研究站指导工作

1981—1984 年，RAPI 位于得克萨斯州的种子站用中国的 5 个杂交组合在 20 多个水稻产区进行产量试验。结果表明，这些杂交组合的产量远远超过当地水稻良种，增产幅度平均在 38%。后来，在中国专家的帮助下，他们还进行了适合美国栽培方式和米质要求组合的选育，并力图解决机械化制种问题，使制种结实率达到 75% ~ 85%。

后来，由于 RAPI 总裁约翰逊先生去世，中美杂交水稻合作曾一度中断。但随着 RAPI 将合同转让给得克萨斯州水稻技术公司（RiceTec），使合作得以继续，并延续至今。

RiceTec 是由列支登士敦国王私人投资的，总部位于得克萨斯州休斯敦。该公司是集杂交水稻育种、制种与推广于一体的一家跨国公司，XL723、XL753 以及 XL760 等品种占据美国一半长粒米种植面积；还有抗除草剂品种 XL729、XL745 和 XP756 等。这些品种比当地品种平均增产 25% 左右，在病虫抗性、抗倒、米质等方面都符合美国市场要求。目前水稻技术公司在南美洲的巴西、阿根廷、乌拉圭及亚洲的印度等国家进行了大面积杂交水稻推广，年推广面积在 10 万 hm^2 以上。

1993 年 4 月，应水稻技术公司总裁罗宾・安德士邀请，袁隆平、谢长江两人赴美，洽谈两系杂交水稻在美国的共同研究开发事宜。经过几天的商谈，双方签署了《中国湖南杂交水稻研究中心与美国水稻技术公司共同开发和经营两系杂交稻的合作协议书》。1993 年 4 月至 10 月，湖南杂交水稻研究中心的张慧廉、李继明作为第一批与美国水稻技术公司合作的专家，协助该公司进行了圆环转让的杂交水稻亲本鉴定筛选，同时帮助建立了杂交水稻育种和生产的基本程序。1994 年 9 月，中国农业部正式批准了湖南杂交水稻研究中心与美国水稻技术公司的双边合作协议。协议批准后，邓小林、周承恕、黄大辉等专家 5 次赴美国，解决了适合美国的杂交水稻栽培方式和选育米质要求的组合问题，以及杂交水稻机械化制种问题。

20 多年来，湖南杂交水稻研究中心与美国水稻技术公司的合作不断加深，合作领域不断拓展，每年都有专家、学者互相访问，交流最新研究成果。

二、杂交水稻研究、推广现状和趋势

（一）杂交水稻育种现状

1980 年美国农业部农业研究服务署（United States Department of Agriculture-Agriculture Research Service，USDA-ARS），1981 年加利福尼亚大学（University of California）开始从事杂交水稻的基础和应用研究，他们研究了杂交水稻的遗传基础、水稻基因图谱、*eui* 基因、籼粳杂交稻及机械化制种。1985 年，美国农业部农业试验站的科学家 J. Neil Rutger 和 Schaeffer 发现一粳型光敏雄性不育株 EGMS。1991 年，美国科学家 Oard 和 Hu 也发现一粳型光敏雄性不育株 M021。

1980 年，美国 RAPI 从中国引进了 7 个不育系二九南一号 A、珍汕 97A、V20A、V41A、菲改 A、黎明 A、秋岭 A 和 4 个恢复系 IR24、IR26、圭 630、C57 等，双方合作选育的杂交水稻组合 RA2003（L301A/R29）、LA2125、1301/1129 等比对照增产 30%，米质达美国一级米，父母本生育期相当。1988 年，周坤炉等选育了 4 个组合，7 个不育系。美国要求杂交水稻不倒伏、米质好，精米率大于 65%，整精米率达 50%，长粒型，垩白率小于 2%，垩白度在 5% 以下。1996 年水稻技术公司以 RAPI 材料（V20A、珍汕 97A 和 IR8、IR24 等恢复系）为基础，育成了基本上符合美国市场要求、高异交率的不育系和具有恢复基因并类似美国品种的恢复系。1999 年，美国审定了杂交水稻组合 XL6（不育系来自中国，恢复系为 IR24 与美国材料杂交而成），大面积种植产量达 10 t/hm^2，比对照高出 20%，但该组合不抗倒伏，米质差。2002 年，水稻技术公司审定了 XL7 生育期和 XL8 两个品种。XL7 生育期比 Cocodrie 早 5~7 d，产量比 Wells、Cocodrie、Drew 高 1.2 t/hm^2，抗倒伏，米质好，可做再生稻；XL8 生育期比 Cocodrie 早 1 d，产量比 Wells、Cocodrie、Drew 高 1.8 t/hm^2，抗倒伏，米质同 Cocodrie、Wells。2003 年至 2013 年，美国水稻技术公司与湖南杂交水稻研究中心合作，开展两系及三系杂交水稻品种选育，先后审定了 XP710、XP711（2003 年），CLXL-8（2004 年），XL723、CLXL730（2005 年），CFXL745（2008 年），XL729、XL745（2009 年），XL753、XP4534、XP753、XP754、XP760（2011 年）。其中，XP710、XP711 比 XL7、XL8 增产 10%；XL723、XL729、XL745 比常规稻增产极显著，精米率达 66%~73%，早熟，可做再生稻栽培，见图 8-2。

图 8-2　美国杂交水稻品种选育（刘海　提供）

（二）杂交水稻制种现状

美国农业人口只占3%，每个农户有几百到几千公顷土地，劳动力昂贵，水稻制种只能依靠机械化生产。美国对制种要求是：父母本播始历期基本一致，不喷或少喷赤霉素，适应美国栽培制度，亲本异交率高。1980 年，中国开始派出制种专家赴美国传授杂交水稻制种技术。1986 年以来美国一直探索机械化制种。1986 年生产不育系 L301A　136 kg，杂交稻种子 RA2003　1.36 t。1987 年机械化制种 RA2003　16 hm^2，父母本播差 7 d，平均产量 1.1 t/hm^2。1999 年审定第一个杂交水稻组合 XL6，开始大面积机械化制种，见图 8-3。美国杂交水稻制种每个制种点面积 100～1 000 hm^2，每块田面积 1～5 hm^2，父本厢宽 5～10 m，父母本面积比 1∶3。基本用拖拉机整地，播种机播种，飞机施肥、喷药、喷赤霉素，直升机辅助授粉，两部收割机轮流收割父母本。

图 8-3　美国大面积杂交水稻种子生产（RiceTec　提供）

（三）杂交水稻推广情况

1982—1984 年，美国连续 3 年试种四优 6 号、威优 6 号、南优 2 号、南优 6 号杂交水稻，产量达 11.1～11.3 t/hm^2，比 Lebonnet 增产 37% 左右。1983—1986 年，试

种杂交水稻产量达 8.6～11 t/hm^2，对照产量为 7.4～8.8 t/hm^2，杂交水稻比对照增产 7.4%～25%，但试种的杂交稻米质差，且不适应机械化制种。1986 年，湖南杂交水稻研究中心选育的籼型杂交水稻 1301/1129 通过美国 4 个水稻主产州的区试鉴定，美国政府破例进口中国杂交水稻种子。1987 年，5 个杂交水稻组合在美国 20 个试验点进行产量试验，增产幅度 38%，RA2003 比对照 Labelle 增产 48%～58%。2000 年，美国推广杂交水稻 XL6 约 5 000 hm^2，产量 8.97 t/hm^2，比常规稻增产 18%～20%。2002 年，美国推广的组合 XL7 产量比 Wells、Cocodrie、Drew 高 1.2 t/hm^2，增收 86.5～98.8 美元 /hm^2；XL8 产量比 Wells、Cocodrie、Drew 高 1.8 t/hm^2，增收 98.8～111.2 美元 /hm^2。2003 年，美国杂交水稻种植面积约 1 万 hm^2，2004 年达 4.3 万 hm^2，2005 年达 7 万 hm^2，2008 年达 30 万 hm^2，2009 年达 40 万 hm^2，2014 年达 46 万 hm^2。此后，美国杂交水稻推广面积基本稳定在 40 万 hm^2 左右，平均单产超过 10 t/hm^2，比当地良种增产 25% 左右，见图 8-4。

图 8-4　美国大面积杂交水稻收获（RiceTec　提供）

美国农户常规水稻用种量 90～130 kg/hm^2，杂交稻一般大田用种量 35 kg/hm^2，杂交稻种子价格比常规稻种子价格高 3 倍左右。

2009—2016 年，美国杂交水稻主推广品种 CLXL745 平均产量为 9.25～10.07 t/hm^2，而常规稻主推品种 CL151 平均产量为 7.52～8.91 t/hm^2，杂交水稻比常规水稻增产 13%～27%。

2011—2016 年，美国水稻技术公司春、秋季在美国销售杂交水稻种子推广面积见表 8-1。

表 8-1　美国水稻技术公司杂交水稻种子销售推广面积（2011—2016 年）

年份	种子销售推广面积 /hm^2		合计 /hm^2
	春季	秋季	
2011	84 237	366 824	451 061
2012	33 680	209 891	243 571
2013	114 859	307 838	422 697
2014	129 749	329 352	459 101
2015	44 170	329 047	373 217
2016	105 735	326 310	432 045

（四）美国市场对米质的要求

由于美国人均大米的食用量年平均仅 10 多千克，市场销售的大米都是国产和进口的高质量的香米。所以，在杂交组合亲本的选育上，研究人员把米质摆在首位，从低世代起，在田间选择的每份育种材料都必须进行室内米质鉴定分析，如果米质分析达不到要求（表 8-2），农艺性状再好也要被淘汰。

表 8-2　美国水稻育种对米质和其他性状的要求

性状	美国长粒种	美国中粒种	南美洲
直链淀粉含量 /%	22.5～24.0	16.0～18.0	24.0～27.0
碱消值 / 级	2.5～4.0	6.0～7.0	5.0～7.0
粒长 /mm	6.5+	5.0～6.0	6.0+
粒宽 /mm	2.0-	2.0～2.5	2.0～2.2
长宽比	3.3+	2.5～2.8	2.8～3.0
出糙率 /%	70+	72	75
整精米率 /%	58+	65	56
播种至始穗 /d	70～80	70～80	80～100
叶片、谷粒	无毛	无毛	无毛或有毛

三、杂交水稻推广的障碍

（一）技术障碍

目前在美国开展杂交水稻品种选育的三系及两系不育系基础材料大多数来自中国，由于材料来源狭窄，很难选育出大量适合美国市场要求的杂交水稻品种。

从事杂交水稻品种选育、制种及推广的专业技术人才缺乏。

（二）能力障碍

在美国从事杂交水稻研发推广的主要是美国水稻技术公司，目前已形成了一家独大的局面，这不利于竞争的形成。

（三）政策障碍

美国不允许直接从国外进口杂交水稻种子。

四、杂交水稻推广机会

（1）已有几十年的研究、推广杂交水稻的经验。

（2）已经选育出了适合在美国推广的杂交水稻组合。

（3）有成熟的市场经济环境。

（4）已经解决了机械化制种技术问题。

总之，美国有雄厚的资金和国际销售网络，在中国的帮助下美国水稻技术公司已育成一大批高产优质的杂交水稻组合，全面实现了杂交水稻种子生产机械化，成功解决了杂交水稻在美国商业化生产的一系列难题。近年来美国的杂交水稻种植面积不断扩大，发展前景良好。此外，美国杂交水稻的成功为别国发展杂交水稻提供了示范。

第二节　巴西

一、杂交水稻推广历程

1984 年，巴西国家水稻与大豆研究中心（CNPAF/EMBRAPA）开始研究适合在灌溉低地环境种植的杂交水稻。他们从常规品种中选育恢复系及保持系，并用本地三系不育系 046IA 配制了几个表现较好的杂交水稻组合。

1994 年，通过采用 10 个不育材料和 8 个恢复材料，CNPAF/EMBRAPA 配制了一批三系组合，在 1994—1995 年水稻种植季节，从这些组合中筛选出了 30 个高产组合。1995—1996 年水稻种植季节，对其中 15 个表现最好的组合在热带及亚热带环境下进行了示范试验，结果表明，与对照品种相比，这些组合在热带环境下产量优势不大，而在温带 - 亚热带地区（即南里奥格兰德州），杂交水稻比对照明显增产。

1997 年审定了一个杂交水稻品种，但推广面积很小。

2000 年，为推动杂交水稻发展，巴西、阿根廷及乌拉圭三国成立了杂交水稻补贴基金。

2001 年，湖南省农业科学院与巴西的 Ana　Paula 公司合作研究杂交水稻。2007—2008 年和 2008—2009 年在巴西南部试验了 5 个杂交水稻组合，比本地主栽品种平均增产 2.47 t/hm²，增产 10%～20%。

2011 年，中国隆平高科在巴西进行杂交水稻品比试验，6 个杂交水稻 LPBR1-LPBR6 产量达 8.07～9.15 t/hm²，比当地对照品种 Puita（5.93 t/hm²）增产 36.1%～54.3%。

2003 年，Avaxi® 杂交水稻首次在巴西种植，2004 年杂交水稻种植面积 2 500 hm²，2008 年杂交水稻面积达 3.6 万 hm²。目前每年杂交水稻种植面积在 8 万 hm² 左右，见图 8-5。

图 8-5　巴西大面积推广杂交水稻（彭玉林　提供）

二、杂交水稻研发现状及趋势

（一）杂交水稻研究进展

在巴西从事杂交水稻研究的单位，主要有国家水稻与大豆研究中心、美国水稻技术公司、Ana Paula 公司、拜耳公司、BASF 公司等。国家水稻与大豆研究中心与 Ana Paula 等公司做了前期研发，取得了一定进展，其中，Ana Paula 公司研究的组合 H9 推向市场，现已转让给拜耳公司。此外，私人公司 CIRAD 也有组合试行推广。

红稻和黑稻是巴西水稻生产的主要杂草，给生产造成巨大的损失。这种野生稻非常容易落粒，给来年留下了丰富的种子。由于它们和栽培稻有相似的生长习性，用普通的除草剂无法控制，因此，需要栽培抗除草剂的杂交稻品种。为克服野生稻对水稻生产的影响，BASF、拜耳、美国水稻技术公司等开展了抗除草剂品种的研究。2004 年，第一个抗除草剂品种 Tuno CL 在巴西开始推广。近 10 多年来，已先后选育 Avaxi CL®、Sator CL®、Inov CL®，Titan CL® 和 QM1010 CL® 等抗除草剂杂交水稻组合，这些组合生产潜力不断提升，从 Tuno CL 品种每公顷产量潜力约 13 t，到最新育成的品种 QM1010 CL® 可高达 16.5 t/hm^2。

为提高制种产量，降低种子成本，国家水稻与大豆研究中心还开展了三系杂交水稻亲本材料的选育研究，通过选育柱头更长的亲本来提高制种异交结实率。

（二）杂交水稻生产状况

巴西杂交水稻前期推广进展不大，2003 年美国水稻技术公司进入后，推广面积迅速扩大，成为主要的杂交水稻种植国家，美国水稻技术公司占有了 90% 的巴西杂交水稻市场份额。

目前巴西杂交水稻推广的主要地区为南方灌溉稻区的南里奥格兰德州、圣卡塔琳娜州以及中－西部灌溉稻区。灌溉稻区推广杂交水稻有 Avaxi CL®、Tuno CL®、INOVE CL®、Sator CL® 等高产、抗除草剂组合，ECCO、TIBA（中晚熟）旱稻品种。在天水灌溉地，ECCO 比对照品种增产 2～3.3 t/hm^2。

三、杂交水稻发展面临的阻碍

（1）技术问题。巴西杂交水稻发展面临的主要技术难题是三系杂交水稻种子制种产量不高。两系杂交水稻市场需求大，但适合两系种子生产的地区基础条件很差，而基础条件较好的地区气温又不稳定，有可能导致两系杂交稻制种的种子不纯和不育系产量低。

（2）社会和经济问题。巴西水稻生产基本实现机械化。因此，必须开发出适合机械化的杂交水稻制种技术。目前，由于制种产量不高，加之劳动力成本过高，导致杂交水稻种子价格较高。

（3）优质、高产、多抗的杂交水稻组合还不够丰富。三系杂交水稻的杂种优势水平还有待提升。生产上需要高产、优质、多抗，特别是能控制红稻和黑稻的抗除草剂杂交水稻组合。杂交水稻组合在稻米品质方面还有提升空间。

（4）巴西杂交水稻生产基础设施条件较差。

（5）掌握杂交水稻生产技术的专业人员不足。

四、杂交水稻发展机会

巴西可耕地面积巨大，具有发展杂交水稻的潜力。2016 年，巴西人均消费大米约 32 kg，而且每年都要进口一定量的大米。

目前，美国水稻技术公司、BASF 公司以及国家水稻与大豆研究中心已经选育出了适合当地种植的杂交水稻组合，杂交水稻种植规模会有很大的提升空间，真正发挥它“世界粮仓”的优势。

第三节　美洲其他国家

一、哥伦比亚

1983 年开始和 IRRI 合作研究杂交水稻，从珍汕 97A、V20A 转育成的新不育系 Colombia1，配组的杂交水稻比对照 Oryzica1 增产 15%～20%。1994 年审定组合 IR58025A/Oryzica Yacu-9 产量 7.1 t/hm^2，比对照 Oryzica Yacu-9 增产 16%。

二、厄瓜多尔

1995 年开始和 IRRI、中国合作研究杂交水稻。2001 年，中国杂交水稻 YH21、YH25、YH48 试种产量分别为 7.65 t/hm^2、7.59 t/hm^2、7.92 t/hm^2，比对照 INIAP14（6.69 t/hm^2）增产 14.35%、13.45% 和 18.39%，这些杂交水稻品种推广面积达 5 000 hm^2。制种 6 个组合 YH21、YH25、YH48、EC19、EC26、EC33 共 80.5 hm^2，制种产量为 2.8～3.3 t/hm^2。

三、阿根廷

1982—1984年，试种威优6号，比Fortdna增产70.5%。

四、哥斯达黎加

2010年，中国杂交水稻品种NP833表现较好，产量达8 t/hm²，比本地水稻增产极显著。

五、墨西哥

1984年，开始从IRRI引进15个杂交水稻试验，产量不高。

六、委内瑞拉

1996年开始与IRRI合作研究杂交水稻。

自2001年开始，中国杂交水稻在巴西、阿根廷、乌拉圭试种产量远远超过当地良种。墨西哥、哥伦比亚、多米尼加、哥斯达黎加等国家也在积极发展杂交水稻。

为促进杂交水稻在拉美国家的发展，近年来，拉美11国（包括阿根廷、巴西、哥伦比亚、哥斯达黎加、厄瓜多尔、墨西哥、尼加拉瓜、巴拿马、秘鲁、乌拉圭、委内瑞拉）成立了拉美杂交水稻联盟（HIAAL），目的是合作选育适合拉美的杂交水稻品种及配套生产技术，要求选育出的杂交水稻品种产量要高出现有品种10%~15%，稻米外观及蒸煮品质适合当地需求，制种产量在1.5 t/hm^2以上，抗倒伏，且抗各种生物及非生物胁迫。

另外，设在哥伦比亚的热带作物研究中心，与其他南美洲国家一道，也开展了杂交水稻育种研究，虽然有一定进展，但还没有在生产上应用推广。

第九章

欧洲杂交水稻发展

一、意大利

早在20世纪90年代，意大利就引进了我国选育的两个杂交水稻组合进行试种，并达到11 t/hm^{2}的超高产。1994年，意大利引进中国36个杂交水稻组合试种，CHR36产量11.7 t/hm^2，比对照Borio增产50.2%，CHR26产量11.45 t/hm^2。

2010—2011年，意大利农林食品科学部及都灵大学专家试种了一些杂交水稻品种。2011年底，意大利审定了美国水稻技术公司的杂交水稻品种CLXL745，该品种原是为美国市场研发的，生育期中长（约150 d），具有抗除草剂基因。2012年，在意大利西北省份种植，面积达1 800 hm^2，平均产量达9 t/hm^2，最高产量达11 t/hm^2。

二、俄罗斯

1984年，全俄水稻研究所研究粳型杂交水稻，引进野败和BT不育系进行试验。2005年试验表明，Khazar/Izumrud等15个组合存在约15%的产量优势。

三、法国

1981年，法国开始主持CIRAD/IRAT和EMBRAPA/CNPAF计划，研究杂交水稻。目标是为南美洲热带国家提供灌溉稻新品种，并和私人公司合作生产杂交水稻种子。

第十章

成功例证——隆平高科在巴基斯坦杂交水稻推广之路

自 20 世纪 70 年代杂交水稻在中国首先研究成功，并大面积推广之后，杂交水稻稳定的增产潜力得到了全球广泛重视。FAO、IRRI、世界银行、亚洲开发银行等国际组织以及一些国家政府、科技人员均投入大量的人力、物力和财力，研究和引进杂交水稻技术。

20 世纪 90 年代，巴基斯坦旁遮普省水稻研究所与 IRRI 合作开展杂交水稻研究项目。研究人员从 IRRI 引进了一些不育系进行育种试验，并希望通过杂交，选育出米质和产量均有所提高的杂交巴斯马蒂品种。尽管研究取得了一定的进展，但由于产量优势不明显和异交结实率低，导致制种困难，杂交水稻一直没有大面积推广。

巴基斯坦是全球水稻主产国，2017 年水稻种植面积约 290 万 hm^2，水稻是继小麦之后第二大粮食作物。巴基斯坦人以小麦为主食，生产的稻米 90% 供出口。水稻在旁遮普省（180 万 hm^2）、信德省（75 万 hm^2）、俾路支省（19.6 万 hm^2）和开伯尔 - 普什图省（5.3 万 hm^2）均有种植，旁遮普省（占比约 64%）和信德省（占比 27%）是水稻主产区。旁遮普省出产的巴斯马蒂大米，粒型细长，直链淀粉含量较高，烹煮后大大伸长，品质优异，深受国际市场欢迎，售价很高。由于土壤、气候等方面原因，巴斯马蒂品种不宜在信德省种植，该省主要种植品种是由国际水稻研究所选育的 IR6。该品种自 1967 年引入巴基斯坦，经过几十年的种植，品性退化，米质较差，产量及抗性较低，平均每公顷产量在 6 t 左右。

1999 年 6 月，袁隆平农业高科技股份有限公司成立，这标志着杂交水稻国际化驶入了快车道。巴基斯坦是隆平高科杂交水稻走出国门的第一站。9 月，隆平高科派出方志辉、杨耀松两人赴巴基斯坦，与 Guard Agricultural Research & Service Pvt. Ltd. 总裁 S. A. Malik 先生就杂交水稻在巴基斯坦的发展，特别是用杂交水稻品种取代 IR6 进行商谈，双方达成了一致意见。10 月，S. A. Malik 先生来长沙，与隆平高科签署了《共同开发杂交水稻合作协议》。

2000 年，隆平高科根据双方协定派出技术人员赴巴基斯坦开展杂交水稻品比试验。在巴方技术人员的协助下，从 5 个中国杂交水稻品种中，筛选出了 GNY-50 和 GNY-53 两个适合在巴基斯坦种植的杂交水稻品种，并获巴基斯坦政府第 1 批审定登记。2002 年，巴方开始从隆平高科进口小批量的杂交水稻种子，进行示范性推广。

从 2003 年开始，隆平高科与 Guard 公司的合作更加紧密，双方合作开展了在巴基斯坦的杂交水稻种子生产、品种选育、大面积生产技术指导，以及在中国长沙和巴基斯坦举办的杂交水稻技术培训，Guard 成为巴基斯坦最大的杂交水稻品种研发、种子生产和销售公司。截至 2014 年，巴基斯坦已推荐 85 个杂交水稻品种用于全国推广种植，其中有 7 个品种来自隆平高科及其合作的 Guard 公司。杂交水稻推广面积从 2009—2010 年的 16 万 hm^2 迅速上升到 2016—2017 年的 41.5 万 hm^2，年平均增长率达 12.8%，其中，旁遮普省推广面积 5.4 万 hm^2，信德省 32.2 万 hm^2，俾路支省 3.9 万 hm^2，分别占到各省水稻种植面积的 3%、43% 和 20%。杂交水稻在巴基斯坦平均产量超过 8 t/hm^2，初步实现了用杂交水稻品种取代 IR6 的目标。2016—2017 年，Guard 公司与隆平高科在巴基斯坦合作生产了近 500 t 杂交水稻种子，从中国进口了约 2 000 t 种子，Guard 公司在巴基斯坦销售杂交水稻种子量约占该国总销售量的 28%。

杂交水稻在巴基斯坦的成功推广，也给巴基斯坦稻米产业带来勃勃生机。2002 年到 2017 年，巴基斯坦水稻平均单产从 3.02 t/hm^2 上升到 3.85 t/hm^2，大米出口量从 2002 年的 168 万 t 上升到 2016 年的 395 万 t，使巴基斯坦超过美国和中国，一跃成为全球排名第四位的大米出口国。

目前，中国主要向巴基斯坦出口高附加值的杂交水稻种子，而巴基斯坦则向中国出口大量的优质杂交水稻大米。稻米产业在中巴之间形成了良性循环。通过充分利用两个市场、两国资源，实现了互利双赢，为积极响应国家“一带一路”倡议，实现绿色可持续发展起到了示范作用。

（下篇撰写：杨耀松　胡继银　刘海　朱虹瑾　审稿：李继明）

References

参考文献

[1] 袁隆平，陈洪新，等. 杂交水稻育种栽培学[M]. 长沙：湖南科学技术出版社，1988.

[2] 袁隆平. 杂交水稻学[M]. 北京：中国农业出版社，2002.

[3] Global Rice Science Partnership. Rice almanac: [M].4th edition. Los Baños，Philippines：IRRI，2013.

[4] 胡忠孝，田妍，徐秋生. 中国杂交水稻推广历程及现状分析[J]. 杂交水稻，2016，31(2)：1-8.

[5] 李继明. 国外杂交水稻研究现状[J]. 杂交水稻，1992(04)：4.

[6] 毛昌祥. 全球杂交水稻发展形势及我们的任务[J]. 杂交水稻，1994(Z1)：4.

[7] 谢放鸣，彭少兵. 杂交水稻在国外的发展历程与展望[J]. 科学通报，2016，61(35)：3858-3868.

[8] MCWILLAM J R，IKEHASHI H，SINHA S K. Progress in hybrid rice in India[J]. International Rice Commission Newslet-ter，1995(44)：80-87.

[9] 章善庆，陶龙兴，童汉华，等. 印度杂交水稻育种的现状与展望[J]. 杂交水稻，1999，14(4)：41-42.

[10] KIRUNAKAEAN A P M，THIYAGARAJAN P，ARUMUGACHAMY S. Prospects of two-line hybrid rice breeding in Tamil Nadu，India[J]. International Rice Research Notes，2002，27(1)：21-22.

[11] 胡继银，蒋艾青. 印度杂交水稻现状及发展对策[J]. 杂交水稻，2010，25(3)：82-87.

[12] VIRAKTAMATH B C，PRASAD A S H，RAMESHA M S，et al. Hybrid rice research and development in India[C] //XIE F，HARDY B. Public-private partnership for hybrid rice. Manila，Philippines：IRRI，2014：19-37.

[13] JULFIQUAR A W，HAQUE A K，RAHSID M A. Current status of hybrid rice research and future program in Bangladesh[C]. Dhaka，Bangladesh：A country report presented in the workshop on Use and Development of hybrid rice in Bangladesh，1998.

[14] PARVEZ M M，RAHSID M A，PARVEZ S S，et al. Performance of hybrid rice in Bangladesh：a comparative study[J]. Japanese Journal of Tropical Agriculture，2003，47(3)215-221.

[15] 方志辉. 中国杂交水稻在孟加拉试验示范与应用[J]. 农业现代化研究，2006，27(4)：318-320.

[16] 方志辉，杨耀松，廖伏明，等. 中国杂交水稻在孟加拉、印度尼西亚及巴基斯坦的试验研究与应用[J]. 杂交水稻，2007，22(4)：71-75.

[17] 胡继银，蒋艾青，蒋许国. 孟加拉杂交水稻现状及发展对策[J]. 杂交水稻，2011，26(3)：76-81.

[18] LUAT N V，BONG B B，CHANDRA M J. Evaluation of F1 hybrids in the Cuu Long Delta，Vietnam[J]. IRR Newslet，1985，10(3)：19.

[19] 陈庆平. 杂交水稻在越南的概况[J]. 杂交水稻，1993(05)：38-39.

[20] TAN N C. Progress in hybrid rice program in Vietnam[J]. IRCN，1994(2)：51-53.

[21] BUI B B. Development of hybrid rice in Vietnam[J]. Journal of Agriculture and Rural Development，2002(2)：93-96.

[22] NGUYEN T H. Success on Development Hybrid Rice in Vietnam[C] //YUAN L P，PENG J. Hybrid Rice

and World Food Security. Beijing: China Science and Technology press, 2005: 39-54.

[23] 胡继银，蒋艾青. 越南杂交水稻现状及发展对策[J]. 杂交水稻，2010，25(5): 84-88.

[24] NGUYEN T H. Recent achievements in research and development of hybrid rice in Vietnam[C]//XIE F, HARDY B. Public-private partnership for hybrid rice. Manila, Philippines: IRRI, 2014: 73-87.

[25] 周承恕. 中国杂交水稻在菲律宾的现状与展望[J]. 作物研究，1987(3): 5-6.

[26] VIRMANI S S, OBIEN S R, CASAL C, et al. Historical development of hybrid rice technology in the Philippines[J]. Philippine Journal of Crop Science, 1998, 23(1): 6-10.

[27] SHEN X H, CAI Y H, XIAO Y L, et al. Development of improved technologies for hybrid rice seed production in the Philippines[J]. Philippine Journal of Crop Science, 2000, 25(1): 18-25.

[28] 白德朗，张昭东. 中国杂交水稻在菲律宾试种成功与菲律宾杂交水稻开发[J]. 作物研究，2000(3): 35-36.

[29] 成良计. 菲律宾水稻生产及其发展战略研究[J]. 杂交水稻，2005，20(1): 60-64.

[30] 张昭东. 热带杂交水稻新组合SL-8H在菲律宾的高产制种技术[J]. 杂交水稻，2007，22(4): 35-36.

[31] 胡继银，蒋艾青. 菲律宾杂交水稻现状及发展对策[J]. 杂交水稻，2009，24(6): 70-74.

[32] 杨忠炬，方志辉，杨耀松，等. 杂交水稻引种巴基斯坦的试验[J]. 湖南农业大学学报（自然科学版)，2002，28(5): 375-377.

[33] AKHTER M, SABAR M, ZAHID M A, et al. Hybrid rice research and development in Pakistan[J]. Asian Journal of Plant Sciences, 2007, 6(5): 795-801.

[34] 杨耀松. 巴基斯坦杂交水稻研究开发现状与发展对策[J]. 杂交水稻，2010，25(6): 78-80.

[35] 陈一吾. 杂交水稻在美国试种概况和美国近年水稻科研动向[J]. 农业现代化研究，1982(5): 48-49.

[36] BOLLICH C N, WEBB B D, MARCHETTI M A, et al. Performance of hybrid rice in Texas, USA[C]//VIRMANI S S. Hybrid rice. Manila, Philippines: IRRI, 1988: 289-290.

[37] 李青茂. 杂交水稻在美国实行机械化制种的要求和前景[J]. 杂交水稻，1990(2): 45-47.

[38] MACKILL D J, RUTGER J N. Public sector research on hybrid rice in the United States[C]//VIRMANI S S. Hybrid rice technology: new developments and future prospects. Manila, Philippines: IRRI, 1994: 235-239.

[39] 邓小林. 杂交水稻在美国的研究现状和应用前景[J]. 杂交水稻，1998，13(4): 31-32.

[40] NALLEY L, TACK J, DURAND A, et al. The Production, Consumption, and Environmental Impacts of Rice Hybridization in the United States[J]. Agronomy Journal, 2017, 109(1): 193-203.

[41] SUWARNO, NUSWANTORO N W, MUNARSO Y P, et al. Hybrid rice research and development in Indonesia[C]//VIRMANI S S, MAO C. X, HARDY B. Hybrid rice for food security, poverty alleviation, and environmental protection. Manila, Philippines: IRRI, 2003: 287-296.

[42] 严钦泉. 中国杂交水稻在印度尼西亚的试验示范表现[J]. 杂交水稻，2004，19(3): 62-65.

[43] 方志辉，杨耀松，陈毅丹. 中国杂交水稻在印度尼西亚试验示范研究报告[J]. 湖南农业科学，2005(06): 10-12.

[44] 杨耀松. 中国杂交水稻种子进入印度尼西亚市场的技术措施[J]. 杂交水稻，2006，21(5): 73-76.

[45] SATOTO, HASIL S. Progress of hybrid rice

research and development in Indonesia[C]//XIE F, HARDY B. Accelerating hybrid rice development. Manila, Philippines: IRRI, 2009: 625-642.

[46] 董保柱. 中国杂交稻在缅甸[J]. 杂交水稻, 1995(5): 45.

[47] 彭既明. 缅甸的水稻生产与杂交稻试种简况[J]. 杂交水稻, 2001, 16(5): 55-56.

[48] KHIN T N, MYINT Y, HMWE H, et al. Hybrid rice research and development in Myanmar[C]//VIRMANI S S, MAO C X, HARDY B. Hybrid rice for food security, poverty alleviation, and environmental protection. Manila, Philippines: IRRI, 2003: 329-335.

[49] 张建新. 缅甸的杂交水稻制种[J]. 现代农业科技, 2006, 6(3): 19.

[50] 陈立, 胡继银, HMWE H, 等. 缅甸杂交水稻现状及发展对策[J]. 杂交水稻, 2014, 29(2): 78-81.

[51] GUIMARAES E P, CUTRIM V A, MENDONCA J A. Developing hybrid rice in Brazil: methodology, highlights, and prospect[C]//VIRMANI S S, SIDDIQ E A, MURALIDHARAN K. Advances in Hybrid Rice Technology. Manila, Philippines: IRRI, 1998: 379-388.

[52] 刘法谋, 黄大辉, 方远祥. 中国杂交水稻在巴西的试种表现及高产栽培技术[J]. 杂交水稻, 2012, 27(5): 77-79.

[53] 孙国凤. 拉姆杂交种子跨国公司在日本进行杂交水稻制种试验[J]. 生物技术通报, 1988(04): 12.

[54] 戴君惕. 日本的杂交水稻研究近况[J]. 杂交水稻, 1996(6): 35, 39.

[55] ABEYSEKERA S W, JAYAWARDENA S N. Potentials and limitations of hybrid rice Production in Sri Lanka[C]//XIE F, HARDY B. Public-private partnership for hybrid rice. Manila, Philippines: IRRI, 2014: 61-72.

[56] AMORNSILPA S, POTIPIBOOL S, NOOJOY S. Hybrid rice research in Thailand[C]//VIRMANI S S. Hybrid rice technology: new developments and future prospects. Manila, Philippines: IRRI, 1994: 409-412.

[57] 马国辉, CONGTRAKULTIEN M, KOJAROEN S. 中国杂交水稻在泰国的试验示范研究[J]. 杂交水稻, 2002, 17(6): 49-51.

[58] YANG S J, SONG Y C, MOON H P. Hybrid rice research and current status in Korea[C]//VIRMANI S S, MAO C X, HARDY B. Hybrid rice for food security, poverty alleviation, and environmental protection. Manila, Philippines: IRRI, 2003: 312-319.

[59] GUOKHP, AZLANS, YAHAYAKHK. Developing hybrid rice technology in Malaysia[C]//VIRMANI S S. Hybrid rice technology: new developments and future prospects. Manila, Philippines: IRRI, 1994: 353-358.

[60] 胡继银, 李炳华, 蒋松青. 马来西亚杂交水稻现状及发展对策[J]. 杂交水稻, 2009, 24(3): 76-78.

[61] SIK R T, UK R Y. Hybrid rice research and development in the Democratic Peopl's Republic of Korea[C]//VIRMANI S S, MAO C X, HARDY B. Hybrid rice for food security, poverty alleviation, and environmental protection. Manila, Philippines: IRRI, 2003: 297-311.

[62] NEMATZADEH G A, SATTARI M, VALIZADEH A, et al. Hybrid rice technology and achievements in Iran[C]//VIRMANI S S, MAO C X, HARDY B. Hybrid rice for food security, poverty alleviation, and environmental protection. Manila, Philippines: IRRI, 2003: 373-379.

[63] SREAN P, HOUM S, TOUCH B, et al. 中国杂交水稻在柬埔寨马德望省的生长及产量表现[J]. 南方农业学报, 2012(8): 1101-1105.

[64] XANGSAYASANE P, XIE F, HERNANDEZ J E, et al. Hybrid rice heterosis and genetic diversity of IRRI and Lao rice[J]. Field Crops Research, 2010, 117(1): 18-23.

[65] 李建武，熊绪让，邓其云，等. 中国杂交水稻在老挝栽培示范表现[J]. 杂交水稻，2010，25(6)：81-83，99.

[66] LAMSAL A，AMGAI L P，GIRI A. Modeling the sensitivity of CERES-Rice model：An experience of Nepal[J]. Agronomy Journal of Nepal，2013(3)：11-22.

[67] 梁心群. 中国 9 个杂交水稻组合在文莱国的试种表现[J]. 中国种业，2014(8)：40-41，42.

[68] 方远祥，唐启源，李迪秦，等. 东帝汶国家发展杂交水稻实现粮食自给的探索与实践[J]. 杂交水稻（英文版），2011，12(1)：1617-1620.

[69] 胡继银，朱东安，李光清，等.18 个杂交水稻新组合在东帝汶的试种评价[J]. 种子，2013，32(4)：109-110.

[70] China-Israel to Develop Super Rice[J]. Israel High-tech&Investment Report，2004(6)：9.

[71] 许为军. 红莲型杂交水稻在东南亚主要稻作区推广种植的现状及展望[J]. 武汉大学学报（理学版），2013，59(1)：37-41.

[72] BASTAWISI A O，EL-MOWAFI H F，ABO YOUSEF M I，et al. Hybrid rice research and development in Egypt[C]//VIRMANI S S，MAO C X，HARDY B. Hybridrice for food security，poverty alleviation，and environmental protection. Manila，Philippines：IRRI，2003：257-263.

[73] EL-MOWAFI H F，EL GAMMAAL A A，ARAFAT E F A，et al. Studies on Hybrid Rice Seed Production of Egyptian Cytoplasmic Genetic Male Line SAKHA1A/1B Multiplication[J]. J. Agric. Res. Kafr El-Skeikh Univ，2016，42(3)：379-399.

[74] 叶永印，IBRAHIM. 尼日利亚引种中国高产、优质、高抗杂交水稻鉴定筛选试验初报[J]. 安徽农业科学，2008，36(15)：6592-6593.

[75] SHIYAM J O，BINANG W B，ITTAH M A，et al. Evaluation of growth and yield attributes of some lowland Chinese hybrid rice (Oryza sative L.) varieties in the coastal humid forest zone of Nigeria[J]. Journal of Agriculture and Veterinary Science，2014，7(2)：70-73.

[76] BASHIR M，SALAUDEEN M T，ODOBA A，et al. Multy-location Yield Evaluation of Lowland Hybrid Rice Varieties in Nigeria[J]. International Journal of Applied Biological Research，2016，7(2)：73-80.

[77] 邓竹清，邓小林. 中国杂交水稻在马达加斯加种植的初步表现[J]. 杂交水稻，2010，25(2)：78-79.

[78] 杨耀松，方志辉，邓小林，等. 中国杂交水稻在马达加斯加的试验示范[J]. 杂交水稻，2015(4)：79-83.

[79] 蔡海亚，刘国湘，游艾青，等. 中国杂交稻在马达加斯加产量成因性状分析[J]. 湖北农业科学，2016，55(10)：2468-2470.

[80] 谢特立，孙祥明，彭伟正.7 个中国杂交水稻品种马里试验初报[J]. 福建农业科技，2010(03)：1-2.

[81] 赵利华，陈德富. 中国杂交水稻在塞拉利昂试验示范种植表现[J]. 杂交水稻，2007，22(6)：74-77.

[82] CHICHAVA S，DURAN J，CABRAL L，et al. Brazil and China in Mozambican Agriculture：Emerging Insights from the field[J]. IDS Bulletin，2013，44(4)：101-115.

[83] 徐炼德，王伟成，颜应成，等. 中国杂交水稻在喀麦隆的试种表现[J]. 杂交水稻，2015，30(6)：79-82.

[84] 张军，陈顺全，张文庆，等. 中国杂交水稻在喀麦隆引进种植的表现[J]. 杂交水稻，2017，32(5)：78-80.

[85] 张建华，姜守全，谭旭生，等. 利比里亚发展杂交水稻存在的问题与对策[J]. 杂交水稻，2011，26(3)：82-83，91.

[86] 彭既明. 中国杂交水稻在几内亚的试验初报 [J]. 杂交水稻, 2003, 18(5): 60-62.

[87] 叶永印, 刘健, SALIOU, 等. 中国部分新育成杂交水稻品种在几内亚适应性鉴定 [J]. 山地农业生物学报, 2010(01): 76-80.

[88] 徐迪新. 中国水稻品种（组合）在赞比亚种植的遗传表现 [J]. 云南大学学报（自然科学版), 1999 (S3): 72-73.

[89] NTHAKANIO N P, KANYA J I, MUNJI K J, et al. Adaptability of PGMS and TGMS rice lines for hybrid rice seed production in Kenya[C]. Proceedings of the 1st National Science, Technology Innovation and Week, 2012: 59-64.

[90] NJIRUH P N, KANYA J I, KIMANI J M, et al. Production of hybrid basmati rice in Kenya: progress and challenges[J]. International Journal of Innovations in Bio-Sciences, 2013, 3(4): 115-124.

[91] KASMIR A. Mult ilocation performance evaluation of exotic hybrid rice (Oryza sative L.) varieties in Eastern Zone of Tanzania[C]. Morogoto, Tanzania: Sokoine University of Agriculture, 2013.

[92] 严志, 申广勒, 张从合, 等. 中国杂交水稻在坦桑尼亚的试种研究 [J]. 园艺与种苗, 2015(6): 36-39.

[93] 梁遂权, 李耀志, 郑政, 等. 中国杂交水稻在乍得的种植表现及发展建议 [J]. 湖北农业科学, 2017, 56(8): 1422-1426.

[94] KANFANY G, El-NAMAKY R, KABIROU N, et al. Assessment of rice inbred lines and hybrids under low fertilizer levels in Senegal[J]. Sustainability, 2014, 6 (3): 1153-1162.

[95] El-Namaky R, SEDEEK S, MOUKOUMBI Y D, et al. Microsatellite-Aided Screening for Fertility Restoration Genes (Rf) Facilitates Hybrid Improvement[J]. Rice Science, 2016, 23(3): 160-164.

[96] 黄代金, 宋发菊, 何宝会. 杂交稻在几内亚比绍的示范效果研究 [J]. 现代农业科技, 2014(17): 17.

[97] 吴科强, 丁松, 黄义德. 中国杂交水稻在安哥拉隆格农场的适应性研究 [J]. 现代农业科技, 2018 (7): 54-55, 59.

[98] EL-NAMAKY R, DEMONT M. Hybrid Rice in Africa: Challenges and Prospects[C]//WOPEREIS MCS, JOHNSON D E, AHMADI N, et al. Realizing Africa's Rice Promise. CABI, Boston: 2013: 173-176.

[99] EL-NAMAKY R, MAMADOU M, COULIBALY BARE, et al. Putting Plant Genetic Diversity and Variability at Work for Breeding: Hybrid Rice Suitability in West Africa[M]. Basel, Switzerland: MDPI, 2017.

[100] 廖伏明. 哥伦比亚杂交水稻研究概况 [J]. 杂交水稻, 1993(5): 39-40.

[101] MUNOZ D, GUTIERREZ P, CORREDOR E. Research and development for hybrid rice technology in Colombia[C]//VIRMANI S S. Hybrid rice technology: new developments and future prospects. Manila, Philippines: IRRI, 1994: 389-394.

[102] 龚志明. 中国杂交水稻在厄瓜多尔的发展概况 [J]. 杂交水稻, 2011, 26(4): 75-78.

[103] ARMEN-TA-SOTO J L. Agronomic performance of hybrid rice in northern Mexico[C]//VIRMANI S S. Hybrid rice. Manila, Philippines: IRRI, 1988: 291.

[104] TAILLEBOIS J, DOSSMANN J, GRENIER C, et al. CIRAD's hybrid rice breeding strategy for Latin America[C]//XIE F, HARDY B. Accelerating hybrid rice development. Manila, Philippines: IRRI, 2009: 695-698.

[105] GONTCHAROVA I K, GONTCHAROV S V. Hybrid rice breeding in Russia[C]//VIRMANI S S, MAO C X, HARDY B. Hybrid rice for food security, poverty alleviation, and environmental protection. Manila,

Philippines: IRRI, 2003: 329-336.

[106] TAILLEBOIS J, JACQUOT M, CLEMENT G, et al. Hybrid rice research at CIRAD/IRAT[C]//VIRMANI S S. Hybrid rice technology: new developments and future prospects. Manila, Philippines: IRRI, 1994: 389-394.

[107] 袁国保. 杂交水稻种子及技术“走出去”应解决的几个关键问题[J]. 中国种业, 2006(8): 37.

[108] 张德明. 隆平高科杂交水稻东南亚市场拓展战略研究[D]. 长沙: 湖南大学, 2007.

[109] 黄大辉. 杂交水稻技术亚非拉地区推广战略[D]. 湖南: 湖南农业大学, 2007.

[110] 罗光强，谭江林，刘冰. 粮食安全视角下中国杂交水稻技术在国外推广的研究[J]. 农业现代化研究, 2008, 29(3): 306-309.

[111] 廖伏明，罗闰良，万宜珍. 杂交水稻国际推广的现状与策略[J]. 植物遗传资源学报, 2011, 12(2): 178-183.

[112] 赵梦熙.“一带一路”战略与杂交水稻推广的风险管理[J]. 湖南农业科学, 2017(4): 110-114.

[113] 王维金. 作物栽培学[M]. 北京: 科学技术文献出版社, 1998.

[114] 尹华奇. 对我国杂交水稻打入国际市场的思考[J]. 湖南农业科学, 1989(02): 13-15.

[115] 罗闰良，龙彭年. 我国杂交水稻技术输出的现状、前景与发展对策[J]. 中国稻米, 1996(2): 1-3.

[116] 刘善德，袁国保，耿月明. 我国杂交水稻种子出口优势比较及对策[J]. 中国种业, 2003(10): 10-11.

[117] 蔡立湘，彭新德，邓文，等. 中国杂交水稻技术出口战略研究[J]. 杂交水稻, 2004, 19(2): 1-5.

[118] 杨忠炬，毛学权，李平，等. 我国杂交水稻种子出口贸易发展的制约因素及对策分析[J]. 杂交水稻, 2005, 20(2): 7-10.

[119] 周宜军，范清旺，曾鑫. 中国杂交水稻种子出口战略分析[J]. 中国种业, 2008(4): 5-7.

[120] 田大成. 水稻异交栽培学: 杂交水稻高产制种原理与技术[M]. 成都: 四川科学出版社, 1991.

[121] 国家质量技术监督局. 农作物种子生产技术操作规程: [S] GB/T17314-17319-1998. 北京: 中国标准出版社, 1998.

[122] 颜启传. 种子学[M]. 北京: 中国农业出版社, 2001.

[123] 李稳香，田全国，等. 种子生产原理与技术[M]. 北京: 中国农业出版社, 2005.

[124] 杨仁崔. 国际水稻研究所杂交水稻研究动态[J]. 福建农业科技, 1980(6): 49-50, 45.

[125] VIRMANI S S，雷捷成. 国际水稻所杂交水稻研究的进展[J]. 福建稻麦科技, 1983(1): 42-49.

[126] 杨仁崔. 国际水稻研究所杂交稻育种进展[J]. 杂交水稻, 1996(01): 28-30.

[127] 胡继银，蒋松青. 中国杂交稻及亲本在热带的表现[J]. 世界农业, 2009(6): 19.

[128] 马克让，李梅森. 谈谈我国杂交水稻技术转让的有关问题[J]. 种子世界, 1985(11): 1-2.

[129] 罗闰良，廖伏明，万宜珍. 杂交水稻国际推广和品种资源知识产权保护的思考[J]. 中国种业, 2009(7): 9-11.

[130] 黄惠芳，鄂志国，祁永斌，等. 中国两系杂交稻的发展现状及光温敏雄性不育基因研究进展[J]. 浙江农业学报, 2015(05): 893-899.

附录　杂交水稻技术发展大事记

1966 年 2 月	袁隆平在《科学通报》第四期上发表《水稻的雄性不孕性》
1970 年 11 月	李必湖和冯克珊发现“野败”
1972 年 12 月	第一次全国杂交水稻科研协作大会在湖南长沙召开
1973 年 7—8 月	野败恢复系育成，标志着野败杂交水稻的“三系配套”
1973 年 10 月	第二次全国杂交水稻科研协作大会在江苏苏州召开
1974 年 10 月	第三次全国杂交水稻科研协作大会在广西南宁召开
1975 年 10 月	第四次全国杂交水稻科研协作大会在湖南长沙召开
1977 年 3 月	第五次全国杂交水稻科研协作大会在湖南长沙召开
1977 年 12 月	第六次全国杂交水稻科研协作大会在江西南昌召开
1979 年 1 月	第七次全国杂交水稻科研协作大会在湖北咸宁召开
1980 年 9 月	第八次全国杂交水稻科研协作大会在江苏南京召开
1981 年	籼型杂交水稻获国家特等发明奖
1981 年	石明松在《湖北农业科学》上发表《晚粳自然两用系选育及应用初报》
1982 年 6 月	第九次全国杂交水稻科研协作大会在浙江杭州召开
1982 年 8 月	全国杂交水稻顾问小组成立
1984 年 6 月	“全国杂交水稻顾问小组”更名为“全国杂交水稻专家顾问组”
1985 年 9 月	《杂交水稻简明教程》（中英对照）出版
1986 年 10 月	第一届杂交水稻国际学术讨论会在湖南长沙召开
1987 年	袁隆平在《杂交水稻》第 1 期上发表《杂交水稻的育种战略设想》
1987 年	两系法杂交水稻技术被列为国家高科技“863”计划第一个专题中的第一个课题（863-101-01）
1987 年 4 月	《杂交水稻通讯》英文版发行
1988 年 7 月	安农 S-1 通过技术鉴定
1991 年	罗孝和等发明两系不育系繁殖的“冷水串灌法”
1994 年	培矮 64S/ 特青通过了湖南省农作物品种审定
1995 年 8 月	湖南省怀化两系杂交稻现场会上宣布两系杂交水稻研究成功

1996 年	《杂交水稻育种栽培学》由湖南科学技术出版社出版，两系法杂交水稻研究得到了总理基金立项
1996 年	中国农业部正式立项启动中国超级稻研究
1997 年	袁隆平发表《杂交水稻超高产育种》
1997 年 4 月	“中国超级稻”专家委员会成立暨“中国超级稻”项目评审会议在沈阳召开
1998 年 10 月	超级杂交水稻选育项目论证会在湖南长沙召开
1999 年	两系杂交水稻基础研究与应用研究成果分别获得国家自然科学奖和国家发明奖
2000 年	超级杂交水稻两优培九等杂交水稻组合达到第一期育种目标（10.5 t/hm^2）
2001 年	两优培九（培矮 64S/9311）通过国家品种审定
2001 年	“水稻两用核不育系‘培矮 64S’选育及其应用研究”获国家科技进步奖一等奖
2002 年	“籼型优质不育系金 23A 选育与应用研究”获国家科技进步奖二等奖
2002 年 11 月	《杂交水稻学》由中国农业出版社出版
2003 年	“高配合力优良杂交水稻恢复系蜀恢 162 选育与应用”获国家科技进步奖二等奖
2003 年	“优质多抗高产中籼扬稻 6 号（9311）及其应用”获国家科技进步奖二等奖
2004 年	超级杂交水稻 Y 两优 1 号、深两优 5814 等超级杂交水稻组合达到第二期育种目标（12 t/hm^2）
2004 年	“两系法超级杂交水稻两优培九的育成与应用技术体系”获国家技术发明奖二等奖
2004 年	“超级稻协优 9308 选育、超高产生理基础研究及生产集成技术示范推广”获国家科技进步奖二等奖
2005 年	“水稻耐热、高配合力籼粳交恢复系泸恢 17 的创制与应用”获国家科技进步奖二等奖
2005 年	“印水型水稻不育胞质的发掘及应用”获国家科技进步奖一等奖
2008 年 9 月	第五届国际杂交水稻学术研讨会在湖南长沙召开
2009 年	“骨干亲本蜀恢 527 及重穗型杂交水稻的选育与应用”获国家科技进步奖二等奖
2011 年	“后期功能型超级杂交稻育种技术与应用”获国家技术发明奖二等奖
2012 年	袁隆平发表了《选育超高产杂交水稻的进一步设想》

2012 年	“水稻两用核不育系 C815S 选育及种子生产新技术”获国家技术发明二等奖
2012 年	超级杂交水稻 Y 两优 2 号、甬优 12 号等超级杂交水稻组合达到第三期育种目标（13.5 t/hm^2）
2013 年	“两系法杂交水稻技术研究与应用”获国家科技进步奖特等奖
2014 年	“超级稻高产栽培关键技术及区域化集成应用”获国家科技进步奖二等奖
2015 年	超级杂交水稻组合 Y 两优 900 达到第四期育种目标（15 t/hm^2）
2016 年	袁隆平在《科学通报》第 61 卷 31 期上发表《第三代杂交水稻初步研究成功》，第三代杂交水稻不育系圳 18A 选育成功
2016 年	“江西双季超级稻新品种选育与示范推广”获国家科技进步奖二等奖
2017 年	袁隆平杂交水稻创新团队荣获国家科技进步奖创新团队奖
2019 年 10 月	第三代杂交水稻在湖南省衡南县验收，平均亩产 1 046.3 kg

图书在版编目（CIP）数据
袁隆平全集 / 柏连阳主编. -- 长沙 : 湖南科学技术出版社, 2024. 5.
ISBN 978-7-5710-2995-1
Ⅰ. S511.035.1-53
中国国家版本馆 CIP 数据核字第 2024RK9743 号

YUAN LONGPING QUANJI DI-WU JUAN
袁隆平全集 第五卷
主　　编：柏连阳
执行主编：袁定阳　辛业芸
出 版 人：潘晓山
总 策 划：胡艳红
责任编辑：欧阳建文　张蓓羽　任　妮　胡艳红
特约编辑：石　昆　吴文博　房　芳　刘　鸫　吴　岫　韩　涵
责任校对：赵远梅　王　贝
责任印制：陈有娥
出版发行：湖南科学技术出版社
社　　址：长沙市芙蓉中路一段 416 号泊富国际金融中心
网　　址：http://www.hnstp.com
湖南科学技术出版社天猫旗舰店网址：
http://hnkjcbs.tmall.com
邮购联系：本社直销科 0731-84375808
印　　刷：长沙超峰印刷有限公司
（印装质量问题请直接与本厂联系）
厂　　址：湖南省宁乡市金州新区泉洲北路 100 号
邮　　编：410600
版　　次：2024 年 5 月第 1 版
印　　次：2024 年 5 月第 1 次印刷
开　　本：889mm×1194mm　1/16
印　　张：19
字　　数：355 千字
书　　号：ISBN 978-7-5710-2995-1
定　　价：3800.00 元（全 12 卷）